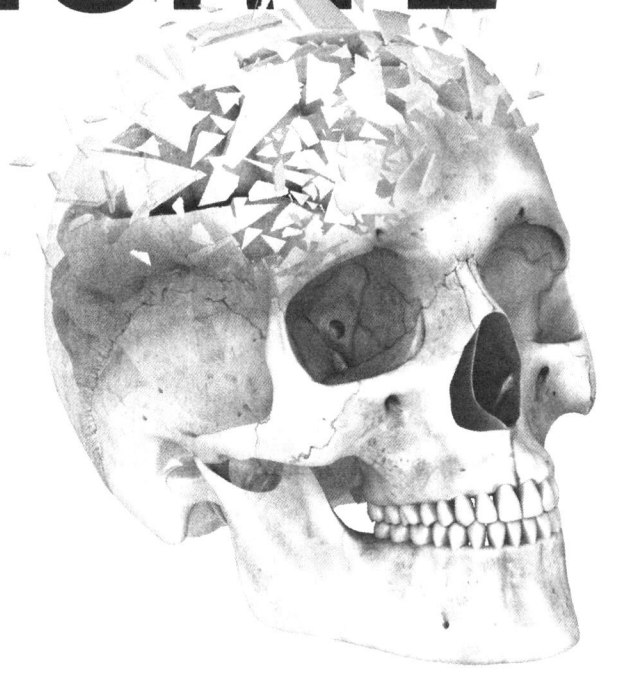

A MORTE DA
MORTE

A morte da morte é um livro visionário que nos confronta com a terrível realidade do envelhecimento, e seus autores são amigos e conhecedores do tema. É difícil imaginar uma dupla mais potente para fornecer a autoridade necessária a um livro sobre o envelhecimento e sua (tomara que iminente!) derrota. Acredito que a descrição competente e detalhada desta cruzada que José Luis Cordeiro e David Wood fazem neste excelente livro acelerará o processo. Vamos em frente!

AUBREY DE GREY
Cofundador da Fundação de Pesquisa SENS
e coautor de *O fim do envelhecimento*

Estamos entrando em uma Viagem Fantástica rumo ao prolongamento da vida, cruzando diversas pontes que nos levarão a uma vida de duração indefinida. *A morte da morte* explica com clareza como em breve poderemos alcançar a velocidade de escape da longevidade e viver tempo o suficiente para viver para sempre.

RAY KURZWEIL
Cofundador da Singularity University e
autor de *A singularidade está próxima*

Este maravilhoso livro apresenta uma argumentação convincente quanto a um prolongamento da vida verdadeiramente sem precedentes. *A morte da morte* mostra que chegou o momento da Morte experimentar seu próprio veneno.

TERRY GROSSMAN
Coautor com Ray Kurzweil de *A medicina da imortalidade: Viva o suficiente para viver para sempre*

A morte da morte oferece uma visão maravilhosa de como os impressionantes avanços científicos nas pesquisas sobre o envelhecimento e outros campos podem abolir a morte humana por meios científicos e por que este é o caminho correto para a humanidade.

JOÃO PEDRO DE MAGALHÃES
Especialista em longevidade da Universidade de Liverpool

A morte da morte trata de uma das máximas prioridades morais dos dias de hoje: frear e deter o envelhecimento e a morte. À medida que fica mais clara a viabilidade científica destes avanços, aumenta cada vez mais a importância de explicar e compreender as implicações. *A morte da morte* cumpre esse importante papel.

ANDERS SANDBERG
Professor do Instituto do Futuro da Humanidade da Universidade de Oxford

A morte da morte reúne pesquisas fundamentais e perspectivas novas para um futuro no qual viveremos muito mais do que acreditamos ser possível hoje em dia.

JEROME GLENN
CEO do Millennium Project e autor principal do Estado do Futuro

É um dado da realidade que a ciência da longevidade está propondo-se agora a conseguir que a maioria das pessoas possa desfrutar de vidas mais longas com boa saúde. Muito em breve isso se tornará realidade como explica brilhantemente o novo livro *A morte da morte*: uma leitura obrigatória para qualquer pessoa interessada na evolução da nova ciência que chamo de "juvenescência".

JIM MELLON
Empreendedor biotecnológico
e coautor de *Juvenescence*

A morte da morte é um livro essencial para qualquer um que esteja vivo e queira permanecer assim. Oferece, de forma agradável, uma visão clara e rica das perspectivas a curto prazo sobre as tecnologias para eliminar o envelhecimento e a morte. Estou convencido de que *A morte da morte* ajudará muito no avanço da compreensão internacional sobre como a tecnologia vai eliminar a morte, e por que isso é algo extremamente bom para todos.

BEN GOERTZEL
Presidente da Humanity+
e CEO da SingularityNET

A morte da morte é, efetivamente, um grande livro que todos deveriam ler. Sobretudo os mais jovens, porque já poderão beneficiar-se dos resultados das pesquisas que estarão disponíveis no futuro próximo, como maravilhosamente descreve *A morte da morte*. Mesmo eu sendo agora uma pessoa muito idosa, estou muito feliz em conhecer estes avanços porque meus filhos e netos terão a grande oportunidade de viver vidas muito mais longas, se assim o desejarem.

HEITOR GURGULINO DE SOUZA
Presidente da World Academy
of Art and Science

Os autores são dois dos principais líderes do movimento futurista mundial. *A morte da morte* trata das tecnologias e questões éticas que farão com que este livro se torne uma referência sobre a longevidade humana para educadores e políticos.

MARTINE ROTHBLATT
Fundadora da United Therapeutics e
autora de *Virtually Human*

O envelhecimento é a causa principal de quase todas as doenças e mortes, motivo pelo qual a aceleração do progresso na biotecnologia da longevidade é a causa mais altruísta que qualquer um pode fomentar. Vivemos no momento mais emocionante da história da humanidade, já que podemos aumentar substancialmente a longevidade produtiva durante nossa vida. *A morte da morte* apresenta os numerosos argumentos morais e econômicos para eliminar a morte tal como a conhecemos e analisa as tendências recentes na ciência que podem nos aproximar deste objetivo. Leia este livro e una-se à revolução contra o envelhecimento, que é o verdadeiro imperador de todas as doenças.

ALEX ZHAVORONKOV
Fundador da Insilico Medicine e diretor da
Biogerontology Research Foundation

À medida que a medicina se transforma em uma tecnologia da informação, as terapias genéticas e celulares nos permitem manipular as células com maior precisão. Graças à aceleração exponencial destas capacidades, será eliminado o envelhecimento e, assim, a morte. *A morte da morte* explica os detalhes deste empreendimento, e como a humanidade em breve viverá o suficiente para viver para sempre.

ELIZABETH PARRISH
Fundadora da BioViva e "paciente zero" em
tratamentos de telomerase

Com entusiasmo recomendo *A morte da morte* a nossos seguidores e também aos céticos que não percebem o quão perto está a ciência de erradicar o envelhecimento biológico para sempre.

BILL FALOON
Cofundador da Life Extension Foundation
e autor de *Pharmocracy*

O futuro já não é como era antigamente, segundo Renato Russo! As mudanças exponenciais que a humanidade está enfrentando são tão radicais que não conseguimos nem imaginar onde estaremos em algumas gerações! E *A morte da morte* será, sem dúvida, o ponto de inflexão que nos mudará como espécie. O que parece ficção científica ou mágica, como dizia Artur C. Clark, é nada mais do que ciência aplicada, e quem não se adaptar, vai sofrer as consequências. Toda a economia e a colaboração individual voluntária devem sofrer as consequências benéficas desta evolução.

HENRI SIEGERT CHAZAN
Advogado, Presidente do Sindicato dos Hospitais

Alongar os telômeros pode ser uma das chaves para curar o envelhecimento e deter a deterioração da saúde. Leia *A morte da morte* e descubra como poderemos deter e reverter o envelhecimento.

BILL ANDREWS
Fundador da Sierra Sciences e coautor de *Curing Aging*

Vimos avanços incríveis em nossa compreensão do envelhecimento nos últimos anos. O que veremos nos próximos anos? Seremos capazes de curar o envelhecimento? Se a resposta for afirmativa, quando isso ocorrerá? Se você quiser saber isso, *A morte da morte* é o livro para você.

ZOLTAN ISTVAN
Ex-candidato presidencial dos Estados Unidos
e autor de *The Transhumanist Wager*

Será a Fonte da Juventude um sonho impossível? Sim... até agora. Hoje em dia, com as emergentes tecnologias de avanço exponencial, é só uma questão de tempo. *A morte da morte* mostra como e por que desfrutar de uma juventude indefinida.

DAVID KEKICH
Presidente da Maximum Life Foundation
e autor de *Life Extension Express*

Estamos nos aproximando de um futuro onde a morte não terá a primazia. Quase ninguém no mundo entende isso, mas os autores entendem muito bem, com uma perspectiva global e um excelente conhecimento sobre os novos avanços científicos. *A morte da morte* mostra-nos o caminho a seguir, dentre os muitos caminhos tecnológicos e pessoais, em direção à possibilidade de uma vida mais longa e mais saudável.

RAYMOND MCCAULEY
Cientista, empreendedor e professor
fundador da Singularity University

Este livro é tão extraordinário que é difícil resumi-lo em poucas palavras. *A morte da morte* é uma leitura obrigatória para todos aqueles que compartilham deste entusiasmo pela vida infinita, porque nos tira completamente do paradigma de impossibilidade anterior e descreve a possibilidade atual de vencer a morte e começar uma vida infinita hoje em dia.

JAMES STROLE
Diretor da Coalition for Radical Life Extension

A morte da morte é um chamado à ação. Se as novas tecnologias de longevidade puderem ser desenvolvidas mais rapidamente, muitas vidas serão salvas. É uma mensagem importante e humanitária que todos devem ouvir.

SONIA ARRISON
Cofundadora associada da Singularity University e autora de *100 Plus*

A morte da morte deveria ser leitura obrigatória para todos aqueles interessados no futuro do tecido social. As implicações são particularmente relevantes para o Brasil e a América Latina, que envelhecem de maneira acelerada e que buscam respostas para questões ligadas à previdência social, futuro do trabalho e renda básica universal.

OREN PINSKY
Empreendedor, investidor e líder do projeto Internet
para Todos do Fórum Econômico Mundial

Com o veloz avanço da medicina no século XX, as principais causas de morte deixaram de ser doenças transmissíveis, como a pneumonia e a tuberculose, e passaram a ser doenças do envelhecimento, como o câncer ou a arteriosclerose. *A morte da morte* explica como as terapias em desenvolvimento hoje devem tornar possível a reversão de alguns aspectos do envelhecimento, e nos dá uma visão de como seria uma sociedade em que o envelhecimento fosse um fenômeno do passado.

GUILHERME CHERMAN
Cofundador da Repair Biotechnologies
e da Front Seat Capital

A lógica apresentada no livro *A morte da morte* através da metodologia científica sobre o antienvelhecimento evidencia a preocupação e seriedade sobre o assunto dos autores José Luis Cordeiro e David Wood, ultrapassando inclusive as barreiras filosóficas. O nível de conhecimento sobre a complexidade que envolve o prolongamento da vida das pessoas tornou possível passarmos das teorias conceituais a avanços reais. Que esta revolução una a humanidade e que seja bem-sucedida na luta contra o envelhecimento.

MARGARET TSE
Pesquisadora em políticas públicas, especialista do
Instituto Millenium e ganhadora do Prêmio Libertas 2006

Nos últimos 200 anos, a tecnologia tem exponencialmente revolucionado as relações sociais, os sistemas políticos e as democracias, bem como a produtividade e o conhecimento. Mas a variável que mais atiça o interesse dos homens e que reflete todas essas mudanças é o drástico aumento da expectativa de vida. *A morte da morte* é sequência desse fenômeno que irá reescrever a história humana. Fascinante livro!

FLAVIA SANTINONI VERA
Pesquisadora de análise econômica do
direito, instituições e desenvolvimento da
Universidade de Columbia em Nova York

Um ótimo exercício para quem, como eu, se acha aberto, ver que não é tanto assim. Excelente para questionar seus pressupostos, com um discurso bem embasado e coerente. Mais que sobre evolução tecnológica, vale pela avaliação da forma que pensamos e tomamos decisões.

ROBERTO LANG
Empreendedor, consultor, professor em São Paulo

Pouca gente sabe que diariamente morrem centenas de milhares de seres humanos e este livro aponta que a limitação da vida não é um desígnio dos deuses, e que o envelhecimento pode ser controlado e o rejuvenescimento é meta a ser alcançada. O livro dos professores Cordeiro e Wood tem uma linguagem coloquial, propositiva e séria. Há ainda um longo caminho a ser percorrido pelas ciências e tecnologias, mas tenho certeza que os descendentes dos meus descendentes terão os anos de vida que desejarem desfrutar, num mundo melhor e numa sociedade mais solidária e menos desigual.

GABRIEL MARIO RODRIGUES
Fundador da Universidade Anhembi Morumbi
e Presidente do Conselho de Administração da
ABMES - Associação Brasileira de
Mantenedores de Ensino Superior

Este livro é uma mensagem de preparação para o futuro. José Luis Cordeiro e David Wood enfrentam a resistência à ideia da imortalidade dando a essa palavra um novo sentido: combater a morte como efetivação do direito à vida. A obra é uma referência científica e ética que reúne as contribuições do passado e do presente na evidenciação da luta contra a morte como a marca da nossa civilização. O controle sobre o envelhecimento é consequência iminente do desenvolvimento tecnológico exponencial.

FERNANDA ROUGEMONT
Antropóloga, pesquisadora na Universidade Federal do Rio de Janeiro e autora do livro "Viver mais e envelhecer menos: A 'fonte da juventude' como projeto científico"

José Luis e David trazem o entusiasmo informados por seu profundo conhecimento em um campo de florescimento humano que em grande parte está inexplorado hoje em dia; contudo, esta será uma das áreas que formará fundamentalmente a civilização do amanhã. Se você planeja viver no futuro — e você o fará — deve ler *A morte da morte*.

DAVID ORBAN
Investidor e fundador da Network Society Ventures

Fascinante. Narrativa absolutamente empírica. Construída cuidadosamente através da linha do tempo a partir de dados estatísticos e fatos históricos publicamente conhecidos. Pautada pelo rigor do olhar científico. Foge de esparrelas ufanistas e crendices. E nos leva à perturbadora reflexão sobre o secular conceito da vida humana como processo finito. Nos arrebata, impiedosamente, para o tempo em que a "vida" conviverá sem sua outra face: a morte.

WANDERLEY PARIZOTTO
Economista especializado em terceira idade e idealizador do PortalPlena

Neste livro há muitas frases de impacto sobre a vida e a morte; frases surpreendentes que nos obrigam a enxergar estas duas faces da existência com outros olhos. Já sabemos, todos nós, desde sempre, que a morte nos espera em algum ponto do caminho, mas, e se a vida se estendesse indefinidamente? E se vivêssemos, para sempre, o que Shakespeare definiu como 'um milagre'? Pois este livro explica, de forma absurdamente simples, as ideias complexas que estão por trás dessa possibilidade. Uma vida sem morte: descubra como isso seria possível de forma perfeitamente aceitável.

Ana Claudia Vargas
Editora do PortalPlena, focado na
temática do envelhecimento

José é um brilhante, energético, simpático e visionário empreendedor e escritor, de quem tenho o enorme prazer de ser um bom amigo. *A morte da morte* é um livro extraordinário, e de leitura obrigatória. Um livro fundamental para todos que querem assistir ao futuro da humanidade da linha da frente.

Nuno R. B. Martins
PhD, Cientista afiliado no CREA na
Universidade da California Berkeley

A morte da morte é uma leitura intrigante e fundamental para entendermos a complexidade das acelerações causadas pelas novas tecnologias no comportamento humano nas mais diversas áreas. É leitura obrigatória para desenvolvermos o "complex thinking" na saúde, e flertarmos com a imortalidade. Recomendo completamente sem dúvidas.

Leonardo Aguiar
Médico, Cirurgião Plástico, CEO da
Laduo Cocriação de Saúde

A morte da morte conduz o leitor em uma incomparável jornada científica numa realidade próxima que ainda não foi amplamente descoberta.

Rodrigo Sucesso Carvalho
Co-Founder da VIEX Americas

Está na hora de reimaginar tudo! A tecnologia vem acelerando o desenvolvimento e nos potencializando enquanto seres humanos. *A morte da morte* trata com peculiar clareza como eliminaremos o envelhecimento e derrotaremos a morte. O futuro nos reserva possibilidades nunca antes factíveis, e os autores explicam de uma forma bem otimista como poderemos transcender a mais absoluta das certezas humanas. Leitura obrigatória.

Filipe Ivo
Empreendedor e
diretor da Sunew

É impossível ver uma palestra do Cordeiro ou ler seu livro e não mudar a forma como você encara o mundo. Leia o livro, é um "must read"!

Joseph Teperman
Sócio-fundador da INNITI, conselheiro
consultivo da FAAP e conselheiro do Instituto de
Formação de Líderes de São Paulo (IFL-SP)

José Luis Cordeiro
David Wood

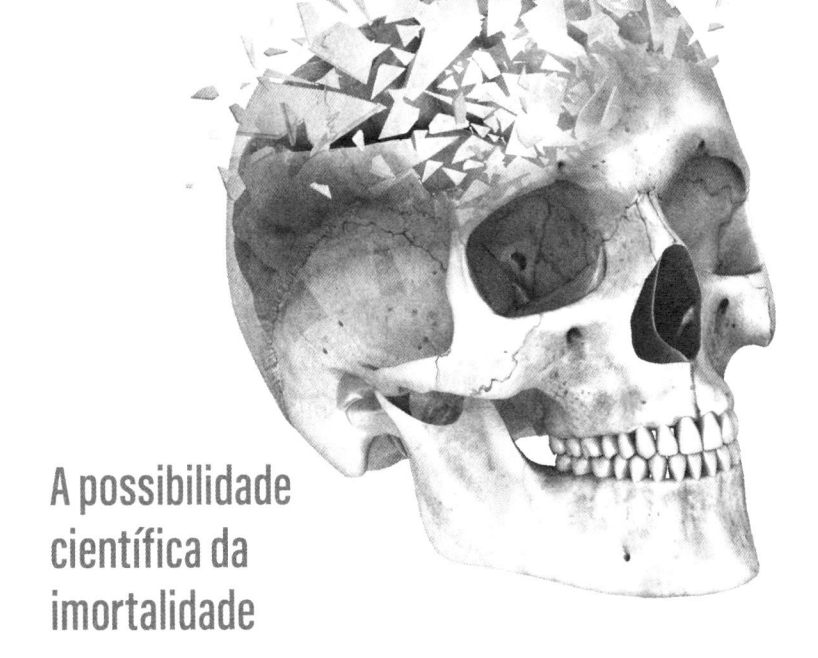

A MORTE DA
MORTE

A possibilidade
científica da
imortalidade

Tradução de Nicolas Chernavsky
e Nina Torres Zanvettor

LVM
EDITORA
SÃO PAULO 2019

Impresso no Brasil, 2019
Copyright © 2018 by José Luis Cordeiro & David Wood
Os direitos desta edição pertencem à
LVM Editora
Rua Leopoldo Couto de Magalhães Júnior, 1098, Cj. 46
04.542-001. São Paulo, SP, Brasil
Telefax: 55 (11) 3704-3782
contato@lvmeditora.com.br · www.lvmeditora.com.br

Editor Responsável | Alex Catharino
Tradução | Nicolas Chernavsky & Nina Torres Zanvettor
Revisão ortográfica e gramatical | Larissa Bernardi
Preparação dos originais | Alex Catharino
Revisão final | Larissa Bernardi
Capa, projeto gráfico, diagramação e editoração | João Marcelo Ribeiro Soares
Produção editorial | Alex Catharino & Fabiano Aranda
Pré-impressão e impressão | Plena Print

Dados Internacionais de Catalogação na Publicação (CIP)
Angélica Ilacqua CRB-8/7057

C819m   Cordeiro, José Luis
A morte da morte: a possibilidade científica da imortalidade / José Luis Cordeiro, David Wood; tradução de Nicolas Chernavsky & Nina Torres Zanvettor. São Paulo: LVM Editora, 2019.
392 p.

ISBN: 978-85-93751-88-2
Título original: La muerte de la muerte: La posibilidad científica de la inmortalidad física y su defensa moral

1. Ciências Sociais   2. Ética   3. Biologia   4. Medicina
I. Título   II. Wood, David   III. Chernavsky, Nicolas   IV. Zanvettor, Nina Torres

19-2033   CDD 300

Índices para catálogo sistemático:
1. Ciências sociais 300

Reservados todos os direitos desta obra.
Proibida toda e qualquer reprodução integral desta edição por qualquer meio ou forma, seja eletrônica ou mecânica, fotocópia, gravação ou qualquer outro meio de reprodução sem permissão expressa do editor. A reprodução parcial é permitida, desde que citada a fonte.

Esta editora empenhou-se em contatar os responsáveis pelos direitos autorais de todas as imagens e de outros materiais utilizados neste livro. Se porventura for constatada a omissão involuntária na identificação de algum deles, dispomo-nos a efetuar, futuramente, os possíveis acertos.

SUMÁRIO

Sumário 15
Dedicatória 19
Apresentação da edição em português (José Luis Cordeiro &
David Wood) 21
Prefácio da edição em português (Paulo Saldiva) 25
Prefácio da primeira edição em espanhol (Aubrey de Grey) 29
Avisos 33

INTRODUÇÃO
O MAIOR SONHO DA HUMANIDADE 41
A busca pela imortalidade 42
Da mitologia à ciência 47
Da ciência à ética 57
Uma revolução para todos: desde crianças até velhos 63

CAPÍTULO 1
A VIDA APARECEU PARA VIVER 67
As bactérias colonizam o mundo 69
De procariontes unicelulares a eucariontes multicelulares 74
Organismos imortais ou com senescência "negligenciável" 77
As células imortais de Henrietta Lacks 86
A imortalidade biológica é possível? 89

CAPÍTULO 2
O QUE É O ENVELHECIMENTO? 93
Formas de envelhecimento, de mais envelhecimento e de não envelhecimento 94
As origens do estudo científico do envelhecimento 99
Teorias do envelhecimento no século XXI 104
As causas e os pilares do envelhecimento 112
O envelhecimento como doença 120

CAPÍTULO 3
A MAIOR INDÚSTRIA DO MUNDO? 127
De "impossível" a "imprescindível" 128
Nasce uma nova indústria "impossível" e em breve "imprescindível" 135
Aparece um ecossistema para a indústria científica do rejuvenescimento 138
Ciência e cientistas atraem investimentos e investidores 146

CAPÍTULO 4
DO MUNDO LINEAR AO EXPONENCIAL 151
Do passado ao futuro 152
Rumo a uma crise demográfica, mas não a que muitos temem .. 158
Uma viagem fantástica 166
Velocidade de escape da longevidade 171
De linear a exponencial 173
A inteligência artificial chega para ajudar 178
Do prolongamento da vida à expansão da vida 185

CAPÍTULO 5
QUANTO CUSTA? 191
Do Japão aos Estados Unidos: sociedades que envelhecem rapidamente 192
A esperança de que as pessoas morram rápido 194

O custo do envelhecimento 198
Choque de paradigmas 202
Mudança de paradigma 205
O dividendo da longevidade 206
Quantificação do dividendo da longevidade 210
Benefícios financeiros derivados de vidas mais longas 214
Os custos de desenvolver terapias de rejuvenescimento 218
Fontes adicionais de financiamento 221
Curar o envelhecimento será mais barato do que muitos pensam 224

CAPÍTULO 6
O PAVOR DA MORTE 233
A morte e o pavor 240
Mais além da negação da morte 243
A teoria da gestão do pavor 245
O paradoxo da oposição à extensão da expectativa de vida 248
Como enfrentar o elefante 250

CAPÍTULO 7
PARADIGMAS "BONS", "RUINS" E "DE ESPECIALISTAS" 257
Ilusões de ótica e paradigmas mentais 258
A hostilidade científica dos "especialistas" 259
As mudanças de mentalidade sobre o movimento dos continentes 263
Lavar as mãos 266
A resistência de "especialistas" diante das mudanças de paradigma na medicina 269
As sangrias dos médicos "especialistas" 276

CAPÍTULO 8
PLANO B: A CRIOPRESERVAÇÃO 281
A ponte rumo à eternidade 282
Como funciona a criônica? 284

Da Rússia com amor: uma visita à KrioRus 286
Uma ambulância para o futuro 288
Sem congelamento 295
A chegada ao auge da criônica e outras tecnologias futuras ... 301

CAPÍTULO 9
O FUTURO DEPENDE DE NÓS 305
Complicações excepcionalmente grandes quanto à engenharia? 306
Falhas do mercado? 312
Maneiras equivocadas de fazer o bem? 317
Apatia da opinião pública? 321
A abolição da escravidão no passado e do envelhecimento no futuro 328
Um ruído distorce o sinal? 331
Como realmente fazer a diferença? 334

Conclusão | Chegou a hora 339
Posfácio da edição em português (Marcelo A. Mori) 345
Posfácio da primeira edição em espanhol (Antonio Garrigues Walker) 351

Apêndice | Cronologia da vida na Terra 355
Bibliografia 371
Agradecimentos 385

DEDICATÓRIA

Este livro é dedicado à primeira geração de humanos imortais. Até agora, nós — os seres humanos — estivemos condenados à morte. Felizmente, graças aos avanços tecnológicos esperados para as próximas décadas, estamos no limite entre a última geração de humanos mortais e a primeira geração de humanos imortais.

Chegamos até aqui graças a nossos ancestrais, e nossos descendentes logo poderão desfrutar do prolongamento da vida como nunca foi possível anteriormente. Viveremos em um mundo muito melhor com uma extensão indefinida da vida, indefinidamente jovens — não indefinidamente velhos. Além disso, avançaremos do prolongamento da vida para a expansão da vida, aumentando nossas capacidades e possibilidades nesse pequeno planeta, e depois muito mais além da Terra.

Nossos ancestrais humanos, com vidas muito limitadas, saíram da África há milhares de anos para colonizar o restante do planeta. Nossos descendentes, com vidas de duração indefinida, continuarão esta colonização, mas agora saindo da Terra rumo a outros lugares do Universo.

Este livro é dedicado aos jovens e aos velhos, às mulheres e aos homens, aos religiosos e aos ateus, aos ricos e aos pobres, a todos aqueles que em todo o mundo trabalham para que finalmente possamos vencer o desafio mais antigo da humanidade: *a morte da morte*.

O controle do envelhecimento e o rejuvenescimento humano em breve serão uma realidade. É nosso dever ético avançar o mais rápido possível rumo a esse nobre objetivo. O direito à vida é o mais importante de todos os direitos humanos. Sem vida nenhum outro direito pode ter efeito.

Todos os dias morrem mais de 100.000 pessoas devido a doenças relacionadas ao envelhecimento. Trata-se do maior crime contra a humanidade, contra todos os humanos, sem distinção de etnia, sexo, nacionalidade, cultura, religião, geografia ou história.

Temos que parar esta tragédia. Já podemos evitar isso, e devemos fazê-lo agora. É nossa responsabilidade moral, nosso dever ético, nosso compromisso histórico. Devemos preservar a vida para evitar mais sofrimento, para eliminar o envelhecimento, para prescindir da morte.

Hoje em dia, a pergunta já não é mais se será possível, mas *quando* será possível. E quanto antes, melhor.

Estamos em uma corrida contra o tempo, e o inimigo mortal é o envelhecimento.

APRESENTAÇÃO DA EDIÇÃO EM PORTUGUÊS

É um prazer, uma honra e uma responsabilidade ver a primeira edição de nosso livro, que é um sucesso de vendas, em português, após já terem sido feitas duas edições em espanhol em somente pouco mais de um ano. Na verdade, muito mais coisas aconteceram durante 2018 e 2019 que merecem ser rapidamente mencionadas, entre elas: o nascimento dos primeiros bebês CRISPR na China, os primeiros tratamentos com telomerase em vários novos pacientes, melhoras nas técnicas com células-tronco, desenvolvimento das imunoterapias contra o câncer, experimentos de regeneração do timo, testes clínicos com a metmorfina, rapamicina e rapalogs testados em vários animais, novos experimentos terapêuticos para diabetes, malária e HIV, abordagens inovadoras para o mal de Alzheimer e o mal de Parkinson, aprovação dos primeiros fármacos senolíticos, uma melhor compreensão da reprogramação celular, mais experimentos com fatores de Yamanaka para controlar o rejuvenescimento celular, novas terapias genéticas, convergência de novas tecnologias que estão fora das práticas médicas tradicionais como inteligência artificial, big data e robótica, etc.

A ciência antienvelhecimento avançou substancialmente, alcançando mais apoio, e também na política cresceu o interesse na área. Por exemplo, durante as eleições europeias de 26 de maio de 2019, houve partidos voltados para a longevidade em três grandes países da Europa, com milhares de apoiadores: cerca de 71 mil votos na Alemanha, 7 mil votos na Espanha e 3 mil votos na Inglaterra. Nos Estados Unidos, mais pessoas estão discutindo abertamente as ideias e implicações do prolongamento radical da vida, assim como na China, Índia, Japão e Rússia, que estão entre as maiores potências mundiais. Aparentemente, a época está se tornando propícia para se estar atento às implicações de vidas muito mais longas e às consequências políticas e econômicas, desde reformas nos sistemas de aposentadoria até a estrutura dos sistemas de saúde.

Empresas antigas estão investindo mais em terapias de rejuvenescimento, e novas empresas estão sendo criadas continuamente. Há uma enorme disrupção envolvendo as tradicionais indústrias farmacêutica e de saúde, particularmente com participantes externos de setores de TI envolvendo-se cada vez mais em assuntos médicos. Apple, Amazon, Facebook, Google, IBM e Microsoft estão ficando crescentemente envolvidas em soluções de saúde. O sequenciamento do genoma humano junto com o uso de big data e IA estão alcançando avanços que são difíceis de ser "visualizados" pelos médicos tradicionais. Segundo alguns especialistas, as indústrias antienvelhecimento e de rejuvenescimento estão destinadas a se tornar as maiores indústrias do mundo durante as próximas duas ou três décadas.

Nos rankings da Amazon.es para a Espanha e o mundo de fala hispânica, nosso livro alcançou a posição 1 e 5 simultaneamente para livros de saúde e medicina: primeira posição para a edição impressa e quinta posição para a versão Kindle. Ele também alcançou a posição 10 em vendas totais no Dia Internacional do Livro, 23 de abril, logo após o lançamento do livro na Espanha. A UNESCO declarou que o Dia Internacional do Livro seria celebrado em 23 de abril, uma vez que essa data é o aniversário da morte de Miguel de Cervantes, William Shakespeare e Inca Garcilaso de la Vega. No dia 23 de abril também se celebra o Dia de São Jorge em muitos lugares, incluindo Barcelona, onde lançamos o livro na Espanha e onde a data é tanto um feriado local quanto o Dia do Livro. Agora esperamos que nosso livro continue em alta e se mantenha bem colocado nos rankings durante o próximo Dia Internacional do Livro, no Brasil, na Espanha e em outros países tanto de língua portuguesa quanto de língua espanhola. E também estamos trabalhando em outras edições internacionais, como em inglês, coreano e russo.

É realmente uma época empolgante para se estar vivo, e muito mais vai ocorrer durante os próximos anos, uma vez que esses avanços não são lineares, mas exponenciais. Como explicamos ao longo do livro, podemos estar de fato vivendo entre a última geração mortal e a primeira geração imortal. Estamos tão comprometidos com esse esforço rumo à longevidade que vamos doar todos os direitos e royalties do livro para pesquisa científica: 50% no Brasil e 50% nos EUA. Essa é uma de nossas contribuições a essa causa nobre, e esperamos que vocês e outros também acelerem as descobertas científicas que nos proporcionarão vidas mais longas e melhores, e assim pedimos que espalhem este livro a seus familiares e amigos. Como diz a famosa frase do primeiro-ministro britânico Winston Churchill: "Agora, isso não é o fim. Nem sequer é o começo do fim. Mas é, talvez, o fim do começo."

José Luis Cordeiro & David Wood

PREFÁCIO DA EDIÇÃO EM PORTUGUÊS

A leitura do livro "*A Morte da Morte*" não desperta indiferenças, assim como a Morte, tema central do livro, também não o faz. Os sentimentos que emergiram da minha alma após a sua leitura nasceram, primeiramente, da postura dos autores. O texto produzido não é neutro, e, pelo contrário, toma partido, favorecendo a ideia de que a Morte pode (ou mesmo deve) ser adiada o mais que se possa e, se possível, evitada. A ideia de seres humanos vivendo por mais de uma centena de anos como regra é a possibilidade apontada pelos autores como possível e desejável. No texto, são apresentados de forma clara e bastante acessível, conceitos de biologia molecular que dão embasamento aos experimentos que prolongam a vida de várias espécies de nematódeos, moscas e roedores. Segundo os autores, o crescente avanço das pesquisas criará o caminho para que nós seres humanos, alcancemos o prolongamento de nossas vidas para além do que nossa mente atualmente poderia supor. O texto vai além, apontando que o recente e progressivo decréscimo das taxas de natalidade do planeta permitiria o significativo aumento da expectativa de vida e, portanto, não representaria uma sobrecarga aos recursos naturais do planeta Terra no tocante às críticas demandas de energia e alimentos. Este último aspecto é bastante ousado e, porque não dizer, controverso, mas os autores não temem expô-lo de forma direta e clara.

    A leitura do texto evoca sentimentos também pela natureza do tema. A figura da Morte sempre teve papel central em nossas vidas, assumindo várias representações psíquicas como o medo do vazio, a perspectiva da finitude, ou mesmo a "rainha dos terrores" da Idade Média devastada pela Peste Negra. O preparo para a Morte foi também idealizado em várias representações, como a morte heroica descrita nos romances medievais (como a morte de Tristão ou Lancelot), a morte mística dos mártires religiosos – a morte como encontro com o Divino, ou mesmo a oportunidade de renovação e evolução espiritual, como definido pelas religiões reencarnacionistas. No mundo ocidental, a morte era vista com terror pela maioria da população, visto que o destino da alma seria dependente de um julgamento severo, ou seja, a certeza da morte era acompanhada de uma profunda incerteza sobre a salvação ou a ressurreição. Para os vivos a morte de um ente querido pode assumir conteúdos como perda, desamparo, saudades e, porque não dizê-lo, alívio em certos casos especiais.

    Como se pode ver, a nossa mente projeta na morte enormes carga de mistério, incerteza, medo, insegurança e perda. Eu, como patologista que frequenta a sala de autópsias, tenho para mim uma posição distinta. O mistério, a incerteza, o medo são resultados do ato de viver e não do morrer. Posso, no mais das vezes, assinar um atestado de óbito, mas nunca poderei produzir um atestado de vida. Este foi o pensamento central que permeou as minhas ideias quando da leitura deste livro. Como médico, fui ensinado quando estudante que a morte era definida pela parada irreversível dos batimentos cardíacos. Mais tarde, a morte foi redefinida quando da interrupção da atividade cerebral, abrindo as portas para a captação de órgãos para transplantes. Com o passar do tempo, a minha vivência na sala de autópsias modificou mais uma vez a minha definição do que é o morrer. Ao conversar com a família dos falecidos para explicar a sequência de eventos patológicos que levaram à morte, pude perceber que o ato de morrer começava muito antes da morte física. Em outras palavras, a morte passou a ser entendida por mim como um processo lento, que se inicia quando perdemos a capacidade de fazer aquilo que nos dá prazer, quando deixamos de interagir de forma plena com o mundo que nos cerca. O processo de morrer lentamente, do desligamento da vida, pode ser causado por uma incapacidade física, ou pelas relações familiares, pela perda das conexões sociais ou pela conjunção de dois ou mais dos fatores acima apontados. Uma relação familiar disfuncional, uma incapacidade física desacompanhada de solidariedade ou amparo, a solidão e invisibilidade sociais tão frequentes em uma cidade como a em que vivo – São Paulo – podem fazer com que o ato de viver vá perdendo a sua magia e força, resumindo a vida a um conjunto de funções orgânicas como, por exemplo, a manutenção da pressão arterial por batimentos cardíacos ritmados. O contato com as famílias dos falecidos permitiu-me observar várias reações, como dor, desespero, tristeza contida, alívio após um longo processo de doença e, até mesmo, indiferença. Nesta última situação, acredito que a morte tenha começado muito antes...

Quando estava lendo este livro, tive notícias da morte do último rinoceronte branco macho, o Sudan. A foto que ilustrava a matéria era de uma beleza trágica: o corpo daquele animal magnífico e, ao seu lado, prostrado, o seu tratador. No primeiro momento, meu pensamento foi o de que o mundo ficava mais pobre. Posteriormente, o sentimento de perda foi sendo substituído pela resignação. Como seria a vida do último de uma espécie? Como seria viver fora do seu mundo, por força das circunstâncias, sem os que lhe são afins? Lembrei-me do filme Nosferatu, dirigido por Murnau em 1922, que mostra um vampiro trágico, refém do fardo de sua imortalidade, que o fez viver para além da sua cultura, do seu tempo, dos seus valores.

Caso o leitor aceite esta minha definição de morte – a perda da conexão afetiva e social com o mundo – permita-me prosseguir nos desdobramentos que o presente livro nos apresenta. A mesma tecnologia que eventualmente permitirá que vivamos muito mais do que hoje, promove de forma vertiginosa a mudança da nossa forma de viver e seus valores. O mundo atual tem como única constância a certeza de mudanças. Caso as nossas mentes não sejam capazes de se adaptar aos novos cenários, aos novos valores e práticas, corremos o risco de vivermos sem identidade com o mundo. Hoje, até certo ponto, já vivemos um pouco disso. Traduzindo para uma situação atual, o aumento da expectativa faz-nos ter preocupação com a previdência econômica. Com o aumento da expectativa de vida, temos que nos preocupar também com uma previdência de sonhos, de esperanças, de novas oportunidades de atividades e com a montagem de um repertório de manutenção de afetos. Viver mais implica em consequências sobre a qualidade da biologia de nossos tecidos, assim como também sobre a capacidade de contínuo encantamento da alma. Este foi o tema central dos meus pensamentos nascidos pela leitura do livro. Como preveni no início deste prefácio, o texto não permite indiferenças. O mesmo acontecerá com você. Boa leitura!

Paulo Saldiva
Diretor do Instituto de Estudos Avançados
da Universidade de São Paulo (USP)

PREFÁCIO DA PRIMEIRA EDIÇÃO EM ESPANHOL

O envelhecimento, assim como o clima, não respeita limites nacionais ou étnicos, e afeta cada grupo e subgrupo da humanidade mais ou menos por igual. Fala-se muito sobre as disparidades que existem a esse respeito, como por exemplo que apesar dos Estados Unidos serem o país que mais gasta em saúde por habitante, nem sequer está no grupo dos 30 países com maior expectativa de vida. De qualquer maneira, estas estatísticas não devem fazer com que nos enganemos, pois as disparidades são numericamente pequenas — exemplificando, a expectativa de vida nos Estados Unidos é só cinco anos menor que no Japão.

É essencial que não haja fronteiras na cruzada contra o envelhecimento. O mundo inteiro deve unir-se e destinar seus maiores esforços para resolver este problema, já que é o maior desafio que a humanidade enfrenta. A velhice mata muito mais pessoas do que qualquer outra coisa. O envelhecimento é responsável por mais de 70% das mortes, e a maioria dessas mortes é precedida por um sofrimento indizível, tanto da pessoa idosa quanto de seus entes queridos.

Infelizmente, a "guerra contra o envelhecimento" ainda não está à altura desse ideal. Está ganhando um impulso considerável no mundo anglófono, onde os maiores esforços concentram-se no Vale do Silício. Além disso, estão surgindo focos no restante dos Estados Unidos, no Reino Unido, Canadá e Austrália. A Alemanha também está passando à linha de frente, assim como a Rússia e Israel. Entretanto, outros lugares do mundo estão muito atrasados neste campo. A Ásia é especialmente preocupante, pois seus países mais povoados parecem ter sérias dificuldades para compreender que o envelhecimento é um problema médico, e que além disso é um problema reparável.

A morte da morte é um livro visionário que nos confronta com a terrível realidade do envelhecimento, e seus autores são amigos e conhecedores do tema. Nos últimos anos, José Luis Cordeiro vem ajudando a mudar essa situação em diversos lugares do mundo, mas seu objetivo principal segue sendo, muito corretamente, o mundo de fala hispânica. Muito corretamente não só porque o próprio José Luis é ibero-americano, mas também porque o nível de interesse em derrotar o envelhecimento na Espanha e na América Latina, pelo que posso perceber, está aumentando.

Este é um livro em espanhol que informa sobre a realidade biomédica e humanitária atual e futura da cruzada contra o envelhecimento, um ensaio de grande valor neste momento, sobretudo por sua capacidade de envolver mais o mundo hispanófono para que coloque sua grande energia na batalha que derrotará o envelhecimento. Alguns especialistas espanhóis e latino-americanos realizam trabalhos de primeiro nível neste campo, mas são somente alguns poucos, e isso deve mudar. O mesmo pode ser dito das fontes de financiamento, tanto filantrópicas quanto de investimento; é pequeníssima a quantidade de doadores ou investidores de fala hispânica que fizeram contribuições financeiras significativas a este campo da ciência.

Dada sua extensa experiência internacional, não há ninguém melhor situado que José Luis para modificar esta dinâmica. Ele está imerso na missão antienvelhecimento já há muitos anos, estando assim excepcionalmente informado, não só sobre a parte científica das pesquisas antienvelhecimento e seus mais recentes avanços, mas também sobre as preocupações irracionais e as críticas que com tanta frequência opõem-se a esta missão, para as quais José Luis conhece as melhores respostas para refutar seus argumentos.

O coautor do livro é o britânico David Wood, outro notável combatente da guerra antienvelhecimento, que proporciona uma perspectiva diferente mas complementar. David transformou o mundo tecnovisionário britânico a partir de seu trabalho à frente de uma de suas principais organizações. É difícil imaginar uma dupla mais potente para fornecer a autoridade necessária a um livro sobre o envelhecimento e sua (tomara que iminente!) derrota.

Estou convencido de que o mundo hispanófono terá um papel importante na guerra contra o envelhecimento na próxima década. Também acredito que a descrição competente e exaustiva desta cruzada que José Luis Cordeiro e David Wood fazem neste excelente livro acelerará este processo. Vamos em frente!

Aubrey de Grey

AVISOS

O último inimigo que será vencido é a morte.
1 Coríntios 15:26

Toda verdade atravessa três fases: primeiro, é ridicularizada; depois, recebe violenta oposição; por fim, é aceita como evidente.
Arthur Schopenhauer, 1819

No ano 2045 alcançaremos a singularidade tecnológica (e a imortalidade).
Ray Kurzweil, 2005

A primeira pessoa que viverá 1.000 anos já nasceu.
Aubrey de Grey, 2005

O título *A morte da morte* pode parecer a alguns uma ideia ridícula por considerarem-na impossível. O subtítulo *A possibilidade científica da imortalidade física e sua defesa moral* tem como objetivo sustentar que esta ideia é concretamente possível e que é, além disso, eticamente correta. Nós esperamos ver a morte da morte em 2045, no máximo.

Antes de começar, vamos enumerar alguns avisos para que o leitor possa tirar suas próprias conclusões:

1. Este é um livro destinado ao público geral, para qualquer pessoa interessada em saber o que está ocorrendo com o envelhecimento e com o corpo humano. Não é um livro técnico. Na verdade, é o contrário disso, pois o objetivo é explicar ideias complexas da forma mais simples possível. O tema do envelhecimento afeta todo mundo no mundo todo. Até hoje não existiu nenhum ser humano que pôde escapar do envelhecimento e da morte, de forma que o tema diz respeito a todos nós.

2. Devido ao grande desconhecimento destes temas por parte da população em geral, o livro tem caráter de divulgação. Por exemplo, muito poucas pessoas sabem que as células do câncer são biologicamente imortais, apesar disso ser um fato conhecido há muitos anos — especificamente, desde 1951. Talvez ainda menos pessoas saibam que as células germinativas, que todos temos no corpo, também não envelhecem e são consideradas biologicamente imortais desde que esta teoria foi apresentada em 1892.

3. Apesar da palavra "imortalidade" não ser tecnicamente correta, pois nada pode ser completamente imortal já que não sabemos o que ocorrerá no futuro, decidimos usá-la porque é o termo que usam os médicos e biólogos quando se referem ao câncer e às células germinativas e células-tronco, que não envelhecem, mas que morrem quando o corpo morre. Uma palavra mais adequada seria "amortalidade", ou seja, "não-mortalidade", mas este termo é lamentavelmente muito pouco usado ou conhecido.

4. Nós, os autores, não somos médicos nem biólogos. Na verdade somos da área tecnológica, do Instituto Tecnológico de Massachusetts — MIT (José Luis Cordeiro) e da Universidade de Cambridge (David Wood), mas passamos anos

estudando o tema do envelhecimento e acompanhando os principais avanços científicos nesta área. Além disso, conhecemos pessoalmente e conversamos amplamente com muitos dos líderes mundiais nessas linhas de pesquisa, os quais de fato estão trabalhando diretamente para conseguir controlar e reverter o envelhecimento.

5. Muitas das ideias, cifras e datas expressas aqui não são nossas, mas as utilizamos quando estamos de acordo com elas. Por exemplo, o biogerontologista inglês Aubrey de Grey é quem diz que "a primeira pessoa que viverá 1.000 anos já nasceu", e o futurista estadunidense Ray Kurzweil afirma que "em 2045 poderemos ser imortais, ou até antes". Tentamos incluir todas as referências, apesar de hoje em dia ser muito fácil verificar rapidamente quase todas as informações graças à internet.

6. A medicina e a biologia, como todas as áreas do saber humano, estão sofrendo uma grande disrupção graças à digitalização da informação e outros avanços tecnológicos. De fato, o sequenciamento do genoma humano, a Internet das Coisas, o Big Data, os sensores pessoais e muitos outros avanços estão digitalizando a medicina e a biologia. Essa é uma disrupção enorme que vem de fora da indústria, e muitos médicos e biólogos tradicionais não a veem, nem a compreendem. Esses avanços mostram-se inquietantes para parte da sociedade que tem uma visão conservadora.

7. Grandes empresas como Amazon, Apple, Facebook, Google, IBM e Microsoft, para citar algumas, entraram no mundo da medicina e da biologia, e estão acelerando a revolução da indústria. Por exemplo, a Google criou a Calico (California Life Company), uma subsidiária cujo objetivo é "resolver a morte"; a IBM criou um sistema de inteligência artificial chamado Watson que já se transformou em um grande oncologista, capaz de avaliar qualquer câncer

tão bem quanto os médicos humanos (ou até melhor que eles); e a Microsoft anunciou que pretende curar em uma década o câncer tratando-o como um vírus informático.

8. As mudanças tecnológicas avançam exponencialmente, apesar de continuarmos pensando linearmente. Durante a próxima década não vamos ver mudanças equivalentes às da última década. Vários especialistas estão convencidos de que vamos ver mudanças enormes, talvez equivalentes a tudo o que vimos em medicina e biologia durante o milênio passado. As tecnologias digitais avançam em um ritmo exponencial, e portanto o mundo linear do passado não serve muito como referência diante da aceleração dos avanços tecnológicos.

9. Entretanto, os avanços que visualizamos não são inevitáveis, nem obrigatórios. Por um lado, o progresso científico e tecnológico pode ser atrasado, interrompido ou até revertido por decisões errôneas e catástrofes naturais ou humanas. Por outro lado, o uso das técnicas antienvelhecimento e de rejuvenescimento não será forçado nem obrigatório. Assim como hoje em dia existem grupos como os amish ou os ianomâmis, que se negam a modificar seu modo de vida, no futuro também haverá outros grupos que se oporão a estes avanços.

10. Analisadas as tendências atuais, entretanto, temos que deixar de nos perguntar se o rejuvenescimento será possível, e na verdade passar a nos perguntar quando será possível. Diversas tecnologias estão sendo desenvolvidas em diversos lugares do mundo, e uma competição internacional que inclui todo tipo de entidades públicas e privadas está em curso, desde os Estados Unidos até a China, sendo que se os primeiros não avançarem mais rápido, esta última provavelmente o fará. Graças à competição internacional, estes avanços estão quase garantidos.

11. Este é só o primeiro dos livros que estão por vir sobre este apaixonante tema. Em dois ou três anos esperamos contar com muito mais informação e evidências concretas, incluindo o início de terapias e tratamentos aprovados para deter o envelhecimento e para rejuvenescer células, órgãos e, quem sabe, seres humanos. Além disso, será necessário atualizar constantemente parte da informação aqui descrita pois seguiremos vendo avanços extraordinários dia após dia.

12. Não estamos recomendando aqui nenhum tipo de terapia ou tratamento, especialmente neste primeiro livro. Limitamo-nos a mostrar algumas das possibilidades atuais e futuras, que descreveremos posteriormente em outros livros. As tecnologias antienvelhecimento e de rejuvenescimento estão apenas começando, e por isso é difícil saber quais serão as melhores alternativas, mas é importante estar a par do que está por vir.

13. Vários dos temas apresentados são muito complexos, com muitas possíveis arestas e diferentes pontos de vista. Tentamos ser objetivos, mas sem deixar de defender nosso ponto de vista, com base nos avanços científicos que acompanhamos de forma contínua. Em alguns trechos consideramos necessário fazer simplificações e generalizações, apesar de sabermos que a biologia (e a vida em geral) é extremamente complexa.

14. Sabemos que o livro gerará discussão — esperamos que muita discussão — tanto a favor quanto contra. Por um lado, as críticas são sempre bem-vindas e servem para seguir avançando, pois ninguém possui a verdade absoluta. Em se tratando de temas especialmente revolucionários, a polêmica é praticamente inevitável e convém não se deixar levar pelos ânimos exaltados. Por outro lado, as críticas costumam falar mais sobre o próprio crítico que sobre aquilo que é criticado. Esta não deve ser uma briga do obs-

curantismo e do tradicionalismo contra os utopistas, uma discussão de adversários para ver quem grita mais alto.

15. Sempre haverá céticos, como em todo processo de avanço científico, mas o importante é que todas as partes saibam ouvir e fazer com que os dados, e não as opiniões, indiquem o caminho. Sabemos que há inimigos diante das novas ideias, mas ante a possibilidade científica do rejuvenescimento humano, tomara que sejam poucos os inimigos, apesar de prevermos que estarão unidos e farão muito barulho. Os amigos serão muitos mais, talvez muitíssimos mais, mas lamentavelmente não estarão tão coordenados e possivelmente serão menos visíveis. No início, as mudanças de paradigma sempre geram uma grande oposição. É necessário que as novas ideias sigam avançando com o tempo com base nas descobertas científicas e se espalhem na sociedade.

16. Para ajudar a acelerar as pesquisas sobre antienvelhecimento e rejuvenescimento, nós, os autores, doamos a totalidade dos royalties da edição em português do livro à Fundação de Pesquisa SENS (SENS Research Foundation) na Califórnia (EUA), e ao Laboratório de Biologia do Envelhecimento do Instituto de Biologia da Unicamp (Universidade Estadual de Campinas). Portanto, esperamos que vocês gostem deste livro e que o recomendem a outras pessoas para continuar apoiando os cientistas que trabalham nestes temas. Estamos realmente ante uma questão de vida ou morte.

17. Somos membros da Coalizão para o Prolongamento Radical da Vida (Coalition for Radical Life Extension) e organizamos anualmente o festival RAAD (Revolution Against Aging and Death, ou seja, Revolução Contra o Envelhecimento e a Morte). Para quem quiser saber mais sobre as oportunidades e possibilidades científicas para deter o envelhecimento e iniciar o rejuvenescimento,

sugerimos que nos acompanhem em www.RAADfest.com para, dessa forma, conhecerem pessoalmente os últimos avanços científicos. Este festival analisa tanto o prolongamento da vida quanto a expansão da vida.

18. Finalmente, criamos um site para o livro (www.AMortedaMorte.org), e portanto agradecemos todos os comentários, correções e críticas que os leitores queiram fazer. Nosso interesse é melhorar as futuras edições, assim como compilar sugestões e ideias para os próximos livros. Na luta contra o envelhecimento, o importante é a mensagem, não os mensageiros.

INTRODUÇÃO
O MAIOR SONHO DA HUMANIDADE

A morte deve ser um grande mal, e os deuses concordam, senão por que eles viveriam para sempre?
Safo, c. 600 a.C.

Uma viagem de mil quilômetros começa com um só passo.
Lao-Tse, c. 550 a.C.

Ser ou não ser, eis a questão!
William Shakespeare, 1600 d.C.

A imortalidade foi o grande sonho da humanidade desde seu alvorecer. O ser humano, diferentemente da maioria do restante dos seres vivos, é consciente da vida e, portanto, consciente da morte. Nossos ancestrais criaram todo tipo de rituais relacionados à vida e à morte desde a aparição do *Homo sapiens sapiens* na África. Estes ancestrais praticaram estes rituais e criaram muitos outros durante os milhares de anos de colonização por todo o planeta. As grandes civilizações do mundo antigo criaram rituais sofisticados para ser celebrados quando alguém morria, rituais que em muitos casos eram o elemento mais importante da vida dos que sobreviviam. Pensemos, por exemplo, nos rigorosos lutos que duram por toda a vida em muitos dos grupos sociais atuais.

A busca pela imortalidade

O filósofo britânico Stephen Cave, da Universidade de Cambridge, escreveu em seu best-seller *Imortalidade: A busca da vida eterna e como ela conduz a civilização:*[1]

> Todos os seres vivos buscam "perpetuar a si mesmos no futuro, mas os humanos buscam perpetuar-se para sempre. Esta busca, esta obsessão pela imortalidade, está na origem das conquistas e realizações humanas, é a fonte das religiões, a musa da filosofia, o arquiteto de nossas cidades e o impulso por trás das artes. Está imersa em nossa própria natureza, e seu resultado é o que conhecemos como civilização.

Os ritos funerários egípcios eram muito sofisticados. Os rituais mais importantes incluíam grandes pirâmides e sarcófagos dedicados exclusivamente aos faraós. Os mais antigos *Textos da Pirâmide* são um repertório de conjurações, encantamentos e súplicas gravados nos corredores, antecâmaras e câmaras sepulcrais nas pirâmides do Império Antigo com o propósito de ajudar o faraó no mundo inferior e garantir sua ressurreição e a vida eterna. São uma compilação de textos de crenças religiosas e cosmológicas muito antigas escritos com hieróglifos nas paredes das tumbas, que foram utilizados durante as cerimônias funerárias a partir do ano 2400 a.C.

Séculos depois, os egípcios compilaram o *Livro dos Mortos*, que é o nome moderno de um texto funerário do Antigo Egito que foi utilizado desde o início do Império Novo, por volta do

---

[1] CAVE, Stephan. Immortality: The Quest to Live Forever and How It Drives Civilization. Crown, 2012.

ano 1550 a.C. até o ano 50 a.C. O texto não era exclusivo para os faraós e consistia em uma série de sortilégios mágicos destinados a ajudar os defuntos a superar o julgamento de Osíris, o deus egípcio da morte e da regeneração, auxiliando-os em sua viagem através do mundo inferior rumo à outra vida. Apesar de hoje em dia serem vistas como mitologias, a religião e as práticas egípcias para garantir a imortalidade foram praticadas durante quase 3.000 anos, ou seja, durante muito mais séculos do que o Cristianismo ou o Islamismo até os dias de hoje.[2]

Na Mesopotâmia há documentos ainda mais antigos, produzidos por volta do ano 2500 a.C. em placas de argila com escrita cuneiforme. *A Epopeia de Gilgamesh ou o Poema de Gilgamesh* é uma narração suméria em verso sobre as peripécias do rei Gilgamesh de Uruk, a obra épica mais antiga conhecida na história da humanidade. O eixo filosófico do poema encontra-se no sofrimento do rei Gilgamesh após a morte de quem foi no início seu inimigo e depois seu grande amigo, Enkidu. A epopeia é considerada a primeira obra literária que enfatiza a mortalidade humana frente à imortalidade dos deuses. O poema inclui uma versão do mito mesopotâmico do dilúvio que apareceu posteriormente em muitas outras culturas e religiões.[3]

Na China, aparentemente, os imperadores também estavam obcecados com a imortalidade. Depois de conquistar o último Estado chinês independente, em 221 a.C., Qin Shi Huang tornou-se o primeiro rei de um Estado que dominava toda a China, algo sem precedentes. Ansioso por mostrar que já não era um simples rei, criou um título para expressar o desejo de unificar o infinito território dos reinos chineses, unindo efetivamente o mundo (os antigos chineses, assim como os antigos romanos, acreditavam que seu império abrangia o mundo em sua totalidade).[4]

---

2 WASSERMAN, James. The Egyptian Book of the Dead: The Book of Going Forth by Day: The Complete Papyrus of Ani Featuring Integrated Text and Full-Color Images. Chronicle Books, California, 2015,

3 ANONYMOUS. The Epic of Gilgamesh. Penguin Classics; Revised edition,1960.

4 CLEMENTS, Jonathan. The First Emperor of China. Albert Bridge Books, 2015.

Qin Shi Huang negava-se a falar da morte, nunca escreveu um testamento e, em 212 a.C., começou a referir-se a si mesmo como o *Imortal*. Obcecado com a imortalidade, enviou uma expedição às ilhas orientais (possivelmente o Japão) em busca do elixir da imortalidade. A expedição nunca regressou, supostamente por medo do imperador *Imortal*, já que não tinha encontrado o elixir desejado. Acredita-se que Qin Shi Huang morreu após beber mercúrio, um elemento que ele esperava que o tornasse imortal. Foi enterrado em um grande mausoléu com os famosos guerreiros de terracota, mais de 8.000 soldados com 520 cavalos. O mausoléu, próximo da atual cidade de Xiam, foi descoberto em 1974, embora sua câmara funerária ainda permaneça fechada.

O elixir da imortalidade, uma lendária poção que garantiria a vida eterna, é um tema recorrente em muitas culturas. Foi uma das metas perseguidas por muitos alquimistas: um remédio que curasse todas as doenças (a panaceia universal) e prolongasse a vida eternamente. Alguns deles, como o médico e astrólogo suíço Paracelso, conseguiram grandes avanços no campo farmacêutico como consequência desta busca. O elixir mágico está relacionado à pedra filosofal, uma mítica pedra que transformaria os metais em ouro e supostamente criaria esse elixir vital.

Não só os antigos egípcios e chineses consideravam a possibilidade de que houvesse um elixir da vida. Estas ideias chegaram ou surgiram de forma independente em praticamente todas as culturas. Por exemplo, os grupos Vedas na Índia também acreditavam em um vínculo entre a vida eterna e o ouro, uma ideia que provavelmente adquiriram dos gregos após a invasão da Índia de Alexandre, o Grande, no ano 325 a.C. Também é possível que da Índia essa ideia tenha ido parar na China, ou vice-versa. Entretanto, a ideia do elixir da vida já não tem tanta repercussão na Índia, pois o Hinduísmo, a primeira religião do país, professa outras crenças em relação à imortalidade.

A fonte da juventude é outras dessas lendas que nos remetem ao desejo da eternidade. Símbolo da imortalidade e da longevidade, essa lendária fonte supostamente curaria e devolveria a juventude a quem bebesse de suas águas ou se banhasse nelas. A primeira referência conhecida ao mito de uma fonte da juventude está no terceiro livro das *Histórias de Heródoto*, do século IV a.C. No *Evangélio de João* é narrado o episódio do tanque de Betesda, em Jerusalém, onde Jesus realiza o milagre de curar um homem aparentemente paralítico. As versões orientais do *Romance de Alexandre* contam a história da "água da vida", que Alexandre, o Grande, procurava junto com seu servo. O serviçal nessa história procede das lendas de Al-Khidr no Oriente Médio, uma saga que aparece também no Alcorão. Estas versões foram muito populares na Espanha durante e depois do período muçulmano, e teriam sido conhecidas pelos exploradores que viajaram para a América.

As histórias dos nativos americanos sobre a fonte curativa estavam relacionadas à mítica ilha de Bimini, um país de riqueza e prosperidade situado em algum lugar do norte, possivelmente na região das Bahamas. Segundo a lenda, os espanhóis souberam de Bimini graças aos Aruaques de Espanhola, Cuba e Porto Rico. Bimini e suas águas curativas eram temas muito populares no Caribe. O explorador espanhol Juan Ponce de León soube da fonte da juventude através dos nativos de Porto Rico quando conquistou a ilha. Insatisfeito com sua riqueza material, empreendeu uma expedição em 1513 para localizá-la e descobriu o atual estado da Flórida (EUA), mas nunca encontrou a fonte da eterna juventude.[5]

Nas chamadas religiões ocidentais atuais, baseadas nas tradições abraâmicas monoteístas como o Judaísmo, o Cristianismo, o Islamismo e a Fé Bahá'í, por exemplo, a via para a imortalidade é alcançada principalmente através da ressurreição. Por outro lado, nas chamadas religiões orientais atuais, baseadas nas tradições védicas da Índia, como o Hinduísmo, o Budismo e o Jainismo, a via para a imortalidade é alcançada através da reencarnação. Tradicionalmente, nas religiões ocidentais é

---

5 MORISON Samuel E. The European Discovery of America: The Northern Voyages, A.D. 500-1600, & The Southern Voyages, A.D. 1492-1616. Oxford University Press, 1971.

preciso enterrar os corpos para a ressurreição, enquanto que nas religiões orientais é preciso incinerar os corpos para a reencarnação. Porém, nem a ressurreição nem a reencarnação estão comprovadas cientificamente, e evidentemente fazem parte das velhas crenças mitológicas dos tempos pré-científicos.

O historiador israelense Yuval Noah Harari, da Universidade Hebraica de Jerusalém, estudou também profundamente o tema da imortalidade em suas duas obras principais: *Sapiens: Uma breve história da humanidade*, publicada originalmente no ano de 2011, e *Homo Deus: Uma breve história do amanhã*, de 2016. O primeiro livro refere-se à história da humanidade desde o início da evolução do *Homo Sapiens* até as revoluções políticas do século XXI. As religiões e o tema da morte são um elemento fundamental em todos esses grandes acontecimentos históricos.

Em seu segundo livro, Harari pergunta-se como será o mundo nos próximos anos. Segundo o autor, defrontaremo-nos com uma nova série de desafios, sendo que ele tenta analisar como os enfrentaremos usando os enormes avanços da ciência e da tecnologia. Harari explora os projetos, os sonhos e os pesadelos que moldarão o século XXI, desde superar a morte até a criação da inteligência artificial. Especificamente sobre o tema da imortalidade, Harari comenta na seção "Os últimos dias da morte":[6]

> No século XXI, é provável que nós, os humanos, façamos uma tentativa séria de alcançar a imortalidade. A luta contra a velhice e a morte simplesmente continuará a luta consagrada contra a fome e a doença, e manifestará o valor supremo da cultura contemporânea: o valor da vida humana. Constantemente somos lembrados de que a vida humana é o que há de mais sagrado no universo. Todo mundo diz isso: os professores nas escolas, os políticos nos parlamentos, os advogados nos tribunais e os atores no teatro. A *Declaração Universal dos Direitos Humanos* adotada pela Organização das Nações Unidas (ONU) depois da Segunda Guerra Mundial — talvez o que existe de mais próximo de uma

---

6 https://www.amazon.com.br/Homo-deus-Yuval-Noah-Harari/dp/8535928197

constituição global — declara categoricamente que "o direito à vida" é o valor fundamental da humanidade. Uma vez que a morte claramente viola este direito, a morte é um crime contra a humanidade, e devemos travar uma guerra total contra ela.

Ao longo da história, as religiões e as ideologias não santificaram a vida em si. Sempre santificaram algo acima ou mais além da existência terrena, e consequentemente foram bastante tolerantes com a morte. Inclusive, algumas delas foram francamente entusiastas do Anjo da Morte. Devido ao fato do Cristianismo, do Islamismo e do Hinduísmo terem insistido em que o significado de nossa existência dependia de nosso destino no além, viram a morte como uma parte vital e positiva do mundo. Os humanos morreram porque Deus decretou, e o momento da morte foi uma experiência metafísica sagrada que foi usada com significado divino. Quando um humano estava a ponto de exalar seu último suspiro, era o momento de chamar os sacerdotes, rabinos e xamãs para extrair o equilíbrio da vida e abraçar o verdadeiro papel de alguém no universo. Apenas tente imaginar o Cristianismo, o Islamismo ou o Hinduísmo em um mundo sem morte, que também é um mundo sem paraíso, sem inferno e sem reencarnação.

A ciência moderna e a cultura moderna têm uma visão completamente diferente da vida e da morte. Não pensam na morte como um mistério metafísico, e certamente não veem a morte como a fonte do significado da vida. Pelo contrário, para nossos contemporâneos a morte é um problema técnico que podemos e devemos resolver.

Da mitologia à ciência

Nas últimas décadas ocorreram avanços científicos impressionantes, em todas as áreas, incluindo a biologia e a medicina. Em 1953 foi descoberta a estrutura do DNA, um dos avanços mais importantes da biologia. Este processo acelerou-se com descobertas posteriores como as células-tronco embrionárias e os telômeros, por exemplo. Na medicina, o primeiro transplante de coração foi realizado em 1967, a varíola foi erradicada em 1980, e agora estão sendo realizados grandes avanços em medicina regenerativa, terapias genéticas como a edição genética CRISPR, clonagem terapêutica e bioimpressão de órgãos.

Nos próximos anos veremos avanços ainda maiores, cada vez mais rápidos, graças também à utilização generalizada de novos sensores, à análise de dados em escala massiva (o chamado Big Data) e ao uso de inteligência artificial para interpretar e calcular mais rápido e analisar melhor os resultados médicos. Estes avanços não estão ocorrendo de uma maneira linear, mas exponencial. A rapidez com que foi sequenciado o genoma humano é um exemplo claro destas tendências exponenciais.

O Projeto Genoma Humano começou no ano de 1990 e, em 1997, somente tinha-se conseguido sequenciar 1% do total. Por isso, alguns "especialistas" pensavam que precisaríamos de séculos para poder sequenciar os 99% restantes do genoma. Felizmente, graças à característica exponencial das tecnologias, o projeto foi concluído no ano de 2003. Como explica o futurista estadunidense Ray Kurzweil, desde 1997 a cada ano duplicava-se, aproximadamente, a porcentagem sequenciada, ou seja, 2% em 1998, 4% em 1999, 8% em 2000, 16% em 2001, 32% em 2002, 64% em 2003, completando-se o projeto algumas semanas depois.[7]

A biologia e a medicina estão digitalizando-se aceleradamente, e isso permitirá avanços exponenciais nos próximos anos. A inteligência artificial ajudará cada vez mais, o que gerará uma retroalimentação positiva contínua para alcançar-se mais avanços em todas as áreas, incluídas a biologia e a medicina. Por outro lado, já foram iniciados experimentos para prolongar a vida e rejuvenescer diferentes modelos animais, como leveduras, vermes, mosquitos e ratos.

Cientistas de diversas partes do mundo já estão pesquisando como funciona o envelhecimento e como revertê-lo, dos Estados

---

7 https://www.youtube.com/watch?v=h6tYxQnxRj8

Unidos até o Japão, da China até a Índia, passando pela Alemanha e a Rússia. Também estão aparecendo grupos de pesquisadores nos países ibero-americanos de uma forma geral, da Espanha até a Colômbia, do México até a Argentina, passando por Portugal e o Brasil. Por exemplo, um grupo de cientistas sob a direção da bióloga espanhola María Blasco, diretora do CNIO (Centro Nacional de Pesquisas Oncológicas) em Madri (Espanha), criou os chamados ratos *Triples*, que vivem aproximadamente 40% mais.[8] Com tecnologias totalmente diferentes, outros cientistas como o também espanhol Juan Carlos Izpisúa, pesquisador especialista do Instituto Salk de Estudos Biológicos em La Jolla, Califórnia (EUA), conseguiram rejuvenescer ratos também em 40%.[9] Experimentos deste tipo continuam avançando e é provável que sigamos aumentando a longevidade e o rejuvenescimento em ratos nos próximos anos.

Muitos outros cientistas de diversos lugares do mundo, incluindo grupos de várias das melhores universidades no contexto global como Cambridge, Harvard, MIT, Oxford e Stanford, estão interessados em competir no Prêmio do Rato Matusalém, patrocinado pela Fundação Matusalém nos Estados Unidos.[10] Já foi concedido um prêmio a cientistas que conseguiram prolongar a vida de ratos até o equivalente a 180 anos humanos,[11] mas o objetivo é chegar ao equivalente a quase mil anos humanos, como o lendário Matusalém do *Velho Testamento*.

Os experimentos com ratos têm muitas vantagens, pois os ratos têm vidas relativamente curtas (um ano na natureza, e entre dois e três anos em condições de laboratório) e seus genomas são muito parecidos com o genoma humano (estima-se que compartilhemos cerca de 90% do genoma com os ratos). Os cientistas fizeram experimentos com diferentes tipos de tratamentos e terapias, entre os quais podemos mencionar, até agora, restrição

---

8 http://www.encuentroseleusinos.com/work/maria-blasco-directora-del-cnio-envejecer-es-nada-natural/
9 https://elpais.com/elpais/2016/12/15/ciencia/1481817633_464624.html
10 https://www.mfoundation.org/
11 http://www.sens.org/outreach/conferences/methuselah-mouse-prize

calórica, injeções de telomerase, tratamentos com células-tronco, terapias genéticas e mais descobertas que seguiremos vendo nos próximos anos. Estas pesquisas são feitas não porque adoremos os ratos e queiramos ratos mais jovens e longevos. Os pesquisadores, apesar de talvez não se manifestarem assim publicamente, poderão, quando for o caso, implementar estes avanços em humanos para fazer de nós seres mais longevos e jovens. Como muitas outras pessoas, às vezes, os cientistas não podem dizer o que realmente pensam por medo de perder financiamento ou outras razões, mas as aplicações dessas pesquisas são evidentes.

Há muitos cientistas trabalhando com diferentes tipos de modelos animais para deter e reverter o envelhecimento. Outros dois exemplos de conhecidos cientistas estadunidenses são Michael Rose, da Universidade da Califórnia em Irvine (EUA), que conseguiu multiplicar por quatro a expectativa de vida de moscas-da-fruta *Drosophila melanogaster*,[12] e Robert J. S. Reis, da Universidade do Arkansas para as Ciências Médicas (EUA), que aumentou em até 10 vezes a longevidade de vermes nematódeos *C. elegans*.[13] Novamente, o objetivo dos cientistas não é conseguir moscas e vermes mais longevos, mas sim usar estas descobertas para aplicá-las em humanos no devido momento.

Graças aos importantes avanços científicos destes últimos anos, há grandes e pequenas empresas investindo bilhões de dólares no rejuvenescimento científico de humanos. As pessoas estão começando a entender que isso é uma possibilidade real e cada vez mais próxima no tempo. A pergunta hoje não é se será possível, mas quando será possível. Por isso, multimilionários como Peter Thiel, famoso por causa do PayPal, Jeff Bezos da Amazon, Sergey Brin e Larry Page da Alphabet/Google, Mark Zuckerberg do Facebook, Larry Ellison da Oracle, além de muitos outros — e serão cada vez mais — estão investindo em biotecnologia contra o envelhecimento e para revertê-lo. A Google criou a Calico (California Life Company) em 2013 para

---

[12] https://www.faculty.uci.edu/profile.cfm?faculty_id=5261
[13] https://biochemistry.uams.edu/faculty/secondary/reis/

"resolver a morte",[14] a Microsoft anunciou em 2016 que vai curar o câncer em dez anos, e Mark Zuckerberg e sua esposa Priscilla Chan disseram que doarão praticamente toda a sua riqueza para curar e prevenir todas as doenças em uma geração.[15] E poderíamos acrescentar muitos outros exemplos, e a cada dia veremos mais, pois os avanços não param.

Alguns dos melhores cientistas do mundo estão trabalhando abertamente em tecnologias para o rejuvenescimento. Só para citar um exemplo amplamente conhecido, podemos mencionar o caso do geneticista, engenheiro molecular e químico estadunidense George Church, professor de genética na Escola Médica de Harvard (EUA), professor de Ciências da Saúde e Tecnologia em Harvard e no MIT (EUA), entre outros muitos cargos tanto acadêmicos quanto empresariais (pois é preciso levar estas ideias que são uma questão de vida ou morte da academia para a indústria). Church, que foi um dos pioneiros no sequenciamento do genoma humano e é considerado um precursor da genômica pessoal e da biologia sintética, afirmou recentemente:[16]

> Veremos o primeiro teste de reversão do envelhecimento em experimentos com cachorros em um ou dois anos. Se funcionar, os testes em humanos começarão em dois anos e acabarão em oito. Quando tivermos alguns poucos testes bem-sucedidos começará um ciclo de retroalimentação positiva.

O fato é que não há nenhum princípio científico que proíba o rejuvenescimento e que imponha a necessidade da morte. Nem na biologia, nem na química, nem na física. Consequentemente, o eminente físico estadunidense Richard Feynman, ganhador

---

14 http://time.com/574/google-vs-death/
15 http://www.businessinsider.com/mark-zuckerberg-cure-all-disease-explained-2016-9
16 https://endpoints.elysiumhealth.com/george-church-profile-4f3a8920cf7g-4f3a8920cf7f

do prêmio Nobel de Física, explicou em sua conferência de 1964 "O papel da cultura científica na sociedade moderna":[17]

> Uma das coisas mais interessantes em todas as ciências biológicas é que não há qualquer indício quanto à necessidade da morte. Se alguém disser que vai tentar construir uma máquina de movimento perpétuo, já descobrimos suficientes leis físicas para se saber que é algo absolutamente impossível, ou, então, as leis teriam que estar erradas.
> Porém, não se descobriu nada em biologia que sinalize a inevitabilidade da morte. Isso indica que a morte não é inevitável, e que só é uma questão de tempo até que os biólogos descubram o que está nos gerando problemas e curem essa terrível doença universal.

Nos últimos anos criou-se uma série de periódicos científicos sobre os avanços em novas áreas como o estudo do rejuvenescimento e do antienvelhecimento. Um deles é a revista *Aging*, que publicou sua primeira edição no ano de 2009, quando três de seus editores — o cientista russo-estadunidense Mikhail V. Blagosklonn, a cientista estadunidense Judith Campisi e o cientista australiano David A. Sinclair — escreveram o artigo inaugural, intitulado "Envelhecimento: passado, presente e futuro":[18]

> Em sua *Série da Fundação*, publicada na década de 1950, Isaac Asimov imaginou a Civilização como sendo capaz de colonizar todo o Universo. Esta façanha é improvável de ser alcançada. Surpreendentemente, Asimov referia-se a um homem de 70 anos como um indivíduo ancião com escassas probabilidades de viver por muito mais tempo. Portanto, na fantasia mais atrevida da literatura, o avanço do envelhecimento não pode ser freado. Entretanto, dado o ritmo atual de descobertas no campo do enve-

---

17 FEYNMAN, Richard. The Pleasure of Finding Things Out: The Best Short Works of Richard P. Feynman. Basic Books, 2005.

18 http://www.aging-us.com/issue/v1i1

lhecimento, esta façanha poderá tornar-se realidade dentro de nosso tempo de vida, sendo que dessa forma a ciência acabaria superando a ficção científica.

PASSADO
Depois que August Weismann dividiu a vida entre um soma perecedouro e uma linha germinal imortal, o soma começou a ser visto como algo descartável. Como escreveu Weismann em 1889: "a natureza perecedoura e vulnerável do soma foi a razão pela qual a natureza não fez nenhum esforço para dotar esta parte do indivíduo de uma vida de duração ilimitada".

PRESENTE
As primeiras buscas bem-sucedidas de genes que postergassem o envelhecimento começaram em meados da década de 1980. Apesar da opinião geral de que era pouco provável que existissem genes que controlassem o envelhecimento, Klass realizou uma busca de mutagênese para *C. elegans* mutantes de vida longa e encontrou candidatos, um dos quais foi chamado de gene age-1, tendo sido descrito por Johnson e seus colegas. Em 1993, Kenyon e seus colegas, que também selecionaram *C. elegans* de vida longa, descobriram que as mutações no gene daf-2 aumentam a longevidade de *C. elegans* hermafroditas em mais de duas vezes em comparação com os nematódeos do tipo selvagem. O daf-2 já era conhecido por regular a formação do estado dauer, uma forma de larva com desenvolvimento interrompido e induzido pela aglomeração e a inanição. Kenyon e seus colaboradores sugeriram que a longevidade do *C. elegans* em estado dauer é o resultado de um mecanismo de prolongamento regulado da vida. Esta descoberta proporcionou indícios para se compreender como é possível prolongar a duração da vida.

Os editores descrevem um rápido panorama da nascente disciplina do estudo do envelhecimento, explicando o início científico no final do século XIX e os grandes avanços ocorridos durante todo o século XX, especialmente nas últimas duas décadas. De fato, foi só na década de 1980 que foram encontrados alguns genes relacionados diretamente com o envelhecimento celular nos pequenos vermes nematódeos chamados *C. elegans*. Desde então, foi possível contar com uma maior e melhor compreensão do processo do envelhecimento, de como ele ocorre e inclusive de como revertê-lo. Hoje em dia sabemos que é cientificamente possível rejuvenescer células, tecidos e organismos. A prova de que é possível é que isso já foi conseguido com organismos simples como estes vermes.

Entretanto, que já exista a prova de conceito não significa que saibamos como fazê-lo. De fato, ainda não sabemos, e por isso estão sendo realizados muitos experimentos com diferentes terapias e tratamentos em diferentes tipos de organismos para saber o que funciona e por quê. Isso não é nada fácil, e provavelmente continuará não sendo fácil, mas sabemos que de fato é possível. Na verdade, a pergunta já não é se é possível, mas quando será possível desenvolver e comercializar os primeiros tratamentos científicos para rejuvenescer seres humanos. Não somos vermes nem ratos, de modo que muitas das coisas que descobrirmos com modelos animais, como vermes ou ratos, provavelmente não serão diretamente aplicáveis em humanos. Entretanto, elas nos indicarão várias possibilidades, que graças a avanços como o uso de Big Data e da inteligência artificial, entre outros instrumentos, nos ajudarão a avançar mais rapidamente para encontrar as possíveis curas do envelhecimento humano.

Blagosklonn, Campisi e Sinclair partem do passado e do presente para indicar também o que poderia acontecer no futuro, além de alguns dos possíveis tratamentos e terapias para o envelhecimento e outras doenças relacionadas ao envelhecimento. Por enquanto, e no caso deste livro introdutório dirigido a uma audiência geral, não é necessário conhecer profundamente os detalhes (ou siglas como DNA, AMPK, RNA, FOXO, IGF, mTOR, NAD, PI3K, RC, TOR e muitas outras ainda mais complicadas). Entretanto, pedimos licença para colocar o seguinte texto como resumo geral das grandes descobertas atuais e vindouras, como indicam os autores em seu artigo:

FUTURO

Gerando grande interesse e expectativa, vê-se que agora o envelhecimento parece estar regulado, ao menos em parte, por vias de transdução de sinais que podem ser manipuladas farmacologicamente. Protótipos de medicamentos antienvelhecimento já estão disponíveis para tratar doenças relacionadas à idade, e prevê-se que atrasarão os processos do envelhecimento. Foram descobertos moduladores de sirtuínas que imitam a RC e mitigam certas doenças relacionadas à idade. A via TOR é outro objetivo. Ironicamente, a TOR foi descoberta como o alvo da rapamicina (Sirolimus ou Rapamune) em leveduras, um medicamento disponível clinicamente que é tolerado inclusive quando é tomado em altas doses durante vários anos. A rapamicina tem potencial como terapia para a maioria das doenças (se não forem todas) relacionadas à idade, e a metformina, um fármaco antidiabético e ativador da AMPK, que age na via TOR, atrasa o envelhecimento e prolonga a vida útil dos ratos.

Portanto, as recentes mudanças de paradigma na pesquisa do envelhecimento colocaram vias de sinalização (vias de promoção do crescimento, respostas ao dano do DNA, sirtuínas) na etapa inicial, e estabeleceram que o envelhecimento pode ser regulado e inibido farmacologicamente.

Neste momento tão oportuno, é lançada a *Aging (Impact Journal on Aging ou Impact Aging)*. Esta revista abrange a nova gerontologia. Os avanços recentes na gerontologia devem-se à integração de diferentes disciplinas, como a genética e o desenvolvimento em organismos modelo, a transdução de sinais e o controle do ciclo celular, a biologia das células cancerosas e as respostas ao dano do DNA, a farmacologia e a patogênese de muitas doenças relacionadas à idade. A revista será centrada nas vias de transdução de sinais (ativadas por IGF e insulina, vias ativadas por mitógenos e ativadas por estresse, como resposta a danos ao DNA, FOXO, Sirtuínas, PI3K, AMPK, mTOR) na saúde e na doença. Os temas incluem biologia celular e molecular, metabolismo celular, senescência celular, autofagia, oncogenes e genes supressores de tumores, carcinogênese, células-tronco, farmacologia e agentes antienvelhecimento, modelos animais e, evidentemente, doenças relacionadas à idade como câncer, mal de Parkinson, diabetes tipo 2, aterosclerose e degeneração macular, que são algumas das manifestações mortais do envelhecimento. A revista também incluirá artigos que abordam tanto as possibilidades quanto os limites da nova ciência do envelhecimento. Evidentemente, a possibilidade de que as doenças do envelhecimento possam ser retardadas ou tratadas com medicamentos que afetem o processo geral de envelhecimento, e portanto seja potencialmente prolongada a vida saudável, é o sonho mais antigo da humanidade.

Quando no ano de 2009 foi publicado este visionário artigo, ainda não se sabia praticamente nada sobre uma das mais poderosas tecnologias genéticas de hoje em dia: o famoso sistema CRISPR (descoberto no final da década de 1980, suas primeiras aplicações só começaram a ser desenvolvidas no começo da década de 2010). A ovelha clonada Dolly nasceu em 1996, e o sequenciamento do genoma humano foi concluído oficialmente em 2003. As primeiras células-tronco pluripotentes induzidas (normalmente abreviadas como células iPS, por sua sigla em inglês "induced Pluripotent Stem") foram obtidas pela primeira vez em 2006, mas os primeiros tratamentos não apareceram até a década de 2010. A revista *Aging* foi testemunha de enormes transformações em menos de uma década desde que começou a ser publicada em 2009, e será testemunha de ainda mais mudanças durante a próxima década. Tudo isso deve ser colocado em perspectiva para se compreender o ritmo frenético dos avanços, pois a mesma coisa vai ocorrer nos próximos dez anos, ou quem sabe em somente quatro ou cinco anos, já que os avanços seguem acelerando-se. Estamos convencidos de que em dois ou três anos veremos avanços tão impressionantes que farão com que tenhamos que reescrever várias partes deste livro.

Outra excelente revista sobre esses temas é a *Rejuvenation Research*, lançada em 1998 e atualmente sob a direção do já mencionado Aubrey de Grey. Nas duas décadas transcorridas desde sua criação, a revista foi testemunha de grandes avanços, devidamente informados em seus artigos, e esperamos que este progresso se desenvolva exponencialmente nos próximos anos.[19]

O *Apêndice* deste livro mostra uma extensa cronologia que permite colocar em uma perspectiva histórica os rápidos avanços quanto a nossa compreensão da vida na Terra. Esta cronologia, além disso, atreve-se a prever algumas das fascinantes possibilidades que podem tornar-se realidade nas próximas décadas graças às mudanças exponenciais que se aproximam, segundo a opinião dos autores, além de ter referências adicionais de especialistas como o famoso e mencionado futurista estadunidense Ray Kurzweil.

Da ciência à ética

Já mencionamos como se conseguiu prolongar a vida de vermes e ratos, entre outros tipos de modelos animais. Por que fazemos experimentos com eles? Será que os cientistas têm como objetivo simplesmente que haja vermes e ratos mais jovens e longevos? É evidente que não. Um dos objetivos é compreender como funciona o envelhecimento e o rejuvenescimento para iniciar testes clínicos em humanos em algum momento, como já comentamos e continuaremos insistindo ao longo destas páginas.

Se agora aceitamos a possibilidade de prolongar-se a vida do ser humano graças aos próximos avanços científicos, devemos então discutir se também é ético. Nossa resposta é que não somente é ético, mas que é também nossa responsabilidade moral. Entretanto, ainda há pessoas muito influentes (os chamados *"influencers"*), como o empresário e filantropo estadunidense

---

19 http://www.liebertpub.com/rej

Bill Gates, que não parecem convencidas da prioridade de curar o envelhecimento. Quando lhe perguntaram em um evento público no site Reddit o que ele achava das pesquisas para prolongar a vida e conseguir a imortalidade, Gates respondeu:[20]

> Parece-me bastante egocêntrico que, quando ainda persistem a malária e a tuberculose, os ricos financiem coisas para que eles possam viver mais tempo, embora eu admita que seria bom viver mais tempo.

Essa mesma crítica poderia ser levantada contra muitos programas de pesquisa médica, como os que estão em andamento para curar o câncer ou as cardiopatias. Curar estas doenças também prolongará a vida. Porém, enquanto as pessoas ainda morrem de malária e tuberculose (doenças que podem ser tratadas com um gasto relativamente baixo), poderia parecer uma prioridade equivocada investir grandes somas na busca de curas para o câncer e as cardiopatias. Se o critério for realmente salvar o maior número de vidas gastando uma determinada quantidade de dinheiro, poderíamos nos perguntar: não seria melhor cancelar as iniciativas de pesquisa sobre o câncer e, em seu lugar, comprar mais mosquiteiros e garantir que sejam distribuídos em todas as áreas que ainda padecem de malária? É evidente que não, o que mostra que a realidade não é tão simples assim.

Na verdade, a principal causa de morte no planeta não é nem a malária nem a tuberculose: é o envelhecimento. Um projeto de rejuvenescimento bem-sucedido cumpriria, portanto, todos os requisitos mencionados. Perseguir esse objetivo está longe de ser algo egocêntrico ou narcisista. Não são só os pesquisadores (e seus entes queridos e próximos) que se beneficiarão com os resultados; os benefícios podem chegar a todo o planeta, inclusive aos cidadãos das comunidades mais pobres que so-

---

20 https://www.reddit.com/r/IAmA/comments/2tzjp7/hi_reddit_im_bill_gates_and_im_back_for_my_third/co3qllf

frem surtos de malária e tuberculose. Afinal de contas, estas comunidades também sofrem de envelhecimento.

A maior causa de sofrimento no mundo é o envelhecimento, e as doenças relacionadas ao envelhecimento que conduzem à morte. Atualmente, morrem no mundo cerca de 150.000 pessoas por dia, dia após dia.[21] Dessa enorme quantidade de mortes, dois terços devem-se a doenças relacionadas ao envelhecimento. Nos países mais desenvolvidos, o número é muito maior — cerca de 90% das pessoas morrem devido ao envelhecimento e às principais enfermidades relacionadas, como as doenças neurodegenerativas e cardiovasculares ou o câncer.

O envelhecimento é uma tragédia difícil de comparar com qualquer outra. Mais pessoas morrem no mundo diariamente devido ao envelhecimento do que do restante das causas de morte juntas. Concretamente, morrem de envelhecimento o dobro de pessoas do que do restante de causas, incluindo malária, AIDS, tuberculose, acidentes, guerras, terrorismo, fome, etc. O biogerontologista Aubrey de Grey explica isso de uma maneira muito clara e direta:[22]

> O envelhecimento realmente é "bárbaro" (cruel, impiedoso, desumano). Não deveria ser tolerado. Não preciso de um argumento ético. Não preciso de nenhum argumento. É visceral. Deixar que as pessoas morram é terrível. Trabalho para curar o envelhecimento, e acho que você também deveria, porque penso que salvar vidas é o mais valioso que alguém pode fazer com sua própria vida, e dado que mais de 100.000 pessoas morrem a cada dia por causas das quais os jovens essencialmente não morrem, você salvará mais vidas ajudando a curar o envelhecimento do que de qualquer outra maneira.

O grande inimigo da humanidade é a morte causada pelo envelhecimento. A morte sempre foi nosso maior inimigo. Fe-

---

21 https://rejuvenaction.wordpress.com/reasons-for-rejuvenation/aubreys-trump-cards/

22 https://www.fightaging.org/archives/2004/11/strategies-for-engineered-negligible-senescence/

lizmente, hoje em dia diminuíram consideravelmente as mortes causadas por guerras e fome, ou pelas doenças infecciosas do passado como a pólio e a varíola. O principal inimigo comum de toda a humanidade não são as religiões, a diversidade de grupos étnicos, as diferentes culturas, as guerras, o terrorismo, os problemas ecológicos, a poluição ambiental, os terremotos, a distribuição de água ou comida, etc. Sem negar-se o sofrimento que estas questões podem gerar, hoje em dia, de longe, o maior inimigo da humanidade é o envelhecimento e as doenças relacionadas ao envelhecimento.[23]

O escritor neozelandês Marc Guedes explica uma teoria moral em seu artigo "Introdução à moral imortalista" no livro *A conquista científica da morte*:[24]

> Qualquer teoria moral tem que começar em algum ponto. Começaremos com o que conhecemos como "intuicionismo moral". O intuicionismo moral é a ideia de que alguns preceitos morais são compreendidos graças à consciência consciente direta mais que por argumentos lógicos. Apelando, portanto, à intuição do leitor, o preceito inicial é muito simples: "a vida é melhor do que a morte".
>
> Pode ser demonstrado logicamente que a vida é melhor do que a morte? A pergunta admite debate, mas não é necessário iniciá-lo, já que todos os leitores concordarão que é uma boa premissa inicial. Não é preciso estar de acordo quanto a que, em todas as circunstâncias, a vida seja melhor do que a morte; em algumas ocasiões pode ser preferível morrer. O que se diz é que, em geral, a vida é melhor do que a morte, e a maioria das pessoas certamente concordará com esta afirmação; de fato, a preferência pela vida parece ser universal na cultura humana. A celebração de nascimentos e o pesar pelas mortes são quase universais.

---

23 LAIN, Douglas. Advancing Conversations: Aubrey De Grey - Advocate For An Indefinite Human Lifespan. Zero Books, 2016.

24 http://imminst.org/SCOD/spanish_scod.doc

Apliquemos agora a ideia de que a vida é em geral melhor do que a morte à questão ética do prolongamento da vida. Suponhamos que em algum momento do futuro a ciência encontre alguma forma de erradicar o envelhecimento e as doenças de forma que, exceto por acidentes ou violência, uma pessoa possa viver indefinidamente. Suponhamos também que a ciência não só possa prolongar nossa vida, mas também reverter completamente qualquer incapacidade e sintoma derivados do envelhecimento, de maneira que todos possamos desfrutar do vigor que tínhamos com vinte anos de idade. Deixando de lado por enquanto a pergunta de se é possível ou não, o que nos perguntamos é se seria ético ou não viver uma eterna juventude. Quanto você gostaria de viver se tivesse a oportunidade de viver de forma saudável?

Uma série de objeções surge à oferta da eterna juventude. Estas objeções podem ser divididas em duas categorias: filosóficas e práticas. As práticas incluiriam o problema da população, a escassez de recursos, a poluição ambiental, o fato da eterna juventude só estar ao alcance dos mais ricos, e a acumulação de riquezas e poder por um grupo de imortais de elite.

Não vamos nos deter agora nos milhares de problemas práticos que o prolongamento radical da vida poderia causar; simplesmente mencionaremos que a história indica que quase todos os avanços científicos ou tecnológicos provocaram novos problemas práticos (podemos citar a internet, por exemplo). No caso do prolongamento radical da vida, é realmente razoável assumir que, se algo assim pudesse chegar a se tornar realidade, criaria alguns problemas, mas todos eles teriam solução. Temos que examinar as razões filosóficas que sustentam o desejo de prolongar a vida. Se descobrirmos que existem poderosas razões éticas para prolongar a vida, isso significará que teremos mais certeza de que esta ampliação oferecerá um balanço positivo, apesar dos problemas que acabem surgindo dela.

A maioria das pessoas diria hoje que gostaria de viver mais um dia. Amanhã diria provavelmente que também gostaria de viver mais um dia, e assim sucessivamente. Ou seja, não é fácil imaginar que alguém diria o dia em que quer morrer exatamente, se a pessoa se encontrasse em boas condições físicas e mentais. A ideia é viver indefinidamente — mas indefinidamente jovem, não indefinidamente velho. Guedes desenvolve sua análise explicando que as críticas à longevidade indefinida não são realmente válidas na melhor das hipóteses, e pressupõem um desprezo pela vida na pior das hipóteses:

Já se poderia afirmar que tanto as objeções filosóficas quanto as práticas não têm nenhum sentido. Fica claro que não só a luta por uma vida mais longa aumenta o valor intrínseco de cada momento, mas que também incentiva o comportamento moral.

O sofrimento causado pelo envelhecimento a cada pessoa, a suas famílias e à sociedade em seu conjunto é difícil de quantificar, mas enfatizamos que é muito maior que o de qualquer outra tragédia atual. A vida é considerada "sagrada" pela maioria das religiões, e é o primeiro direito das pessoas, pois sem vida não há nenhum outro direito, nem dever, que possa ter efeito. O direito à vida é um direito que é reconhecido a qualquer pessoa, um direito que protege de ser privado da vida por terceiros. Este direito geralmente é reconhecido pelo simples fato de se estar vivo, considera-se um direito fundamental da pessoa e está consagrado não só como um dos direitos humanos mas também de forma explícita na esmagadora maioria das legislações avançadas.

Legalmente, entre os direitos humanos, sem dúvida o mais importante é o direito à vida, pois é a razão de ser dos demais, já que não tem sentido garantir a propriedade, a religião ou a cultura se o sujeito ao qual isso for concedido estiver morto. Faz parte da categoria de direitos civis e de primeira geração, e está reconhecido em muitos tratados internacionais: o *Pacto Internacional dos Direitos Civis e Políticos*, a *Convenção sobre os Direitos da Criança*, a *Convenção para a Prevenção e a*

Repressão do Crime de Genocídio, a *Convenção Internacional sobre a Eliminação de todas as Formas de Discriminação Racial*, e a *Convenção contra a Tortura e outros Tratamentos ou Penas Cruéis, Desumanos e Degradantes*. O direito à vida está claramente incluído no terceiro artigo da *Declaração Universal dos Direitos Humanos*:[25]

> Todo ser humano tem direito à vida, à liberdade e à segurança pessoal.

A *fábula do dragão tirano* compara o envelhecimento humano com um dragão tirano que devora milhares de vidas a cada dia; nosso sistema social adaptou-se a essa fatalidade investindo imensas quantidades de dinheiro e adaptando nossa psicologia a essa tragédia descomunal. A fábula foi originalmente escrita em 2005 por Nick Bostrom, filósofo da ciência, diretor do Instituto do Futuro da Humanidade (*Future of Humanity Institute*), pertencente à Faculdade de Filosofia da Universidade de Oxford, e cofundador da Associação Transumanista Mundial (*World Transhumanist Association*, atualmente conhecida como Humanity+).[26]

Uma revolução para todos: desde crianças até velhos

Como já adiantamos e veremos nos próximos capítulos, a possibilidade científica da imortalidade (na verdade, amortalidade) física e sua defesa moral é de fato o maior desafio da humanidade. Sempre foi o mais intenso sonho, desde a aparição dos primeiros *Homo sapiens sapiens*, mas nunca tivemos a tecnologia para realizar este sonho imortal, até hoje.

Também as crianças compreendem que o envelhecimento é ruim, e que a morte é a perda mais terrível que pode acontecer a alguém e a sua família. O escritor bielorrusso-estadunidense

---

25 https://nacoesunidas.org/direitoshumanos/declaracao/
26 https://nickbostrom.com/fable/dragon.html

Gennady Stolyarov II, presidente do Partido Transumanista dos Estados Unidos, escreveu em 2013 um livro para crianças chamado *A morte é um erro*, onde explica:[27]

> Este é o livro que eu gostaria de ter tido quando era criança e nunca tive. Agora que você o tem, pode descobrir em menos de uma hora o que levei anos para aprender. Você, em vez disso, pode passar esses anos lutando contra o maior inimigo comum a todos: a morte.

Stolyarov II prossegue com uma conversa que teve quando era criança com sua mãe, que estava explicando-lhe que as pessoas, por fim, "morrem". O menino pergunta surpreso a sua mãe:

> — Morrem? O que significa isso?
> — Isso quer dizer que as pessoas deixam de existir. Já não estão presentes nunca mais — respondeu-me ela.
> — Mas por que elas morrem? Por acaso fazem algo ruim para merecer isso? — questionei.
> — Não, isso acontece com todo mundo. As pessoas envelhecem e depois morrem — disse-me.
> — Que horror! — exclamei — ninguém deveria morrer!

Felizmente, as crianças desta geração podem fazer parte da primeira geração de humanos imortais (ou amortais), como costuma dizer Aubrey de Grey, ou como dizemos ironicamente os autores deste livro: "desde que as crianças se comportem bem". Se continuarmos avançando exponencialmente, logo poderemos ter os primeiros tratamentos e terapias para o rejuvenescimento humano. E quanto antes isso acontecer, melhor. Como disse a atriz, cantora, comediante, roteirista e dramaturga estadunidense Mae West: "nunca se é velho demais para querer ser mais jovem".

---

27 http://www.rationalargumentator.com/index/death-is-wrong/

Devemos ser conscientes de que vivemos entre a última geração mortal e a primeira imortal: onde você quer estar? Independentemente da idade que você tiver agora, recomendamos que você se una a essa revolução contra o envelhecimento e a morte. Como está escrito em 1 Coríntios 15:26 da *Bíblia*:

E o último inimigo que será vencido é a morte.

CAPÍTULO 1
A VIDA APARECEU PARA VIVER

Todos os homens têm naturalmente o desejo de saber.
Aristóteles, c. 350 a.C.

Tua vida é um milagre.
William Shakespeare, 1608

Todas as verdades são fáceis de entender, uma vez descobertas.
A questão é descobri-las.
Galileu Galilei, 1632

O mundo avançou muito desde as primeiras narrativas históricas sobre a criação do universo propostas pelas culturas primitivas. Passamos de histórias mitológicas pré-científicas a teorias científicas que podem ser validadas com base na experimentação. De qualquer maneira, a origem da vida ainda continua sendo um mistério que esperamos que algum dia possa ser melhor compreendido.

O cientista russo Aleksandr Oparin apresentou em 1924 suas primeiras ideias em sua obra *A origem da vida*. Oparin era um evolucionista convicto, e por isso estabeleceu uma sequência de acontecimentos através da qual as primeiras substâncias orgânicas transformaram-se gradualmente mediante seleção natural até formar um organismo vivo no mar primitivo da Terra.

Anos mais tarde, em 1952, o jovem Stanley Miller, um estudante de química na Universidade de Chicago, junto com seu professor Harold Urey, resolveram testar essa teoria com um aparelho simples no qual eram misturados vapor d'água, metano, amônia e hidrogênio. Pensava-se que eram estes os gases que existiam na atmosfera terrestre quando a vida surgiu. Para simular as correntes elétricas das tempestades primordiais (fornecimento de energia) foram utilizados eletrodos. Com este experimento, simularam as condições pré-bióticas e, graças ao aporte de energia dos eletrodos, conseguiram obter aminoácidos, alguns açúcares e ácidos nucleicos, mas nunca conseguiram matéria viva — apenas alguns de seus componentes.

Em 1953, os cientistas ingleses Francis Crick e Rosalind Franklin e o estadunidense James Watson descobriram a estrutura do DNA. Essa descoberta marcaria para sempre os trabalhos e as teorias posteriores sobre a origem da vida. Posteriormente, o cientista espanhol Joan Oró tentou fazer confluir os avanços da química com a crescente importância dos estudos sobre o DNA, seguindo os avanços realizados em 1955 por seu compatriota Severo Ochoa. Em 1959, conseguiu sintetizar adenina (uma das bases do DNA e do RNA) em condições que existiam, supunha-se, na Terra primitiva. Em seu livro *A origem da vida*, Oró escreveu:[28]

> Alguns dos processos pré-bióticos são reprodutíveis em linhas gerais em laboratório, e comprovou-se que o meio aquoso ou líquido é o mais apto para seu desenvolvimento. Sendo assim,

---

28 http://www.astromia.com/biografias/joanoro.htm

é quase certo que a vida surgiu no que se costuma chamar de mar primordial ou oceano primitivo.

As bactérias colonizam o mundo

Independentemente de como tiver sido a origem da vida no planeta — e talvez nunca cheguemos a sabê-lo — o certo é que os primeiros organismos vivos deviam ser células muito pequenas e simples mas com capacidade de se multiplicar. Estes microrganismos primitivos foram provavelmente bactérias, ou algo muito parecido com as bactérias mais simples que conhecemos hoje.[29]

As bactérias são os organismos mais abundantes do planeta. São ubíquas, encontrando-se em todos os ambientes terrestres e aquáticos; desenvolvem-se até mesmo nos habitats mais extremos como os mananciais de águas quentes e ácidas, em meio a resíduos radioativos, e nas profundezas tanto do mar quanto da crosta terrestre. Algumas bactérias podem sobreviver até nas condições extremas do espaço sideral, como já foi demonstrado por cientistas da Agência Espacial Europeia e da NASA.

As bactérias são tão abundantes que se estima que haja em torno de 40 milhões de células bacterianas em um grama de terra e um milhão de células bacterianas em um mililitro de água doce. No total, calcula-se que haja aproximadamente 5 x 1030 bactérias em todo o mundo, uma cifra realmente impressionante que mostra que as bactérias colonizaram com sucesso o nosso planeta durante bilhões de anos.[30] Entretanto, menos da metade das espécies conhecidas de bactérias foi cultivada em laboratório. E mais: estima-se que grande parte das espécies de bactérias existentes, talvez até 90%, ainda não tenha sido nem sequer descrita cientificamente.

No corpo humano há aproximadamente dez vezes mais células bacterianas que células humanas, principalmente na pele e

---

29 ALBERTS, Bruce. Molecular Biology of the Cell. W. W. Norton & Company, Sixth edition, 2014.
30 http://www.pnas.org/content/95/12/6578.full

no trato digestivo. As células humanas são muito maiores, mas as células bacterianas são muito mais numerosas. Felizmente, a maioria das bactérias presentes no corpo humano são inofensivas ou benéficas, mas algumas bactérias patogênicas podem causar doenças infecciosas, como a cólera, a difteria, a lepra, a sífilis e a tuberculose.

As bactérias são microrganismos muito simples e não têm um núcleo, motivo pelo qual se chamam "procariontes" (do grego *pro*, que significa "antes" e *karyon*, que significa "noz" ou "núcleo"). Elas têm, geralmente, um só cromossomo circular, que se encontra dentro da parede celular, e não têm um núcleo propriamente. Um cromossomo circular não tem começo nem fim, e por isso também não há telômeros (do grego *telos*, que significa "final", e *meros*, que significa "parte"). Por sua vez, as células eucariontes (do grego *eu*, que significa "bom", e *karyon*, que significa "noz" ou "núcleo") têm "partes finais" — ou telômeros — pois seus cromossomos não são circulares. A palavra bactéria ("bastão" em grego) foi cunhada pelo cientista alemão Christian Ehrenberg em 1828, e o biólogo francês Edouard Chatton criou as palavras "procarionte" e "eucarionte" em 1925 para distinguir os organismos sem um verdadeiro núcleo, como as bactérias, dos organismos com núcleo, como as plantas e os animais.

O sucesso evolutivo das bactérias permitiu-lhes colonizar basicamente todos os lugares do planeta, e gerou inúmeras espécies de bactérias, muitas das quais ainda são desconhecidas. De fato, a evolução desses organismos, como a evolução do restante das formas de vida, ainda está em curso. Primeiramente, pensava-se que as bactérias tinham um só cromossomo circular, mas posteriormente foram encontradas bactérias com mais cromossomos, inclusive cromossomos lineares e combinações de cromossomos circulares e lineares. É realmente fascinante ver como a vida experimenta permanentemente múltiplas possibilidades.

Evolutivamente, as células procariontes (sem núcleo) apareceram antes que as células eucariontes (com núcleo). Há outros microrganismos sem núcleo chamados arqueias, menos abundantes e de aparição possivelmente posterior à das bactérias, e que junto com elas forma o grupo dos procariontes. A nível evolutivo, estima-se que existiu um último antepassado comum universal conhecido como LUCA (em inglês, *Last Universal Common Ancestor*), que deve ter existido há cerca de 4 bilhões de anos, e do qual são derivadas todas as formas de vida atuais — primeiro os procariontes (bactérias e arqueias) e depois os eucariontes (incluindo os animais e as plantas atuais). Todos os seres vivos têm o material genético básico com o DNA do ancestral original LUCA, com um mínimo de 355 genes originais constituídos graças a quatro bases de nucleotídeos chamados adenina (A), citosina (C), guanina (G) e timina (T).[31]

A Figura 1-1 mostra a chamada árvore filogenética da vida, onde pode-se observar claramente os dois grandes grupos (às vezes chamados de "domínios", "reinos" ou "impérios") de procariontes (principalmente organismos unicelulares: bactérias e arqueias) e eucariontes (principalmente organismos multicelulares, como os fungos [Fungi], os animais e as plantas). A biologia é muito complexa, e a evolução teve milhões de anos para atuar, então cabe ressaltar que também existem procariontes multicelulares, por um lado, e eucariontes unicelulares, por outro. Entretanto, a maioria dos grandes organismos eucariontes são multicelulares e contêm cromossomos lineares com telômeros em suas extremidades, dentro da grande árvore filogenética da vida, com a origem comum do LUCA.

---

31 https://www.nytimes.com/2016/07/26/science/last-universal-ancestor.html

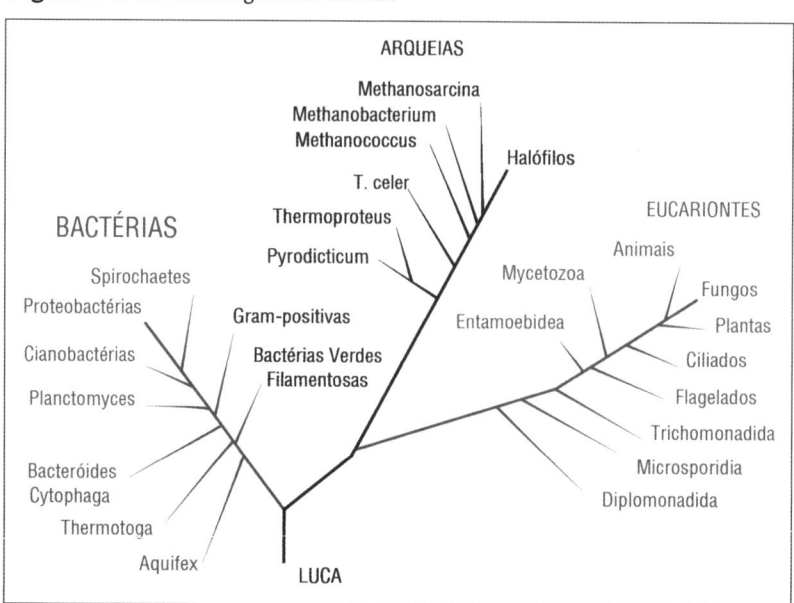

Figura 1-1. Árvore filogenética da vida

```
                              ARQUEIAS
                            Methanosarcina
                           Methanobacterium
                            Methanococcus
                             T. celer         Halófilos
          BACTÉRIAS         Thermoproteus                      EUCARIONTES
                             Pyrodicticum              Animais
           Spirochaetes                      Mycetozoa          Fungos
         Proteobactérias    Gram-positivas                      Plantas
                                             Entamoebidea
          Cianobactérias    Bactérias Verdes                    Ciliados
                              Filamentosas
           Planctomyces                                         Flagelados
                                                                Trichomonadida
           Bacteróides                                          Microsporidia
           Cytophaga                                            Diplomonadida
           Thermotoga
              Aquifex          LUCA
```

A nível reprodutivo, as bactérias podem ser consideradas biologicamente "imortais" sob condições ideais de crescimento. Sob as melhores condições, quando uma célula se divide simetricamente produz duas células-filhas, e este processo de divisão celular restaura cada célula a um estado jovem. Ou seja, nesse tipo de reprodução assexuada simétrica, cada célula-filha é igual à célula-mãe (a não ser que tenha ocorrido alguma mutação na divisão celular) mas em estado jovem. Assim, as bactérias que se reproduzem desta forma podem ser consideradas biologicamente imortais. De forma análoga, as células-tronco e os gametas de organismos pluricelulares podem ser considerados também "imortais", como veremos mais à frente.

Ricardo Guerrero e Mercedes Berlanga, microbiologistas espanhóis da Universidade de Barcelona, explicam da seguinte forma a "imortalidade" procarionte:[32]

---

32 https://www.semicrobiologia.org/storage/secciones/publicaciones/semaforo/32/articulos/SEM32_16.pdf

Por mais estranho que pareça, o envelhecimento e a morte, que são o destino final dos humanos, não eram necessários no alvorecer da vida, e não o foram por centenas de milhões de anos. A clássica definição de um ser vivo como aquele que "nasce, cresce, se reproduz e morre" não pode ser aplicada da mesma forma aos organismos procariontes que aos eucariontes.

Em uma célula procarionte em divisão, o DNA é arrastado pela membrana à qual está unido à medida que esta cresce, até que a célula se divide para formar duas células idênticas à progenitora. Se o entorno permitir, os procariontes podem crescer e se dividir sem envelhecer. Apesar de haver variações do modelo geral, a divisão celular típica das bactérias realiza-se por "fissão binária" e tem como resultado duas células equivalentes.

Entretanto, nem todas as bactérias dividem-se simetricamente com um crescimento chamado de "intercalar", que produz células-filhas iguais que se reproduzem sem envelhecer. Guerrero e Berlanga também esclarecem que:

> Com o crescimento intercalar, as células, a princípio, não morrem. Obviamente, como todas as formas de vida, as bactérias podem "morrer" por fome (ausência de nutrientes), calor (alta temperatura), alta concentração de sal, dessecação ou desidratação, etc.

Cabe ressaltar que nem todas as bactérias se dividem dessa forma. As bactérias que se dividem assimetricamente por crescimento "polar" geram bactérias-filhas diferentes que acabam por envelhecer e morrer.

Apesar de desconhecermos muitos detalhes sobre o surgimento e a evolução da vida, de certo ponto de vista podemos dizer que a vida apareceu para viver, não para morrer; pelo menos, quanto às bactérias que se reproduzem simetricamente e que não envelhecem, em condições ideais, embora isso não se aplique às bactérias que se reproduzem assimetricamente, que de fato envelhecem.

É óbvio que a morte sempre esteve presente, mas as primeiras formas de vida evoluíram para poder viver, talvez indefinidamente jovens, sob condições ideais. Entretanto, a dura realidade da vida, como a falta de alimentos ou as doenças, levava à morte, tanto dos organismos que envelheciam quanto dos que não envelheciam.

De procariontes unicelulares a eucariontes multicelulares

Os cientistas estimam que os primeiros organismos com um núcleo verdadeiro, ou seja, os eucariontes, surgiram cerca de dois bilhões de anos atrás, sendo também descendentes do ancestral comum LUCA, com o mesmo tipo de DNA que todas as formas de vida na Terra. Os primeiros organismos eucariontes também eram unicelulares, entre eles os fungos, e especificamente as primeiras leveduras, que também são consideradas biologicamente "imortais".

Em um estudo publicado na revista *Cell* em 2013, um grupo de pesquisadores dos Estados Unidos e do Reino Unido divulgou os seguintes resultados derivados de seus experimentos com a reprodução da chamada levedura de divisão por fissão:

> Muitos organismos unicelulares envelhecem: à medida que o tempo passa, dividem-se mais lentamente e por fim morrem. Na levedura em amadurecimento, a segregação assimétrica do dano celular resulta no envelhecimento das células-mãe e nas filhas ficarem rejuvenescidas. Nossa hipótese é que os organismos em que não existe esta assimetria, ou nos quais ela pode ser modulada, não envelhecem.

> O prolongamento da vida também ocorre em mutantes que têm uma maior capacidade de lidar com o dano relacionado ao estresse e em espécies que adquiriram mecanismos mais eficientes de resistência ao estresse. Nos organismos em que o envelhecimento não está presente, o estresse pode desencadear

o envelhecimento, seja devido a um aumento na taxa de produção de danos, seja ao mudar a forma em que se segrega o dano.

O paradigma atual na pesquisa do envelhecimento estabelece que todos os organismos envelhecem. Desafiamos este ponto de vista ao não detectarmos o envelhecimento em células (de levedura) cultivadas em condições favoráveis. Demonstramos que (a levedura) vivencia uma transição entre não envelhecer e envelhecer, devido à segregação assimétrica de uma grande quantidade de dano. Outros estudos elucidarão os mecanismos subjacentes à transição ao envelhecimento e sua dependência dos componentes ambientais.

As células somáticas humanas apresentam envelhecimento, dividindo-se um número limitado de vezes *in vitro*, enquanto que as células cancerosas, as células germinativas e as células-tronco autorrenovadoras possuem, acredita-se, imortalidade replicativa... Estudos comparativos do envelhecimento e das estratégias de vida não relacionadas das espécies unicelulares ajudarão a esclarecer o que determina o potencial de replicação e o envelhecimento das células em organismos eucariontes superiores.

Os autores do estudo enfatizam as seguintes descobertas:

- *As células de levedura de fissão não envelhecem em condições de crescimento favoráveis.*

- *A ausência de envelhecimento é dependente da simetria de divisão.*

- *O envelhecimento ocorre depois da segregação assimétrica de danos induzidos pelo estresse.*

- *Depois do estresse, a herança dos agregados correlaciona-se com o envelhecimento e a morte.*

As leveduras unicelulares foram um dos primeiros eucariontes, e presume-se que conservaram a capacidade de se dividir sem envelhecer em condições ideais. A evolução continuou e cerca de 1,5 bilhão de anos atrás surgiram os primeiros organismos eucariontes multicelulares. Mais tarde, cerca de 1,2 bilhão de anos atrás, surgiu a reprodução sexuada junto com as células germinativas e as células somáticas dentro dos organismos eucariontes multicelulares (como quase tudo na biologia, sempre há exceções, e apesar de muitos organismos eucariontes multicelulares reproduzirem-se sexuadamente, nem todos o fazem).

No final do século XIX, os cientistas começaram a pesquisar as células germinativas como se fossem totalmente diferentes das células somáticas (em grego, *soma* significa "corpo"). Basicamente, os organismos multicelulares estão compostos por muitas células somáticas, mas as poucas células germinativas são fundamentais para a continuidade e sobrevivência da espécie. As células germinativas produzem os gametas (óvulos e espermatozoides) para a reprodução sexuada. Além disso, as células germinativas são biologicamente imortais, ou seja, não envelhecem. Entretanto, as células germinativas morrem quando o resto do corpo morre, pois o corpo é principalmente composto de células somáticas que, elas sim, envelhecem.

Hoje sabemos também que as células-tronco embrionárias e as células-tronco pluripotentes, assim como as células germinativas, também são biologicamente imortais. Nem as células germinativas nem as células-tronco envelhecem, apesar de também morrerem quando o corpo onde vivem envelhece e morre.

Em geral, as células somáticas dividem-se por "mitose" (com uma distribuição similar do material genético) e originam a maioria das células do corpo. As células germinativas dividem-se por "meiose" (que nos organismos com reprodução sexuada produz os óvulos ou os espermatozoides com a metade do material genético para posteriormente se combinarem durante a fecundação entre gametas).

A reprodução sexuada tem muitas vantagens, como permitir uma evolução mais rápida, mas também muitas desvantagens, como só precisar que as células germinativas sejam biologicamente imortais. Do ponto de vista biológico, as células somáticas são descartáveis com a reprodução sexuada, enquanto que as células germinativas não só são imortais (ou seja, não envelhecem em sua própria geração), mas também transmitem seu material genético de geração em geração através da reprodução sexuada.

A seleção sexual de organismos eucariontes é um tipo de seleção natural (segundo as ideias do naturalista inglês Charles Darwin) na qual alguns indivíduos reproduzem-se com mais sucesso que outros em uma população devido à seleção intersexual. A reprodução sexuada pode ser considerada *uma força evolutiva que não existe nas populações assexuais*. Por outro lado, os organismos procariontes, cujas células podem ter material adicionado ou transformado devido a mutações ocorridas com o tempo, reproduzem-se através da reprodução assexuada simétrica ou assimétrica (em casos específicos como a transferência horizontal de genes, podem ocorrer processos chamados conjugação, transformação ou transdução, que algumas vezes são similares à reprodução sexuada).

Organismos imortais ou com senescência "negligenciável"

A biologia e a evolução da vida são tão fascinantes e estão tão cheias de surpresas que hoje podemos dizer, como temos insistido, que a vida apareceu para viver, como demonstram as bactérias que se reproduzem simetricamente em condições ideais. Além de organismos procariontes como as bactérias, também há organismos eucariontes como as leveduras que podem ser biologicamente imortais. Organismos que envelhecem também apresentam essa característica em células fundamentais para seu desenvolvimento, como as células germinativas e as células-tronco de organismos eucariontes que também não envelhecem, ou seja, são biologicamente imortais. Infelizmente, as células somáticas de fato envelhecem e arrastam com elas, quando morrem, as células germinativas e as células-tronco pluripotentes que estão no corpo.

Graças aos contínuos avanços da ciência, hoje também sabemos que há organismos eucariontes multicelulares que são biologicamente imortais — não só suas células germinativas o são, mas também suas células somáticas. As hidras são um excelente exemplo desta capacidade de não envelhecer e de se regenerar, e talvez soubessem disso os antigos gregos quando falavam das famosas grandes hidras de sua mitologia. Seu nome provém da criatura mitológica de mesmo nome, da qual brotavam duas cabeças se uma era cortada.

A hidra é uma espécie dos *cnidários* que vive na água doce. Mede poucos milímetros e é predadora, pois captura pequenas presas com seus tentáculos carregados de células urticantes. Possui um impressionante poder de regeneração, reproduz--se tanto assexuada quanto sexuadamente e é hermafrodita. Todos os *cnidários* podem se regenerar, o que lhes permite recuperar-se de ferimentos pelo fato de suas células se dividirem continuamente. Em um artigo pioneiro do biólogo estadunidense Daniel Martínez publicado em 1998 na revista científica *Experimental Gerontology* indica-se que:[33]

> A senescência, um processo de deterioração que aumenta a probabilidade de morte de um organismo com o aumento da idade cronológica, foi encontrada em todos os metazoários sobre os quais foram realizados estudos cuidadosos. Entretanto, tem havido muita controvérsia sobre a possível imortalidade da hidra, um membro solitário de água doce do filo *Cnidaria*, um dos primeiros grupos divergentes de metazoários. Os pesquisadores têm sugerido que a hidra é capaz de escapar do envelhecimento ao renovar constantemente os tecidos de seu corpo. Porém, não foram publicados dados para respaldar esta afirmação. Para avaliar a presença ou ausência de envelhecimento na hidra, analisou-se a mortalidade e as taxas de reprodução de três coortes de hidra durante um período de quatro anos. Os resultados não proporcionam provas de envelhecimento na hidra: as taxas de mortalidade permaneceram extremamente baixas e não há sinais aparentes de redução das taxas de repro-

---

33 http://www.sciencedirect.com/science/article/pii/S0531556597001137

dução. É possível que a hidra tenha escapado da senescência e possa ser potencialmente imortal.

Diferentes tipos de medusas também podem ser considerados biologicamente imortais. Por exemplo, a chamada *Turritopsis dohrnii*, ou *Turritopsis nutricula*, é uma espécie de medusa pequena que utiliza uma forma de transdiferenciação biológica para repor células após a reprodução sexuada. Este ciclo pode se repetir indefinidamente, tornando-as biologicamente imortais. Outros animais similares incluem a medusa *Laodicea undulata* e os cifozoários *Aurelia*. Um estudo científico de 2015 indica que:[34]

> O gênero *Aurelia* é um dos principais contribuintes para a proliferação de medusas nas águas litorâneas, possivelmente devido, em parte, a causas hidroclimáticas e antropogênicas, além de suas características reprodutivas altamente adaptativas. Apesar da ampla plasticidade dos ciclos de vida dos *cnidários*, especialmente os reconhecidos em certas espécies de *Hydrozoa*, as modificações conhecidas da história de vida de *Aurelia* limitaram-se principalmente a sua etapa de pólipo. Neste estudo, documentamos a formação de pólipos diretamente a partir do ectoderma das medusas jovens degeneradas. Esta é a primeira evidência de uma retrotransformação de medusas sexualmente maduras em pólipos em *Aurelia* sp.1. A reconstrução resultante do ciclo de vida esquemático de *Aurelia* revela o potencial subestimado da reversão do ciclo de vida nas medusas, com possíveis implicações para os estudos biológicos e ecológicos.

Os processos moleculares que ocorrem dentro destas medusas durante sua notável transformação poderiam tornar-se partes fundamentais de novas terapias com aplicabilidade em humanos. O pesquisador japonês Shin Kubota, especialista a ní-

---

34 https://www.ncbi.nlm.nih.gov/pubmed/26690755

vel global na chamada "medusa imortal", realizou uma pesquisa exaustiva sobre este animal e tem muita esperança quanto ao que poderia ser descoberto através de novas pesquisas. Kubota expressa sua opinião desta maneira no *The New York Times*:[35]

> A aplicação do caso de *Turritopsis* para os seres humanos é o sonho mais maravilhoso da humanidade. Quando determinarmos como se rejuvenesce a medusa, deveremos conseguir coisas muito positivas. Minha opinião é que evoluiremos e nos tornaremos imortais.

Os vermes conhecidos como *planárias* podem ser cortados em pedaços e cada pedaço terá a capacidade de se regenerar e formar um verme completo. As planárias reproduzem-se tanto sexuada quanto assexuadamente. Os estudos sugerem que as planárias parecem regenerar-se (ou seja, curar-se) indefinidamente, e as assexuais têm uma capacidade regenerativa aparentemente ilimitada (graças ao contínuo crescimento de seus telômeros) alimentada por uma população de células-tronco adultas altamente proliferativas. Como descreve um artigo científico de 2012:[36]

> Alguns animais podem ser potencialmente imortais ou pelo menos de vida muito longa. Compreender os mecanismos que evoluíram para permitir que alguns animais sejam imortais pode esclarecer melhor as possibilidades de aliviar o envelhecimento e os fenótipos relacionados à idade nas células humanas. Estes animais devem ter a capacidade de substituir células e tecidos envelhecidos, danificados ou doentes e, portanto, de utilizar uma população de células-tronco proliferativas capazes de fazer isso.
> As planárias foram descritas como "imortais sob o fio da navalha", e podem ter uma capacidade indefinida de renovar

---

35 http://www.nytimes.com/2012/12/02/magazine/can-a-jellyfish-unlock-the-secret-of-immortality.html
36 https://www.ncbi.nlm.nih.gov/pmc/articles/PMC3306686/

seus tecidos diferenciados graças a um grupo de células-tronco adultas potencialmente imortais.

Outras pesquisas sugerem que as lagostas não se debilitam nem perdem fertilidade com a idade, e que as lagostas mais velhas podem ser mais férteis que as lagostas mais jovens. Sua longevidade pode dever-se à telomerase, uma enzima que repara longas seções repetitivas de sequências de DNA nas extremidades dos cromossomos, conhecidas como telômeros. A maioria dos vertebrados expressa a telomerase durante as etapas embrionárias, mas geralmente ela está ausente durante as etapas adultas da vida. As lagostas, diferentemente dos vertebrados, expressam a telomerase na maioria dos tecidos do adulto, o que sugeriu-se estar relacionado a sua longevidade. Entretanto, as lagostas não são imortais pois crescem mediante muda, o que requer quantidades crescentes de energia, e quanto maior for a carapaça, mais energia será necessária. Com o passar do tempo, a lagosta morrerá provavelmente de exaustão durante uma muda. Também sabe-se que as lagostas velhas param a muda, o que significa que a carapaça remanescente se danificará, infeccionará ou desmoronará, provocando a morte.

O biogerontologista estadunidense Caleb Finch, professor emérito da Universidade do Sul da Califórnia, é um dos especialistas a nível mundial em temas relativos a envelhecimento e em comparações entre diferentes espécies. Finch cunhou a expressão "senescência negligenciável" ("*negligible senescence*") para descrever espécies nas quais:

> Não há evidência de disfunções fisiológicas em idades avançadas, não há aceleração da mortalidade durante a vida adulta, e não há um limite característico reconhecido para a expectativa de vida.

A senescência negligenciável não significa a completa imortalidade, pois sempre há causas de morte, como a predação e os acidentes, ou limitações energéticas e físicas como no caso da muda ou da destruição da carapaça nas lagostas. Como vimos anteriormente, as bactérias são organismos muito frágeis mas que podem viver indefinidamente em condições ideais, seja individualmente, seja em uma colônia.

Existem colônias clonais ou grupos de indivíduos geneticamente idênticos, como plantas, fungos ou bactérias, que cresceram em um determinado lugar, todos eles originários de um só antepassado por reprodução vegetativa, não sexuada. Algumas dessas colônias clonais estão vivas há milhares de anos. A maior conhecida até o momento é uma planta aquática gigante descoberta em 2006 entre as ilhas Formentera e Ibiza:

> Trata-se de uma alga do tipo *Posidonia oceanica* que mede oito quilômetros de comprimento e está viva há 100 mil anos.

Outro candidato a ser o organismo clonal mais longevo do mundo é aquele conhecido como *Pando*, ou o *Gigante Trêmulo*, que surgiu a partir de um único álamo-trêmulo masculino (*Populus tremuloides*) localizado no estado de Utah (EUA). Através de marcadores genéticos determinou-se que toda a colônia faz parte de um único organismo vivo com um sistema imenso de raízes sob a terra. O sistema radicular de *Pando* é considerado um dos organismos vivos mais velhos do mundo, com uma idade aproximada de 80 mil anos, e estima-se que a planta pesa de forma coletiva mais de 6.600 toneladas, o que a torna o organismo vivo mais pesado.[37]

Também foram identificados outros organismos clonais de mais de 10 mil anos formados por diferentes colônias de plantas e fungos que crescem e se reproduzem assexuadamente. Como organismos individuais, talvez os mais longevos sejam os "endólitos" (arqueias, bactérias, fungos, líquens, algas ou amebas) que vivem dentro de uma rocha, coral, exoesqueleto ou nos poros entre os grãos minerais de uma rocha. Muitos

---

[37] https://www.nps.gov/brca/learn/nature/quakingaspen.htm

são extremófilos porque vivem em lugares que antigamente eram considerados inóspitos para qualquer tipo de vida. Os endólitos (em grego: "dentro da pedra") são particularmente estudados pelos astrobiólogos, que desenvolvem teorias sobre meio ambientes endolíticos em Marte e outros planetas como sendo refúgios potenciais para comunidades microbianas extraterrestres. Em 2013, em uma grande descoberta científica com endólitos marinhos, um grupo internacional de cientistas:[38]

> Informa ter encontrado bactérias, fungos e vírus que vivem a cerca de três quilômetros abaixo do fundo do oceano; esses espécimes, segundo a descrição deles, parecem ter milhões de anos e se reproduzem somente a cada 10 mil anos.

Há diversos tipos de animais terrestres e aquáticos muito longevos, incluindo certos corais e esponjas. No caso de árvores longevas, as estimativas mais precisas incluem a famosa *Prometheus*, que em 1964 foi cortada para verificar-se sua idade de cerca de 5 mil anos, e atualmente sua parente *Matusalém*, que estima-se ter uma idade de 4.845 anos. Além disso, há outra árvore sem nome cuja localização não foi divulgada para evitar que seja danificada (estima-se que tem cerca de 5.062 anos, segundo a informação pública disponível em 2012).[39] Todas estas árvores são pinheiros da espécie *Pinus longaeva* e são os organismos individuais mais longevos que conhecemos até hoje. Para colocar em perspectiva, podemos observar que estas árvores nasceram muito antes da construção das pirâmides do Egito, por exemplo.[40]

No País de Gales existe uma árvore chamada *Llangernyw Yew* com uma idade estimada entre 4 mil e 5 mil anos. Trata-se de uma planta da espécie *Taxus baccata*, localizada no jardim de

---

38 https://phys.org/news/2013-08-soil-beneath-ocean-harbor-bacteria.html
39 http://www.rmtrr.org/oldlist.htm
40 https://elpais.com/elpais/2017/08/16/ciencia/1502878116_747823.html

uma igreja no povoado de Llangernyw, em Conwy.[41] Em outros lugares do mundo, do Chile até o Japão, existem outras espécies de árvores como coníferas e oliveiras com idades estimadas em dois, três e até quatro mil anos.

Uma árvore do tipo figo sagrado, da espécie *Ficus religiosa*, a chamada *Jaya Sri Maha Bodhi* em Anuradhapura, no Sri Lanka, tem mais de 2.300 anos, pois foi plantada em 288 a.C. Portanto, é a árvore plantada por humanos mais antiga conhecida até o momento no mundo, e é uma descendente direta da original árvore *Bodhi* da Índia, embaixo da qual Siddhartha Gautama, conhecido como Buda, sentou-se para meditar e alcançou a "iluminação espiritual".[42]

O microbiologista português João Pedro de Magalhães, professor da Universidade de Liverpool, mantém uma base de dados de longevidade e envelhecimento animal (*Animal Aging and Longevity Database*). Trata-se de uma interessante lista de organismos com uma taxa de senescência negligenciável (junto com a longevidade estimada em meio selvagem) que inclui as idades máximas conhecidas para estas espécies até o momento:[43]

- *Arcticidae (Arctica islandica)* — 507 anos
- *Bodião de Rougheye (Sebastes aleutianus)* — 205 anos
- *Ouriço-do-mar vermelho (Strongylocentrotus franciscanus)* — 200 anos
- *Tartaruga-de-caixa oriental (Terrapene carolina)* — 138 anos
- *Proteus (Proteus anguinus)* — 102 anos
- *Tartaruga de Blanding (Emydoidea blandingi)* — 77 anos
- *Tartaruga-pintada (Chrysemys picta)* — 61 anos

---

41 http://www.dendrology.org/publications/tree-profiles/ageing-the-yew-no-core-no-curve/
42 http://www.srimahabodhi.org/mahavamsa.htm
43 http://genomics.senescence.info/species/nonaging.php

Na lista anterior poderíamos incluir também as hidras, medusas, planárias, bactérias e leveduras, em condições ideais, descritas anteriormente. Além disso, constatou-se recentemente que o tubarão da Groenlândia, da espécie *Somniosus microcephalus*, pode viver 400 anos pelo que sabemos de sua longevidade. Todas estas são espécies com senescência negligenciável, com as quais vamos continuar aprendendo muito nos próximos anos.[44]

A situação não é diferente nos humanos, pois temos células germinativas e células-tronco pluripotentes que não envelhecem, embora o resto do corpo esteja formado por células somáticas que envelhecem. O recorde de longevidade humano comprovado é de Jeanne Louise Calment, que nasceu em 21 de fevereiro de 1875 e faleceu em 4 de agosto de 1997. Calment foi uma francesa supercentenária (centenários são as pessoas que vivem mais de 100 anos, e supercentenários são aquelas que vivem mais de 110 anos) confirmada como a pessoa registrada mais longeva da história ao alcançar a idade de 122 anos e 164 dias. Morou toda sua vida na cidade de Arles, no sul da França, conheceu Vincent van Gogh, e é além disso a única pessoa na história que confirmou-se ter alcançado as idades de 120, 121 e 122 anos. Calment manteve uma vida ativa para sua idade, praticou esgrima até os 85 anos e continuou andando de bicicleta até os 100.[45]

Existem grupos de cientistas estudando os centenários e os supercentenários para compreender mais sobre o envelhecimento humano, desde os fatores genéticos até os ambientais, incluindo a nutrição. Entretanto, nós, os humanos, ainda envelhecemos e sofremos de senescência, e por isso é fundamental aprender com organismos com senescência negligenciável.

---

44 http://www.sciencemag.org/news/2016/08/greenland-shark-may-live-400-years-smashing-longevity-record
45 https://listas.20minutos.es/lista/las-personas-mas-ancianas-de-la-historia-254001/

As células imortais de Henrietta Lacks

Henrietta Lacks foi uma agricultora tabaqueira que nasceu no estado da Virgínia (EUA) em 1º de agosto de 1920 e faleceu no estado de Maryland (EUA) em 4 de outubro de 1951. Henrietta provinha de uma família pobre afro-americana com o nome de Loretta Pleasant e casou-se com seu primo David Lacks em Halifax, na Virgínia, antes de se mudar para perto de Baltimore, em Maryland, onde morreu de câncer.

Sua história é contada pela jornalista científica Rebecca Skloot em seu best-seller *A vida imortal de Henrietta Lacks*, publicado originalmente em 2010 e presente durante dois anos na lista dos livros mais vendidos:[46]

> Henrietta Lacks era uma mãe afro-americana com cinco filhos e 31 anos quando morreu de câncer de colo do útero em 1951. Sem que ela soubesse, os médicos que a tratavam no Hospital Johns Hopkins coletaram amostras de tecido de seu colo de útero para realizar pesquisas. Assim, geraram a primeira linha celular imortalizada viável, milagrosamente produtiva, conhecida como HeLa. Estas células foram úteis em descobertas médicas como a vacina contra a pólio e os tratamentos para a AIDS.

No dia 1º de fevereiro de 1951, Lacks foi atendida no Hospital Johns Hopkins por causa de um doloroso volume no colo do útero e um sangramento vaginal. Nesse dia foi diagnosticado nela câncer de colo do útero com um tumor de aparência diferente daqueles que o ginecologista examinador tinha visto anteriormente. Antes de se iniciar o tratamento contra o tumor, foram extraídas células do carcinoma com finalidades de pesquisa sem o conhecimento ou consentimento de Henrietta (algo normal na época). Em sua segunda visita, oito dias mais tarde, o médico George Otto Gey coletou outra amostra do tumor e guardou uma

---

46 SKLOOT, Rebecca. A vida imortal de Henrietta Lacks. Companhia das Letras, 2011.

parte. Essa segunda amostra é a origem das células que hoje em dia são chamadas de HeLa (do nome da paciente, Henrietta Lacks).

Lacks foi tratada com radioterapia durante vários dias, um tratamento comum para esse tipo de câncer em 1951. Ela voltou para continuar o tratamento de raios X, mas seu estado piorou e Lacks regressou ao Hospital Johns Hopkins em 8 de agosto, onde permaneceu até sua morte. Embora tenha recebido tratamento e transfusões de sangue, morreu em 4 de outubro de 1951 por insuficiência renal. Uma autópsia parcial posterior mostrou que o câncer havia produzido metástases em outras partes do corpo.

As células do tumor de Henrietta foram cuidadosamente estudadas pelo doutor Gey, que descobriu que as células HeLa faziam algo que ele nunca havia visto antes: mantinham-se vivas e cresciam em cultivo celular. Estas foram as primeiras células humanas que podiam ser desenvolvidas em um laboratório e que eram biologicamente "imortais" (não morriam depois de algumas divisões celulares), podendo ser utilizadas para a realização de muitos experimentos. Isso representou um enorme avanço para a pesquisa médica e biológica.

As células HeLa foram usadas pelo médico e virologista Jonas Salk para desenvolver uma vacina contra a poliomielite. Para testar-se a nova vacina de Salk, as células foram colocadas em reprodução rápida e massiva no que se considera a primeira produção "industrial" de células humanas. Desde que foram postas em produção massiva, as células HeLa foram enviadas a cientistas de todo o mundo para que realizassem pesquisas sobre câncer, AIDS, efeitos da radiação e de substâncias tóxicas, mapeamento genético e inúmeras outras finalidades científicas. As células HeLa também foram utilizadas para pesquisar a sensibilidade humana a fita adesiva, colas, cosméticos e a muitos outros produtos que hoje usamos rotineiramente.

Desde a década de 1950, os cientistas produziram mais de 20 toneladas de células HeLa, que também foram as primeiras células humanas clonadas em 1955. Há mais de 11 mil patentes nas quais estão envolvidas as células HeLa, e foram realizados mais de 70 mil experimentos científicos em todo o mundo com elas. Graças às células HeLa foram criadas terapias genéticas e medicamentos para tratar doenças como o mal de Parkinson, a leucemia, o câncer de mama e outros tipos de câncer.

As células HeLa constituem hoje em dia a linhagem celular humana mais antiga cultivada in vitro e são as células utilizadas com maior frequência. Diferentemente das células não cancerosas, as células HeLa podem ser cultivadas no laboratório constantemente, e por isso são chamadas de «células imortais». Graças às células HeLa, hoje sabemos que outros tipos de câncer são também biologicamente imortais, ou seja, as células de câncer não envelhecem.

A linha celular HeLa foi muito bem-sucedida quanto a seu uso na pesquisa do câncer. Estas células proliferam de forma anormalmente rápida, mesmo quando comparadas a outras células cancerosas. Durante a divisão celular, as células HeLa têm uma versão ativa da telomerase, a enzima que previne o encurtamento gradual dos telômeros, que estão envolvidos no envelhecimento e morte das células. Desta forma, como veremos no próximo capítulo, as células HeLa escapam do chamado limite de Hayflick, que é o número limitado de divisões celulares que a maioria das células normais pode realizar antes de morrer em cultivo celular.

A grande tragédia do câncer, diferentemente de outras doenças, é que as células cancerosas não envelhecem e além disso se reproduzem continuamente. Essa é a razão pela qual o câncer tem que ser morto, e quanto antes, melhor, pois o câncer não morre sozinho. Pelo contrário; o câncer continua crescendo, reproduzindo-se e espalhando-se por todo o corpo. Pode-se dizer que o "corpo" torna-se o alimento do câncer até que ocorre uma "metástase" e então o organismo inteiro morre.

A imortalidade biológica é possível?

Vimos que já existem diferentes organismos que basicamente não envelhecem, ou seja, organismos que têm senescência negligenciável. Também mencionamos que as "melhores" células de nosso corpo (as células germinativas e as células-tronco) não envelhecem. Além disso, constatamos que as "piores" células de nosso corpo (as células de câncer) também não envelhecem. Portanto, a questão não deve ser se a imortalidade biológica é possível, porque ela já o é. A questão, como já afirmamos, deve ser, na verdade, quando será possível deter o envelhecimento nos seres humanos.

O biólogo estadunidense Michael Rose, especialista da Universidade da Califórnia em Irvine em teorias do envelhecimento, explica como a "imortalidade biológica" é possível em seu artigo com esse mesmo título presente no livro A *conquista científica da morte*:[47]

> O envelhecimento é universal?
>
> É evidente que não. Se tudo envelhecesse, teria sido impossível que as células produtoras de espermatozoides e óvulos (linha germinativa) tivessem sobrevivido durante milhões de anos. A maioria das bananas que comemos ao longo da vida provêm de clones imortais produzidos nas plantações. Inclusive em organismos como os mamíferos, que possuem linhas germinativas que se separam muito cedo do resto do corpo, a sobrevivência e a regeneração das células responsáveis pela produção de gametas (células germinativas) ocorreram continuamente durante centenas de milhões de anos. A vida pode continuar de forma indefinida.
>
> Porém, embora a vida possa se prolongar de forma indefinida, existem organismos que não envelhecem, que são imortais biologicamente? Gostaria de ser claro em relação a um aspecto da morte: não é certo que o envelhecimento seja obrigatório por-

---

[47] http://www.imminst.org/book

que organismos que estão em um laboratório foram destruídos. Demonstrar que uma espécie morre em um laboratório não é equivalente a demonstrar que essa espécie não é imortal. Os acidentes no laboratório destroem muitas plantas, animais e criaturas incipientes microscópicas. As mutações mortais também podem destruir seres vivos a qualquer idade e a qualquer momento. E também é impossível manter um ser vivo indefinidamente livre de qualquer doença. Não envelhecer não implica ausência completa de morte. Os "imortais" biológicos morrerão frequentemente, mas não por um processo endógeno inevitável e sistemático de autodestruição. A morte não é envelhecimento e a imortalidade biológica não é se libertar da morte.

Na verdade, a demonstração da imortalidade requer que se constate que as taxas de sobrevivência e reprodução não mostram sinais de envelhecimento. Existem muitos casos em que tais padrões se verificam de forma circunstancial em plantas e animais simples, como as anêmonas. Porém, os melhores dados quantitativos que conheço me foram proporcionados por Martínez, que estudou os índices de mortalidade da hidra, animal aquático que se estudava na disciplina de Biologia do colégio. Martínez descobriu que suas hidras não vivenciavam, durante períodos muito longos, diminuições consideráveis nos índices que medem a capacidade de sobrevivência. As hidras morreram, mas não como consequência de padrões que sugiram envelhecimento. Outros cientistas obtiveram dados semelhantes com pequenos animais. Algumas espécies eram imortais e outras não, e as imortais reproduziam-se sem sexo.

Além disso, constatada a imortalidade evolutiva das formas de vida, é claramente incorreto invocar as leis da termodinâmica como causa dos limites da vida. Sempre considerou-se pouco profissional esta invocação, já que estas leis só se aplicam a sistemas fechados, e a vida na Terra não é um sistema fechado porque recebe um importante aporte de energia solar.

Portanto, podemos considerar totalmente falsos alguns dos grandes preconceitos dos biólogos profissionais em relação à imortalidade. O envelhecimento não é universal. Existem organismos biologicamente imortais.

Rose é pioneiro nas pesquisas sobre longevidade com a mosca-das-frutas *Drosophila melanogaster*, tendo conseguido estender em quatro vezes sua expectativa de vida. Em 1991, Rose publicou seu livro *Evolutionary Biology of Aging* (Biologia Evolutiva do Envelhecimento, em português), onde apresenta a hipótese de que o envelhecimento é causado por genes que têm dois defeitos, um que se produz cedo na vida e outro que se produz muito mais tarde. Os genes são favorecidos pela seleção natural como resultado de seus benefícios durante a juventude, e os custos aparecem muito mais tarde como efeitos colaterais secundários que identificamos como envelhecimento. Rose também defende que o envelhecimento pode ser parado em uma etapa posterior da vida, como demonstrou com seus experimentos, prolongando em quatro vezes a vida do organismo modelo *Drosophila melanogaster*.

Assim como Rose, pensamos que o envelhecimento pode ser retardado, interrompido, e certamente pode ser revertido. A prova de conceito já existe com outros organismos, e agora o desafio é descobrir como consegui-lo também com humanos. É hora de passar da teoria à prática.

CAPÍTULO 2
O QUE É O ENVELHECIMENTO?

As razões pelas quais alguns animais têm vida longa e outros têm vida curta, e, em resumo, a causa da duração e brevidade da vida requer investigação.
ARISTÓTELES, C. 350 A.C.

O envelhecimento é uma doença que deve ser tratada como qualquer outra doença.
ILYA MECHNIKOV, 1903

Envelhecer não é nada natural.
MARÍA BLASCO, 2016

O envelhecimento é algo plástico que podemos manipular.
JUAN CARLOS IZPISÚA BELMONTE, 2016

O ser humano poderá chegar a viver entre 350 e 400 anos.
GINÉS MORATA, 2008

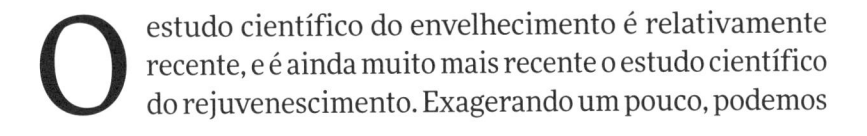

O estudo científico do envelhecimento é relativamente recente, e é ainda muito mais recente o estudo científico do rejuvenescimento. Exagerando um pouco, podemos dizer que a ciência moderna do envelhecimento tem apenas algumas décadas, e que a ciência moderna do rejuvenescimento tem apenas alguns anos. As duas áreas de pesquisa estão só no início no que se refere a testes em laboratório — primeiro com organismos modelo, para posteriormente poder realizá-los com seres humanos. Felizmente, cada vez mais pessoas dentro e fora da comunidade científica percebem que logo poderemos ter à disposição terapias científicas para frear o envelhecimento, revertê-lo e iniciar o rejuvenescimento em humanos.

No século IV a.C., o filósofo grego Aristóteles foi um dos primeiros a propor o estudo científico do envelhecimento tanto em plantas quanto em animais. No século II d.C., o médico grego Galeno propôs a ideia de que o envelhecimento começava com a mudança e a deterioração do corpo desde o início da existência. No século XIII, o filósofo e monge Roger Bacon apresentou a teoria do desgaste (em inglês, *"wear and tear"*). No século XIX, as ideias do naturalista inglês Charles Darwin abriram caminho para as teorias evolucionistas do envelhecimento, assim como para grandes discussões sobre a controvérsia entre envelhecimento programado e envelhecimento não programado.[48]

Formas de envelhecimento, de mais envelhecimento e de não envelhecimento

Como já vimos no primeiro capítulo do livro, existem organismos que não envelhecem, assim como células que também não envelhecem, inclusive dentro do próprio corpo humano. Outros organismos, além disso, têm a capacidade de regenerar completamente qualquer parte de seu corpo, inclusive o cérebro.[49] Ou seja, o envelhecimento não pode ser considerado um processo único ou unitário, pois há algumas formas de vida que não envelhecem e outras que apresentam senescência negligenciável.

---

[48] http://www.ndhealthfacts.org/wiki/Aging
[49] https://www.sciencedaily.com/releases/2009/07/090701131314.htm

Hoje em dia também sabemos que existem organismos da mesma espécie que podem ou não envelhecer, dependendo do tipo de reprodução. Em termos gerais, a reprodução assexuada é propensa ao não envelhecimento, enquanto que a reprodução sexuada é propensa ao envelhecimento, inclusive em indivíduos hermafroditas da mesma espécie.

Além disso, existem diferenças entre a velocidade de envelhecimento de indivíduos da mesma espécie, e entre organismos femininos, masculinos ou hermafroditas. As fêmeas de algumas espécies têm uma expectativa de vida diferente da dos machos, e o mesmo ocorre em espécies com organismos hermafroditas. Também há diferenças consideráveis entre o envelhecimento de membros de colônias de insetos sociáveis, como a grande diferença que existe entre a expectativa de vida de zangões, abelhas-rainhas e abelhas-operárias.

As condições ambientais também influenciam muito a expectativa de vida, principalmente em espécies como insetos e invertebrados que não controlam sua temperatura corporal. Por exemplo, diferentes níveis de temperatura e quantidades de comida produzem grandes mudanças na expectativa de vida de vermes e moscas. A diminuição da temperatura e a restrição calórica aumentam a expectativa de vida de várias espécies.

Foram encontrados vários genes que controlam parte do processo de envelhecimento, como na descoberta dos genes chamados age-1 e daf-2 nos vermes *C. elegans* e dos genes FOXO nas moscas *Drosophila melanogaster*. Estes genes, e outros descobertos posteriormente, têm alguns equivalentes nos mamíferos, de forma que é fundamental a compreensão sobre como funcionam para que se possa controlar o envelhecimento humano (já que hoje sabemos também que é possível modificar geneticamente o envelhecimento).

Todo mundo sabe que há organismos que vivem pouco tempo, ou muito tempo, apesar do tempo ser um conceito relativo. Em um extremo temos alguns insetos primitivos, como as chamadas *efeméridas*, que só vivem um dia ou menos, e em outro extremo temos os humanos, que podem viver um século ou mais (além de espécies com senescência negligenciável). Hoje também sabemos que há formas de vida com indivíduos que sobreviveram séculos e até milênios dos quais não se conhece o limite potencial de sua longevidade.

As plantas e os animais também envelhecem de uma maneira diferente, como observou Aristóteles há séculos. As células animais e as células vegetais apresentam grandes diferenças que têm consequências no modelo de envelhecimento, ou mesmo no não envelhecimento ou na senescência negligenciável para algumas espécies, como as chamadas "plantas perenes" (por exemplo, as sequoias). As bactérias, as leveduras e os fungos, por exemplo, podem não envelhecer ou envelhecer, dependendo de sua forma de reprodução, simetria de divisão, tipo de células e cromossomos.

Também há células que vivem pouco tempo, e outras que vivem muito tempo, inclusive dentro do mesmo organismo. Por exemplo, nos humanos, os espermatozoides têm uma expectativa de vida de 3 dias (apesar das células germinativas, que os produzem, não envelhecerem), as células do cólon costumam viver 4 dias, as células da pele, 2 ou 3 semanas, os glóbulos vermelhos do sangue, 4 meses, os glóbulos brancos do sangue, mais de um ano, e os neurônios do neocórtex costumam durar a vida toda. Além disso, hoje sabemos que os neurônios de algumas partes do cérebro podem se regenerar, diferentemente do que se pensava até pouco tempo atrás, pois também existem células-tronco em diferentes regiões do cérebro.

As células com cromossomos circulares, como é o caso da maioria das bactérias, costumam ser biologicamente imortais em condições ideais, enquanto que as células com cromossomos lineares, como é o caso da maioria das células somáticas de organismos pluricelulares, costumam ser mortais, a menos que desenvolvam câncer e deixem de envelhecer.

Hoje sabemos que as células cancerosas podem tornar-se biologicamente imortais como resultado de mutações em células somáticas normais que envelhecem. Atualmente as células-tronco cancerosas são estudadas para encontrar indícios também sobre a imortalidade biológica em células somáticas normais. Ou seja, apesar de sua malignidade, as células cancerosas também podem ajudar a revelar o mistério do envelhecimento.

As células cancerosas produzem a enzima telomerase para aumentar o comprimento de seus telômeros, que ficam no final dos cromossomos, da mesma forma que fazem as células germinativas e as células-tronco embrionárias e pluripotentes. As células somáticas de muitas espécies não produzem telomerase em indivíduos adultos, embora em alguns casos o façam, permitindo a regeneração contínua a nível celular, como no caso de vermes planárias e alguns anfíbios.

Os exemplos anteriores demonstram que a biologia teve milhões de anos para experimentar diferentes formas de vida, diferentes espécies de organismos, diferentes maneiras de reprodução, diferentes tipos de sexo, diferentes formas de células, diferentes padrões de crescimento e diferentes modelos de envelhecimento, incluído o não envelhecimento em alguns casos.

A geriatra romena Anca Ioviță publicou em 2015 seu livro *The aging gap between species* ("A diferença do envelhecimento entre as espécies", em português). Ioviță começa "encontrando a floresta entre as árvores", como indica:[50]

> O envelhecimento é um quebra-cabeça a ser resolvido.
> Este processo é tradicionalmente estudado em alguns modelos biológicos como moscas-das-frutas, vermes e ratos. O que todas estas espécies têm em comum é seu rápido envelhecimento. Isso é excelente para o orçamento do laboratório. É uma grande estratégia a curto prazo. Quem tem tempo para estudar espécies que vivem décadas?
> Porém, as diferenças na expectativa de vida entre as espécies são de uma dimensão maior que qualquer variação conseguida em laboratório. Essa é a razão que me levou a estudar incontáveis fontes de informação na tentativa de reunir pesquisas alta-

---

50 IOVIȚĂ, Anca. La Brecha del Envejecimiento Entre las Especies. Babelcube Inc., 2017.

mente especializadas em um livro fácil de entender. Eu queria ver a floresta entre as árvores. Eu queria expor as diferenças em termos de envelhecimento entre as espécies em uma sequência lógica e fácil de seguir.

O envelhecimento é inevitável, ou pelo menos é isso o que me disseram. Nunca fui dessas pessoas que aceitam as coisas só porque alguma autoridade disse. Assim, comecei a questionar se o envelhecimento é igual em todas as espécies. Buscando as respostas, fiquei surpresa ao descobrir a escassa diversidade de modelos biológicos utilizados em gerontologia. Tomei a decisão de procurar os mais obscuros artigos científicos sobre como outras espécies envelhecem e o que poderia diferenciá-las.

Se alguma vez você teve um animal de estimação, deve ter notado que a duração da vida difere amplamente. Existe uma enorme variabilidade na duração da vida tanto entre indivíduos pertencentes à mesma espécie quanto entre as espécies em si. Quais são os mecanismos subjacentes à diferença de envelhecimento entre as espécies?

Em seu livro, Ioviţă faz uma excelente recapitulação do conhecimento científico atual sobre o envelhecimento, incluindo as enormes diferenças entre diversas espécies (desde bactérias até baleias), diversas teorias de senescência, a neotenia (ou seja, a manutenção de capacidades juvenis como a regeneração em adultos — do grego, "juventude estendida") e a progeria (o envelhecimento prematuro — do grego, "rumo ao velho"), e outros temas fundamentais como as células-tronco, o câncer, a telomerase e os telômeros. Ioviţă conclui:

> O envelhecimento é um fenômeno plástico. As diferenças na duração da vida entre as espécies têm maior dimensão que qualquer variação conseguida em laboratório. Essa é a razão pela qual estudei numerosos recursos de informação na tentativa de reunir pesquisas altamente especializadas em um livro de leitura ágil. Escrevi este livro com palavras simples de forma

intencional. A pesquisa sobre o envelhecimento é importante demais para ficar escondida atrás das grades do jargão científico formal.

A gerontologia como ciência pode progredir estudando não só as espécies de vida curta como os ratos e os vermes, mas também as de senescência gradual e especialmente pequena como as esponjas, os ratos-toupeira-pelados, os ouriços-do-mar, os proteus e muitas árvores milenares. Se o envelhecimento é um aumento dos índices de mortalidade e uma diminuição nos de fertilidade, a existência das espécies de senescência mínima indiretamente mostra que o envelhecimento é um acidente da natureza.

As espécies de vida longa frequentemente continuam expressando a telomerase em seus tecidos somáticos adultos, o que lhes permite regenerar pelo menos parte de seus órgãos. Apesar da expressão da telomerase em seus tecidos adultos, essas espécies não têm um índice maior de câncer. Provavelmente desenvolveram mecanismos alternativos para manter a questão do câncer sob controle enquanto aumentam o controle por contato de suas células. Os ratos-toupeira-pelados são considerados uma espécie à prova de câncer, apesar da abundante expressão de telomerase em suas células-tronco somáticas.

A extensão do projeto torna este livro um trabalho em constante evolução. Ainda existem incontáveis espécies a serem descobertas. Ainda existem experimentos de envelhecimento a serem realizados e teorias a formular. O envelhecimento é um acidente da natureza. E a gerontologia, a ciência do envelhecimento, nasceu para resolver o quebra-cabeça.

As origens do estudo científico do envelhecimento

No fim do século XIX, quando as ideias então revolucionárias sobre a evolução que Darwin tinha acabado de propor ainda lutavam para se impor no mundo científico, o biólogo alemão August Weismann desenvolveu em 1892 sua teoria sobre a hereditariedade baseada na imortalidade do plasma germinativo.

Segundo esta teoria, o plasma germinativo é a substância ao redor da qual se desenvolvem as novas células. Esta substância, constituída pela união do espermatozoide e do óvulo, estabelece uma continuidade fundamental que não é interrompida ao longo das gerações.[51]

Esta teoria também foi conhecida na época como "Weismannismo" e estabelecia que a informação hereditária só se transmite a partir das células germinativas das gônadas (ovários e testículos) e nunca a partir das células somáticas. A ideia de que a informação não pode passar das células somáticas às células germinativas, contrariamente à teoria do biólogo francês Jean-Baptiste Lamarck, chama-se "barreira de Weismann". Esta nova teoria de Weismann antecipou o desenvolvimento da genética moderna.

Weismann sugeriu a imortalidade do plasma germinativo em oposição ao "soma" (corpo) mortal. Weismann postulou, além disso, que a morte não é inerente à vida, mas uma aquisição biológica posterior necessária para o desenvolvimento evolutivo (para o descarte de organismos não aptos e inferiores):[52]

> A morte deve ser considerada um fato vantajoso para a espécie, como uma concessão ao resto de condições necessárias para a vida, e não como uma necessidade absoluta inerente à própria vida. A morte, que é o fim da vida, não é de modo algum, como se costuma supor, um atributo de todos os organismos.
>
> A própria morte, e a duração mais longa ou mais curta da vida, dependem totalmente da adaptação. A morte não é um atributo essencial da matéria viva; não está necessariamente associada à reprodução, nem é uma consequência necessária dela.

Por outro lado, o biólogo russo-francês Ilya Mechnikov, ganhador do Prêmio Nobel de Fisiologia ou Medicina em 1908, defendia algumas ideias similares sobre a evolução e a imorta-

---

51 http://www.esp.org/books/weismann/germ-plasm/facsimile/
52 http://www.longevityhistory.com/read-the-book-online/

lidade, mas explicava que não só as células germinativas eram imortais, mas que também os organismos pluricelulares podiam chegar a ser imortais. Nessa época, considerava-se que só os organismos unicelulares eram provavelmente imortais, mas que os organismos pluricelulares não eram. Foi então que Weismann explicou que as células germinativas de fato eram biologicamente imortais, mas as células somáticas eram mortais, e que a morte podia ter um papel na evolução embora não fosse necessária.

Mechnikov trabalhava com o biólogo francês Louis Pasteur e foi quem cunhou a palavra "gerontologia" (do grego, "estudo da velhice"), motivo pelo qual é usualmente conhecido como o "pai" da gerontologia. Mechnikov concordava com Weismann quanto a que a morte não é um pré-requisito necessário para a vida, uma vez que os organismos unicelulares e as células germinativas são potencialmente imortais. Porém, Mechnikov não acreditava que a morte natural pudesse ser uma vantagem evolutiva. Segundo ele, o "envelhecimento normal" e a "morte natural" quase nunca ocorrem na natureza. Os organismos debilitados são eliminados por causas externas (predação, doenças, acidentes, competição) com uma possibilidade mínima de que "envelheçam naturalmente" ou morram de forma natural. Se o envelhecimento e a morte natural quase nunca ocorrem na natureza, a seleção natural não pode operar sobre eles, e muito menos selecioná-los para gerar uma vantagem competitiva.[53]

Alguns anos mais tarde, o biólogo francês-estadunidense Alexis Carrel, ganhador do Prêmio Nobel de Fisiologia ou Medicina em 1912, realizou alguns experimentos que pareciam demonstrar que células somáticas também podiam viver indefinidamente. Carrel não parou de fazer pesquisa sobre longevidade, células imortais e cultivos de tecidos ou transplante de órgãos até sua morte em 1944. Algum tempo depois, em 1961, o microbiologista estadunidense Leonard Hayflick descobriu que as células somáticas de organismos pluricelulares somente

---

53 https://www.leafscience.org/dr-elie-metchnikoff/

se dividiam um determinado número de vezes antes de morrer. Hayflick confirmou que as células germinativas (e as células cancerosas, inclusive tendo trabalhado com células HeLa) eram biologicamente imortais, mas que as células somáticas eram mortais e morriam depois de certa quantidade de divisões, número que dependia do tipo de célula e de organismo, mas que em nenhum caso chegava a 100 divisões por célula. Essa descoberta é conhecida hoje como o limite de Hayflick.

A história dos avanços científicos nas pesquisas sobre envelhecimento durante o século XX é um assunto realmente apaixonante. Passamos de teorias principalmente conceituais a experimentos reais, alguns dos quais foram errôneos e irreprodutíveis. Cientistas da Alemanha, Rússia, França e Estados Unidos estiveram entre os líderes principais nas pesquisas sobre o envelhecimento no século passado. O pesquisador russo-israelense Ilia Stambler detalhou cuidadosamente todas essas histórias em seu livro *Uma história do movimento pelo prolongamento da vida no século XX*. Stambler descreve ao começar os quatro grandes capítulos do seu extenso livro, publicado em 2014:

> Este trabalho explora a história do movimento pelo prolongamento da vida no século XX. A expressão "movimento pelo prolongamento da vida" pretende descrever um sistema ideológico que afirma que o prolongamento radical da vida (muito além da expectativa de vida atual) é desejável do ponto de vista ético e possível de ser alcançado através de esforços científicos conscientes. Este trabalho examina as principais linhas de pensamento do movimento pelo prolongamento da vida, em ordem cronológica, ao longo do século XX, focando nas obras fundamentais e representativas de cada tendência e período através de autores como Ilya Mechnikov, Bernard Shaw, Alexis Carrel, Alexander Bogomolets e outros. Suas obras são analisadas em seu contexto social e intelectual como parte de um discurso social e ideológico contemporâneo mais amplo, associado a grandes transtornos

políticos e padrões sociais e econômicos. São analisados os seguintes contextos nacionais: França (Capítulo Um), Alemanha, Áustria, Romênia e Suíça (Capítulo Dois), Rússia (Capítulo Três), Estados Unidos e Reino Unido (Capítulo Quatro).

Este trabalho tem três objetivos principais. O primeiro é tentar identificar e rastrear ao longo do século XX vários métodos biomédicos genéricos cujo desenvolvimento ou aplicações estiveram associados a uma esperança radical de prolongar a vida. Mais do que mera esperança, argumenta este trabalho, o desejo de prolongar radicalmente a vida humana frequentemente foi uma motivação formidável, embora nunca reconhecida, para a pesquisa e as descobertas biomédicas. Mostra-se que as áreas inovadoras da ciência biomédica tiveram frequentemente sua origem em buscas de grande alcance do prolongamento radical da vida. Enfatiza-se a dicotomia dinâmica entre os métodos reducionistas e holísticos.

O segundo objetivo é investigar os antecedentes ideológicos e socioeconômicos dos defensores do prolongamento radical da vida, a fim de determinar como a ideologia e as condições econômicas motivaram os impulsionadores do prolongamento da vida e como afetaram a ciência que buscavam fazer. Para esse propósito, são estudadas as biografias e textos fundamentais de vários proeminentes defensores da longevidade. Suas premissas ideológicas específicas (atitudes em relação à religião e ao progresso, o pessimismo ou otimismo a respeito da capacidade humana de aperfeiçoamento e os imperativos éticos), assim como suas condições socioeconômicas (a capacidade de produzir e difundir as pesquisas em um entorno social ou econômico específico), são examinadas na tentativa de descobrir quais condições incentivaram ou desestimularam o pensamento do movimento pelo prolongamento da vida.

O terceiro objetivo, mais geral, é compilar um amplo registro de trabalhos sobre o prolongamento da vida e, com base nesse registro, estabelecer características comuns e objetivos definidores do movimento pelo prolongamento da vida, como a valorização da vida e a perseverança, apesar da diversidade de métodos e ideologias professadas. Este trabalho contribuirá para a compreensão das expectativas extremas associadas ao progresso biomédico que foram muito pouco investigadas pela história biomédica.

Teorias do envelhecimento no século XXI

Apesar dos grandes avanços do século XX, ainda não existe uma teoria aceita por todos quanto ao envelhecimento. Na verdade, competem atualmente um grande número de teorias, que podem ser divididas de muitas formas. Por exemplo, em um curso da Universidade da Califórnia, em Berkeley foram estabelecidos quatro grandes grupos: teorias moleculares, teorias celulares, teorias sistêmicas e teorias evolutivas, cada grupo, por sua vez, tendo três ou mais teorias dentro de si. No total, nesses quatro grupos principais podem ser classificadas mais de uma dúzia de teorias: restrição de codificação, erro de catástrofe, mutação somática, desdiferenciação, regulação genética, desgaste, radicais livres, apoptose, senescência, taxa de vida, neuroendocrinologia, acúmulo imunológico, soma descartável, pleiotropia antagônica e acúmulo de mutações.

O já mencionado microbiologista português João Pedro de Magalhães estuda as teorias do envelhecimento baseado em danos e as teorias do envelhecimento programado, sendo que esta divisão também é uma classificação padrão. Alguns biólogos fazem uma grande divisão entre teorias principalmente genéticas e teorias não genéticas. Outros falam de teorias evolucionistas e teorias fisiológicas (divididas, por sua vez, em programadas e estocásticas, ou não programadas). O ponto em comum é que cada vez mais cientistas estão percebendo que devemos pesquisar sistematicamente o envelhecimento, como demonstra a seguinte *Carta aberta de cientistas sobre a pesquisa do envelhecimento* assinada no ano de 2005 por vários respeitados cientistas de todo o mundo:

Em muitos tipos diferentes de animais (*C. elegans*, *Drosophila*, camundongos anões *Ames*, etc.) foi retardado o processo de envelhecimento e prolongada a expectativa de vida saudável. Da mesma forma, se assumirmos que existem mecanismos básicos comuns, também deveria ser possível retardar o envelhecimento em humanos.

Um maior conhecimento sobre o envelhecimento deve levar a uma melhor gestão das patologias debilitantes associadas, como o câncer, as doenças cardiovasculares, a diabetes tipo 2 ou o mal de Alzheimer. As terapias direcionadas aos mecanismos básicos do envelhecimento contribuirão decisivamente para a neutralização dessas patologias relacionadas.

Portanto, esta carta é um chamado à ação para um maior financiamento e pesquisa tanto dos mecanismos subjacentes ao envelhecimento quanto dos métodos para seu adiamento. Essa pesquisa pode produzir benefícios muito maiores do que os que seriam obtidos aplicando-se o mesmo esforço para combater as mesmas doenças relacionadas ao envelhecimento. À medida que os mecanismos do envelhecimento sejam melhor compreendidos, poderão ser desenvolvidas intervenções cada vez mais eficazes que ajudarão a prolongar a vida útil, saudável e produtiva de muitas pessoas.

A discussão sobre o envelhecimento vem aumentando e tornou-se global, da Rússia até os Estados Unidos, passando pela China. Por exemplo, um grupo de cientistas russos publicou em 2015 um artigo intitulado "Teorias do envelhecimento: um campo sempre em evolução" na revista científica *Acta Naturae*, onde explica:

> A senescência foi um foco de pesquisa durante muitos séculos. Apesar dos importantes avanços realizados quanto ao aumento da expectativa média de vida humana, o processo de envelhecimento segue sendo em grande medida complexo e, infelizmente, inevitável. Nesta resenha tentamos resumir as teorias atuais sobre o envelhecimento e os enfoques para compreendê-lo.

Em outro lugar do mundo, um cientista estadunidense de origem chinesa, o médico Kunlin Jin, do Centro de Ciência Médica da Universidade do Norte do Texas, publicou em 2010 um artigo com o título "Teorias biológicas modernas do envelhecimento" na revista científica *Aging and Disease*, onde indica que:

> Apesar dos recentes avanços em biologia molecular e genética, os mistérios que controlam a vida humana ainda não foram esclarecidos. Muitas teorias (que se dividem em duas categorias principais, as teorias programadas e as teorias de erro) foram propostas para explicar o processo de envelhecimento, mas nenhuma delas parece ser plenamente satisfatória. Essas teorias podem interagir entre si de maneira complexa. Entendendo e testando teorias velhas e novas sobre o envelhecimento será possível compreender de forma bem-sucedida os mecanismos do envelhecimento.

Diante dessa avalanche de teorias, algumas velhas e outras novas, Aubrey de Grey começou a trabalhar sistematicamente desde o final do século XX para compilar toda a informação em um sistema inclusivo sobre o envelhecimento. De Grey estudou primeiramente informática e computação na Universidade de Cambridge, o que faz com que sua visão seja mais de engenheiro ou tecnólogo do que de biólogo ou médico. Seu enfoque sobre o prolongamento da vida chama-se SENS (em inglês, *Strategies for Engineered Negligible Senescence* — em português, Estratégias para a Construção de um Envelhecimento Negligenciável). Em 2002 ele apresentou pela primeira vez essas ideias em um artigo publicado junto com outros conhecidos médicos e biólogos como Bruce Ames, Julie Andersen, Andrzej Bartke, Judith Campisi, Christopher Heward, Orger McCarter e Gregory Stock.

O significado chave deste termo é que seria possível desenvolver terapias médicas para reverter o envelhecimento biológico em humanos, de forma que possamos seguir acumulando anos de idade ao mesmo tempo em que nos mantemos biologicamente jovens. Para isso, de Grey realizou um estudo minucioso das pesquisas disponíveis sobre o envelhecimento, e percebeu que existem sete tipos principais de danos relacionados ao processo de envelhecimento. Ele também descobriu que todos esses tipos de danos são conhecidos pelo menos desde 1982, ou seja, há várias décadas.

O campo da biologia vivenciou um progresso imenso desde então, mas os cientistas não descobriram qualquer tipo de dano novo, segundo de Grey. Isso sugere que já conhecemos os problemas fundamentais que se combinam para criar a fragilidade e a vulnerabilidade a doenças que hoje em dia associamos à idade avançada. O novo enfoque consiste em atacar os danos através de bioengenharia, entre a gerontologia (que foca no metabolismo) e a geriatria (que foca na patologia). A Figura 2-1 mostra a estratégia das SENS.

Figura 2-1. Estratégia das SENS para o rejuvenescimento com biotecnologia

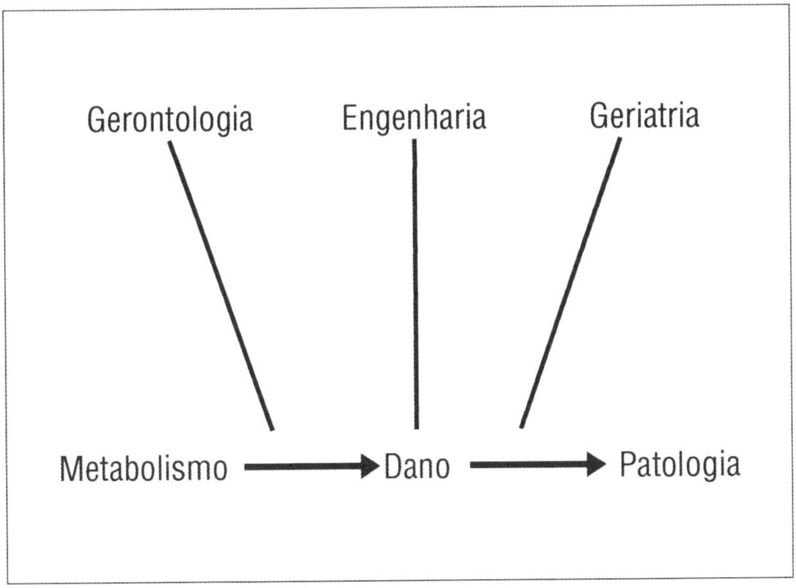

```
Gerontologia      Engenharia      Geriatria
           \          |          /
            \         |         /
             \        |        /
              \       |       /
               \      |      /
   Metabolismo ───▶ Dano ───▶ Patologia
```

Fonte: Aubrey de Grey

Quais são estas sete causas da senescência (as "sete causas letais")? Todas ocorrem a nível microscópico, dentro e fora da célula. Um pouco de dano, em geral, não machucará, mas esse dano se acumula ao longo dos anos aceleradamente, sendo a razão pela qual as pessoas ficam fragilizadas e morrem. Em seu livro *O fim do envelhecimento: Os avanços que poderiam reverter o envelhecimento humano durante nossa vida*, de Grey explica essas sete causas:

1. Lixo extracelular: Estes resíduos consistem em proteínas mal formadas que se acumulam fora das células e são prejudiciais em vez de exercerem uma função útil.

2. Aumento da rigidez extracelular: a rigidez aumenta quando duas ou mais proteínas que costumavam ser úteis juntam-se fora das células e ficam como que "algemadas", prejudicando o funcionamento apropriado das células.

3. Células disfuncionais: algumas células individuais também podem sofrer senescência. Não só não conseguem realizar a função para a qual estão destinadas, mas também tornam-se tóxicas para as outras células ao redor e dificultam que as células normais funcionem como deveriam. Eliminar essas células disfuncionais pode permitir que as células saudáveis realizem suas funções corretamente.

4. Agregados intracelulares: são produtos residuais dentro das células que se acumulam em consequência de problemas no decorrer do metabolismo celular (as reações químicas que permitem às células fazer o seu trabalho). Estes resíduos obstruem a maquinaria celular e prejudicam seu correto funcionamento.

5. Mutações mitocondriais: as mitocôndrias são as centrais energéticas das células ao converterem os nutrientes em energia. Infelizmente, esse processo também gera subprodutos tóxicos que danificam as moléculas de DNA da mitocôndria e dificultam seu funcionamento.

6. Mutações nucleares: é no núcleo das células que se localiza o código genético de uma pessoa. Com o passar do tempo, ocorrem mutações nesse DNA que fazem com que as pessoas sejam mais suscetíveis a desenvolver câncer e outras doenças.

7. Perda de células e atrofia de tecidos: com o tempo, o corpo torna-se menos capaz de substituir as células que são danificadas por acidentes e desgaste. Algumas células se suicidam depois de certo número de divisões. Isso pode levar a uma musculatura fraca, perda de neurônios no cérebro e um sistema imunológico mais frágil, o que aumenta a vulnerabilidade às doenças.

Quando de Grey apresentou originalmente suas ideias, muitas pessoas chamaram-no desde de charlatão até louco. Muitos "especialistas" atacaram-no assegurando que suas ideias não tinham nenhuma base científica. A discussão chegou em 2005 à prestigiada revista *Technology Review*, do Instituto de Tecnologia de Massachusetts (MIT), onde o editor apresentou um desafio, com um prêmio de US$ 20.000 à primeira pessoa que demonstrasse que as estratégias SENS eram errôneas. Para isso foi constituído um júri com cinco prestigiados cientistas e médicos (Rodney Brooks, Anita Goel, Vikram Kumar, Nathan Myhrvold e Craig Venter) que avaliariam as ideias de Aubrey de Grey. Apesar de toda a publicidade e dinheiro envolvidos, as críticas pareciam mais ataques pessoais do que argumentos consistentes contra as estratégias SENS. Depois de vários meses e múltiplas tentativas, o prêmio foi declarado como não tendo um ganhador, pois ninguém havia podido demonstrar que as ideias de Aubrey de Grey estavam erradas, o que não impediu que alguns "especialistas" continuassem atacando-as com base em preconceitos pessoais.

O mundo mudou muito desde 2005. Ocorreram grandes avanços científicos nos últimos anos que de fato reforçam, em vez de contradizer, as ideias originais de Aubrey de Grey. Em um artigo da revista científica *Smithsonian* em 2017 é mencionado um dos artigos escritos contra de Grey na *Technology Review* cujo título era "Pseudociência para o Prolongamento da Vida e o Plano SENS":

> Os nove coautores, todos gerontologistas de alta categoria, tiveram um grave problema com a posição de de Grey. "Ele é brilhante mas não tem experiência na pesquisa do envelhecimento", diz Heidi Tissenbaum, uma das autoras do documento e professora de biologia molecular e celular e câncer na Faculdade de Medicina da Universidade de Massachusetts. "Estávamos alarmados, pois ele afirmou saber como evitar o envelhecimento baseando-se em ideias, e não em resultados científicos experimentais rigorosos".
>
> Mais de uma década depois, Tissenbaum vê agora as SENS de uma maneira mais positiva. "Parabéns, Aubrey", diz diplomaticamente. "Quanto mais pessoas falarem sobre a pesquisa do envelhecimento, melhor. Agradeço-lhe por ter atraído atenção e dinheiro ao setor. Quando escrevemos esse artigo havia somente ele e suas ideias, sem pesquisa por trás, nada. Diferentemente, agora ele está realizando uma grande quantidade de pesquisas básicas e fundamentais, comparáveis à de qualquer outro laboratório".

Embora alguns continuem chamando de Grey de charlatão e louco, há cada vez mais resultados positivos, muitos deles graças a seus esforços. De Grey cofundou em 2003 a Fundação Matusalém, que criou o Prêmio Camundongo Matusalém para incentivar as pesquisas para atrasar radicalmente e inclusive reverter o envelhecimento. O Prêmio Matusalém, ou simplesmente Prêmio M, deve seu nome a Matusalém, o patriarca da Bíblia que supostamente viveu quase mil anos. Graças a esse prêmio e outros incentivos foi possível expandir significativamente a vida de ratos. Por exemplo, ratos que, em condições selvagens, vivem um ano na natureza, e em laboratório entre dois e três anos, chegaram a viver quase cinco anos com diversos tratamentos. Utilizando esses diferentes tipos de tratamentos, os cientistas conseguiram aumentar em 40% e depois até em 60% (ou mesmo mais) a expectativa de vida dos ratos. Esperamos que o prêmio tenha continuidade e que logo possamos falar de ratos que dobrem ou tripliquem sua expectativa de vida média.

De Grey também cofundou em 2009 a Fundação de Pesquisa SENS, cujo objetivo é "transformar a forma como o mundo pesquisa e trata as doenças relacionadas ao envelhecimento". Seu novo enfoque SENS promove "o reparo in situ de células vivas e material extracelular", um enfoque que contrasta com aquele mais tradicional da medicina geriátrica em doenças e patologias específicas, e com aquele da biogerontologia quanto à intervenção em processos metabólicos. A Fundação de Pesquisa SENS financia a pesquisa e promove a divulgação e a educação para agilizar os diversos programas de pesquisa em medicina regenerativa. Segundo o enfoque SENS, cada um dos sete danos fundamentais pode ser tratado com uma estratégia específica: RepleniSENS, OncoSENS, MitoSENS, ApoptoSENS, GlycoSENS, AmyloSENS e LysoSENS. Vários desses tratamentos já estão sendo aplicados, e alguns serviram para impulsionar startups que buscam terapias antienvelhecimento e de rejuvenescimento.

Em seu artigo "Reverter o envelhecimento mediante o reparo de danos moleculares e celulares", publicado em 2017 pelo BBVA OpenMind no livro *O próximo passo: A vida exponencial*, de Grey explica que:

> As SENS implicam um afastamento radical das velhas prioridades da gerontologia biomédica e buscam reverter realmente o envelhecimento em vez de atrasá-lo. Graças a um minucioso processo de educação mútua entre os campos da biogerontologia e da medicina regenerativa, alcançou o status de opção viável e reconhecida em relação a um futuro controle médico do envelhecimento. Minha opinião é que sua credibilidade seguirá aumentando à medida que avançar a tecnologia médica regenerativa subjacente.

Em uma entrevista concedida em Madri durante a primeira Conferência Internacional de Longevidade e Criopreservação que organizamos no Conselho Superior de Pesquisas Científicas (CSIC) em Madri, de Grey resumiu os avanços na estratégia SENS até 2017. Os entrevistadores chegaram às seguintes conclusões após observarem as enormes mudanças que tinham ocorrido durante a última década:

> Há muitas razões para otimismo. As ideias propostas pelas SENS há mais de uma década, amplamente criticadas no passado, agora são exploradas com entusiasmo pelos pesquisadores, uma vez que há poucas dúvidas de que os processos de envelhecimento são passíveis de intervenção. O que era motivo de chacota para muitos há mais de uma década está se transformando em um enfoque aceito para tratar as doenças relacionadas à idade, pois seguem acumulando-se os resultados que apoiam um enfoque do envelhecimento baseado na reparação.
>
> Entretanto, ainda nos falta um conhecimento completo sobre vários danos relacionados à idade para que possam ser realizados testes clínicos em humanos. É por isso que apoiar as pesquisas fundamentais sobre os principais mecanismos do envelhecimento deve continuar sendo a principal prioridade de nossa comunidade.

As causas e os pilares do envelhecimento

Além do visionário e revolucionário trabalho de Aubrey de Grey, outros cientistas estão tentando sistematizar nossa compreensão atual do envelhecimento e como tratá-lo. No ano 2000, uma dupla de oncologistas estadunidenses — Douglas Hanahan e Robert Weinberg — escreveu um provocativo artigo na prestigiosa revista científica *Cell* que contribuiu para organizar nosso conhecimento sobre o câncer. Sob o título "As causas do câncer", os autores argumentam que todos os cânceres compartilham seis características comuns ("causas" ou *"hallmar-*

ks") que determinam a transformação das células normais em células cancerosas (malignas ou tumorais). Em 2011, o artigo tinha se tornado o mais citado na história da revista *Cell*, e os autores publicaram uma atualização onde propuseram quatro causas adicionais.

Com apoio do sucesso do artigo anterior, um grupo de cinco cientistas europeus publicou em 2013 um artigo com o título "As causas do envelhecimento" na mesma revista *Cell*. Os autores são os espanhóis Carlos López-Otín (da Universidade de Oviedo), María Blasco e Manuel Serrano (do Centro Nacional de Pesquisas Oncológicas [CNIO] em Madri), a inglesa Linda Partridge (do Instituto Max Planck de Biologia do Envelhecimento na Alemanha) e o austríaco Guido Kroemer (da Universidade de Paris V René Descartes na França), que escrevem:

> O envelhecimento caracteriza-se por uma perda progressiva da integridade fisiológica que leva a uma deterioração das funções e uma maior vulnerabilidade à morte. Esta deterioração é o principal fator de risco para as principais patologias humanas, incluindo o câncer, a diabetes, os transtornos cardiovasculares e as doenças neurodegenerativas. As pesquisas sobre o envelhecimento vivenciaram um avanço sem precedentes nos últimos anos, particularmente com a descoberta de que a taxa de envelhecimento é controlada, pelo menos até certo ponto, pela via genética e por processos bioquímicos conservados na evolução. Esta revisão enumera nove propostas de causas que representam os denominadores comuns do envelhecimento em diferentes organismos, com especial ênfase no envelhecimento dos mamíferos. Estas causas são: instabilidade genômica, redução dos telômeros, alterações epigenéticas, perda de proteostase, desregulação da detecção de nutrientes, disfunção mitocondrial, senescência celular, esgotamento de células-tronco e alteração da comunicação intercelular. Um desafio importante é esclarecer a interconexão entre as causas e suas contribuições relativas ao envelhecimento, com a ideia final de identificar ob-

jetivos farmacêuticos para melhorar a saúde humana durante o envelhecimento com efeitos secundários mínimos.

O envelhecimento, que definimos de forma geral como o declínio funcional dependente do tempo que afeta a maioria dos organismos vivos, sempre foi um foco de atração da curiosidade e da imaginação ao longo da história da humanidade. Entretanto, passaram-se apenas 30 anos desde que foi inaugurada uma nova era na pesquisa do envelhecimento após o isolamento das primeiras cepas de longa vida de *Caenorhabditis elegans* (*C. elegans*). Hoje em dia, o envelhecimento está sujeito a detalhado exame científico baseado no conhecimento em constante expansão das bases moleculares e celulares da vida e das doenças. A situação atual da pesquisa do envelhecimento apresenta muitos paralelismos com a da pesquisa do câncer em décadas anteriores.

Figura 2-2. Interconexões funcionais nas causas do envelhecimento.

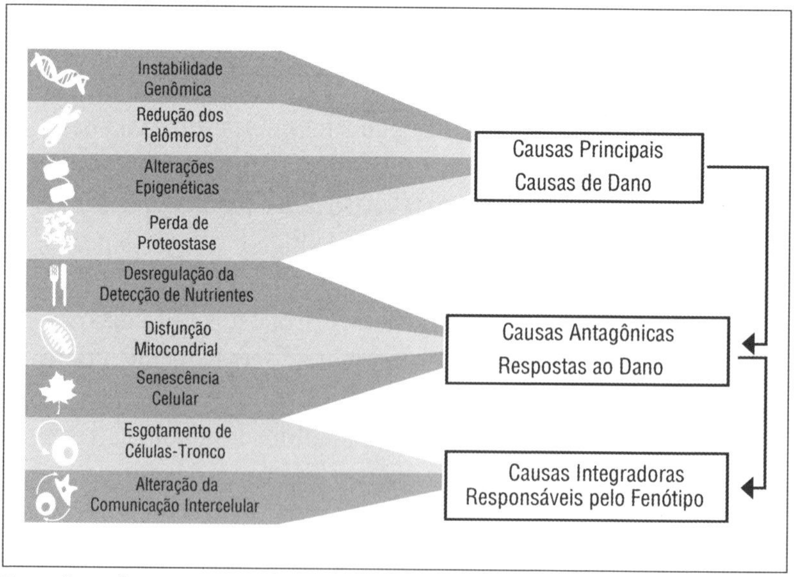

Instabilidade Genômica	
Redução dos Telômeros	Causas Principais
Alterações Epigenéticas	Causas de Dano
Perda de Proteostase	
Desregulação da Detecção de Nutrientes	
Disfunção Mitocondrial	Causas Antagônicas
Senescência Celular	Respostas ao Dano
Esgotamento de Células-Tronco	Causas Integradoras
Alteração da Comunicação Intercelular	Responsáveis pelo Fenótipo

Fonte: Baseado em Carlos López-Otín et al

Os cientistas classificam posteriormente as nove causas do envelhecimento em três categorias maiores, como pode-se observar na Figura 2-2. Na parte de cima aparecem as causas primárias (instabilidade genômica, redução dos telômeros, alterações epigenéticas e perda de proteostase), consideradas as principais responsáveis pelo dano celular. No meio localizam-se as causas antagônicas (desregulação da detecção de nutrientes, disfunção mitocondrial e senescência celular), consideradas parte das respostas compensatórias ou antagônicas ao dano. Estas respostas mitigam inicialmente o dano, mas se forem crônicas ou exacerbadas podem tornar-se prejudiciais. Na parte de baixo são apontadas as causas integradoras (esgotamento de células-tronco e alteração da comunicação intercelular), resultado final dos dois grupos anteriores e as derradeiras causas responsáveis pelo declínio funcional associado ao envelhecimento.

O artigo termina com as seguintes conclusões e perspectivas:

A definição das causas do envelhecimento pode contribuir para criar uma estrutura básica para estudos futuros sobre os mecanismos moleculares do envelhecimento, assim como para criar intervenções para melhorar a saúde humana... Supomos que os enfoques cada vez mais sofisticados para desvendar as complexidades do envelhecimento normal, acelerado e retardado acabarão resolvendo muitos dos problemas pendentes. Felizmente, estes enfoques combinados permitirão uma compreensão detalhada dos mecanismos subjacentes às causas do envelhecimento e facilitarão futuras intervenções para melhorar a saúde humana e a longevidade.

Um ano depois do artigo anterior, um grupo de cientistas estadunidenses, com apoio dos Institutos Nacionais de Saúde dos Estados Unidos, publicou "Envelhecimento: um motor comum das doenças crônicas e um alvo para novas intervenções" na mesma revista científica *Cell*. Os autores explicam que em vez de "atacar" doença por doença, é melhor "atacar" diretamente o próprio envelhecimento, que é a causa de todas as doenças relacionadas:

> O envelhecimento dos mamíferos pode ser retardado com enfoques genéticos, dietéticos e farmacológicos. Dado que a população anciã está aumentando drasticamente e que o envelhecimento é o maior fator de risco para a maioria das doenças crônicas que levam à morbidade e à mortalidade, é fundamental ampliar a pesquisa em gerociência direcionada a prolongar a saúde humana.
>
> O objetivo de frear o envelhecimento fascinou a humanidade durante milênios, mas só recentemente adquiriu credibilidade. As recentes descobertas que demonstram que o envelhecimento pode ser retardado nos mamíferos aumentam a possibilidade de prolongar a saúde humana. Existe um consenso quase generalizado entre os pesquisadores do envelhecimento de que isso é possível, mas só se forem disponibilizados recursos para alcançar objetivos em áreas que vão desde a biologia básica até a medicina translacional.
>
> O enfoque atual para tratar doenças crônicas é inadequado e fragmentário. Quando são diagnosticadas essas doenças crônicas, já ocorreram muitos danos e é difícil desfazê-los. Embora a compreensão das características únicas de qualquer doença seja importante e de potencial valor terapêutico, os enfoques para compreender uma causa comum, o envelhecimento, serão especialmente importantes. Se pudermos entender como o envelhecimento permite o desenvolvimento da doença, é possível (e mais fácil, inclusive) atacar este componente comum da doença. Ter o envelhecimento como alvo pode permitir a intervenção precoce e evitar danos, mantendo o vigor e a atividade, ao mesmo tempo em que são contrabalançados os fardos econômicos de uma população em processo de envelhecimento que é afetada por múltiplas doenças crônicas.

Além disso, os autores descrevem o que denominam de sete "pilares" do envelhecimento. Segundo o cientista chileno-estadunidense Felipe Sierra, diretor da divisão de Biologia do Envelhecimento do Instituto Nacional do Envelhecimento dos Estados Unidos, estes sete pilares são:

1. Adaptação ao estresse
2. Epigenética
3. Inflamação
4. Aspecto macromolecular
5. Metabolismo
6. Proteostase
7. Células-Tronco e Regeneração

Outro autor do artigo, o biólogo estadunidense Brian Kennedy, então presidente do Instituto Buck para a Pesquisa sobre o Envelhecimento, localizado na Califórnia, conclui que:

> Temos muita esperança de que nossa estratégia de pesquisa contribua para levar os esforços de colaboração ao próximo nível... O que surgiu a partir de nosso trabalho é uma compreensão profunda de que os fatores que impulsionam o envelhecimento estão altamente inter-relacionados e que para prolongar o período de saúde precisamos de um enfoque integrado da saúde e da doença, sendo conscientes de que os sistemas biológicos mudam com a idade.

Com outra perspectiva, o biólogo espanhol Ginés Morata, especialista nas moscas *Drosophila melanogaster* do Centro de Biologia Molecular Severo Ochoa em Madri, explica durante uma entrevista em 2018 que:

> A morte não é inevitável. As bactérias não morrem. Os pólipos, também não; crescem e geram um novo. Parte de nossas células germinativas perpetuam-se em nossos filhos e assim sucessivamente. Por isso uma parte de cada um de nós é imortal.

Conseguiu-se que um tipo de verme, um nematódeo, viva sete vezes mais ao manipular-se os genes envolvidos em seu envelhecimento. Se aplicássemos essa tecnologia a humanos, poderíamos chegar a viver 350 ou 400 anos. É claro que não se pode fazer essa pesquisa com material humano, mas não se pode descartar que algum dia alcancemos essa longevidade. Dentro de 50, 100 ou 200 anos, as possibilidades serão tão amplas que é difícil imaginar o que ocorrerá. Poderemos ter asas e ser capazes de voar, ou medir quatro metros... É a humanidade que vai decidir qual vai ser o seu futuro.

O biogerontologista estadunidense Michael West, especialista em células-tronco e telômeros, autor de vários livros sobre envelhecimento e possível rejuvenescimento, também concorda que:

> No corpo humano alojamos células herdeiras de nosso legado imortal, células que têm o potencial de não deixar nenhum antepassado morto, células de uma linhagem chamada linha germinativa. Estas células têm a capacidade de renovação imortal, como demonstra o fato de que os bebês nascem jovens e esses bebês têm o potencial de gerar algum dia seus próprios bebês, e assim sucessivamente e para sempre.

Depois de levar em consideração tantas diferentes teorias, estratégias, causas e pilares do envelhecimento, o que é então o envelhecimento? Vejamos o que diz a prestigiada *Enciclopédia Britânica*, que começa sua definição assim:

> O envelhecimento é a mudança gradual e intrínseca em um organismo que leva a um risco crescente de vulnerabilidade, perda de vigor, doença e morte. O envelhecimento ocorre em uma célula, em um órgão ou na totalidade do organismo durante toda a vida adulta de qualquer ser vivo.

Independentemente da definição que usarmos, há uma grande similaridade nos termos e ideias fundamentais. Além disso, há dois pontos importantes a serem considerados sobre os quais há um consenso crescente:

- *O envelhecimento ocorre de maneira gradual, ou seja, ocorre durante uma parte substancial do período vital do organismo. Portanto, é um processo essencialmente dinâmico e sequencial, divisível em etapas tão discretas quanto se desejar, de forma que os danos possam também ser atacados sequencialmente.*

- *O envelhecimento não é considerado hoje algo biologicamente "inevitável" ou mesmo "irreversível". Na verdade, sabemos agora que é um processo "plástico" e "flexível" que podemos manipular. Nesse sentido, o Handbook of the Biology of Aging ("Manual da Biologia do Envelhecimento", em português) também não faz referência a que seja um processo "inevitável" — admitindo especificamente a possibilidade de que haja células e organismos que não envelhecem — ou "irreversível", pois fala da possibilidade de que seja possível reparar os danos.*

Ainda desconhecemos muitas coisas do processo de envelhecimento, mas isso não impede que continuemos avançando rumo a uma cura. Embora às vezes pareça difícil de acreditar, não é necessário compreender-se todo o problema para resolvê-lo. Por exemplo, o médico inglês Edward Jenner desenvolveu a primeira vacina eficaz contra a varíola em 1796, mais de um século antes do cientista holandês Martinus Beijerinck descobrir o primeiro vírus e fundar a virologia em 1898.

Outro exemplo muito conhecido é o dos irmãos estadunidenses Orville e Wilbur Wright, os quais com somente três anos de educação de segundo grau conseguiram voar pela primeira vez em 1903. Não só isso era considerado então impossível pela maioria dos "especialistas", mas também nem mesmo as leis da aerodinâmica eram bem compreendidas. Os cientistas com maior formação não as entendiam, e os irmãos Wright, muito menos, ao terem muito pouca educação formal. Porém, como teria dito Galileu Galilei: *"eppur si muove"*, ou seja, "e no entanto, se move".

O envelhecimento como doença

Nos últimos anos está ocorrendo uma grande mudança de mentalidade quanto ao nosso conhecimento do envelhecimento, e inclusive há cientistas que começam a afirmar que o envelhecimento é uma doença. Felizmente, nesse caso, o envelhecimento é uma doença curável, e esperamos conseguir a cura nos próximos anos, embora tudo dependa do apoio público e político para acelerar as pesquisas.

Em 1893, o médico francês Jacques Bertillon apresentou no Instituto Internacional de Estatística de Chicago (EUA) a primeira lista internacional para classificar doenças. Esta primeira "Lista de causas de morte" continha só 44 "causas", baseada na classificação utilizada em Paris, mas logo expandiu-se a quase 200 quando foi realizada a primeira Conferência Internacional para a Classificação de Causas de Morte em 1900. Essas tentativas iniciais de classificação foram adotadas primeiramente pela Sociedade das Nações (também conhecida como Liga das Nações) depois da Primeira Guerra Mundial e posteriormente pela Organização Mundial da Saúde (OMS) ao terminar a Segunda Guerra Mundial.

A OMS encarregou-se da classificação em 1948 com a sexta edição, a primeira a incluir também causas de morbidade. Agora a lista chama-se Classificação Internacional e Estatística de Doenças e Problemas Relacionados à Saúde, sendo também conhecida simplesmente como Classificação Internacional de Doenças (CID). A CID determina a classificação e codificação das doenças e uma ampla variedade de sinais, sintomas, circunstâncias sociais e causas externas de doenças.

A edição mais recente da CID é a décima, a CID-10, e o sistema está estruturado para promover a comparação internacional da coleta, processamento, classificação e apresentação destas estatísticas. Durante as últimas duas décadas, a CID-10 seguiu sendo a lista em vigor reconhecida internacionalmente, embora tenha algumas modificações locais em certos países. A OMS continua trabalhando com esta classificação, mas está prevista sua substituição pela CID-11 durante 2018. Em um período de sugestões públicas para a OMS em 2017, vários ativistas — inclusive os autores deste livro — apoiaram que o envelhecimento fosse incluído como uma doença, ou que pelo menos fossem iniciadas pesquisas científicas a respeito. Graças às contribuições das pessoas que acolheram de bom grado nossa proposta, a OMS aceitou incluir o "envelhecimento saudável" em seu programa geral de trabalho para o período de 2019-2023, embora ainda não inclua o envelhecimento formalmente como uma doença.

Durante o último século, alguns problemas de saúde que eram considerados doenças deixaram de sê-lo, assim como outros que não o eram passaram a sê-lo. Um grupo de pesquisadores internacionais (o belga Sven Bulterijs, o sueco Victor C. E. Björk e os ingleses Raphaella S. Hull e Avi G. Roy) publicou em 2015 o artigo "É tempo de classificar o envelhecimento biológico como uma doença" na revista científica *Frontiers of Genetics*, onde explica:

> O que se considera normal e o que se considera doente está fortemente condicionado pelo contexto histórico. Coisas que antes eram consideradas doenças já não são classificadas dessa forma. Por exemplo, quando os escravos negros fugiam das plantações, explicava-se que sofriam de "drapetomania" e foi usado tratamento médico para tentar "curá-los". De maneira similar, a masturbação era vista como uma doença e objeto de tratamentos como cortar o clitóris ou cauterizá-lo. Por fim, a homossexualidade foi considerada uma doença até 1974. Além da influência social e cultural na definição da doença, as novas descobertas científicas e médicas levam à revisão do que é uma doença e do que não é. Por exemplo, a febre já foi vista como uma doença em si, mas a percepção de que diversas causas subjacentes levavam à aparição da febre mudou seu status de

doença a sintoma. De modo inverso, várias doenças atualmente reconhecidas, como a osteoporose, a hipertensão sistólica isolada e a doença de Alzheimer senil, eram atribuídas no passado ao envelhecimento normal. A osteoporose foi reconhecida oficialmente como doença pela Organização Mundial da Saúde no relativamente recente ano de 1994.

Tradicionalmente, o envelhecimento foi visto como um processo natural, e portanto não como uma doença. Esta divisão pode ter se originado, em parte, como uma forma de estabelecer o envelhecimento como uma disciplina independente de pesquisa. Alguns autores chegam a ver de forma diferenciada os processos de envelhecimento intrínseco (envelhecimento primário) e aqueles das doenças da velhice (envelhecimento secundário). Por exemplo, o fotoenvelhecimento — a deterioração acelerada da pele como resultado dos raios UV durante toda a vida — é considerado pelos dermatologistas como uma condição que leva à patologia. Diferentemente, o envelhecimento cronológico da pele é aceito como normal. Além de ser visto como separado da doença, o envelhecimento é considerado um fator de risco para o desenvolvimento da doença. Curiosamente, as chamadas "doenças de envelhecimento acelerado", como a progeria (síndrome de Hutchinson-Gilford), a síndrome de Werner e a disqueratose congênita são consideradas doenças. A progeria é considerada uma doença, mas quando as mesmas mudanças acontecem em um indivíduo 80 anos mais velho, são consideradas normais e não merecedoras de atenção médica.

Os pesquisadores mencionam o caso específico da progeria, uma doença genética da infância extremamente rara, caracterizada pelo envelhecimento prematuro e acelerado em crianças entre seu primeiro e segundo ano de vida. Esta rara afecção é sofrida por um a cada 7 milhões de recém-nascidos vivos. Como a progeria é uma doença genética (devida a mutações em um gene identificado como LMNA), espera-se que algum dia haja uma cura graças às terapias genéticas. Entretanto, atualmente não existe cura nem tratamento para esta doença de envelhecimento acelerado, e os doentes de progeria vivem em média apenas 13 anos (alguns pacientes podem viver até pouco mais de 20 anos, mas com fisionomia de quase 100).

Bulterijs, Björk, Hull e Roy continuam seu artigo citando várias pesquisas e estudos bem-sucedidos em modelos animais, e os elevados custos de não fazê-lo ainda com humanos (custos tanto a nível individual quanto de toda a sociedade):

> "Em resumo, não só o envelhecimento pode ser considerado uma doença, mas a vantagem de fazê-lo também é que, ao rechaçar o aparente fatalismo da designação 'natural', legitimam-se os esforços médicos para eliminá-lo ou desfazer essas condições indesejáveis associadas ao envelhecimento." O objetivo da pesquisa biomédica é permitir que as pessoas estejam "o mais saudável possível durante o maior tempo possível". O reconhecimento do envelhecimento como sendo uma doença incentivaria as organizações que concedem apoio financeiro a aumentar o financiamento da pesquisa sobre o envelhecimento e o desenvolvimento de procedimentos biomédicos para atrasar o processo de envelhecimento. O fato de se assumir algo como uma doença implica o compromisso da intervenção médica. Além disso, o reconhecimento de uma condição como doença é importante para que os fornecedores de seguro médico custeiem o tratamento.
>
> Durante os últimos 25 anos, ao tratar os processos subjacentes do envelhecimento, os cientistas biomédicos foram capazes de melhorar a saúde e prolongar a vida de organismos-modelo, desde vermes e moscas até roedores e peixes. Agora podemos prolongar a vida de *C. elegans* em mais de dez vezes, em mais do dobro em moscas e ratos, e aumentar a expectativa de ratazanas e certos peixes (killifish) em 30% e 59%, respectivamente. Atualmente, nossas opções de tratamento para os processos subjacentes do envelhecimento em humanos são limitadas. Entretanto, com o progresso atual no desenvolvimento dos medicamentos geroprotetores, da medicina regenerativa e das intervenções

médicas de precisão, logo teremos o potencial de atrasar o envelhecimento. Por fim, devemos ter em mente que o reconhecimento do envelhecimento como uma doença deslocaria as terapias antienvelhecimento, nas regulamentações da Agência de Alimentos e Drogas (FDA, na sigla em inglês) dos EUA, da medicina cosmética para as regulamentações mais rigorosas para o tratamento e a prevenção de doenças.

Acreditamos que o envelhecimento deve ser visto como uma doença, mesmo que seja uma doença universal e multissistêmica. Nosso sistema de saúde atual não reconhece o processo de envelhecimento como a causa subjacente das doenças crônicas que afetam os idosos. Dessa forma, o sistema está configurado para ser reacionário e portanto cerca de 32% do gasto total do *Medicare* nos Estados Unidos é dedicado aos últimos dois anos de vida de pacientes com doenças crônicas, sem que se produza nenhuma melhora significativa em sua qualidade de vida. Nosso sistema de saúde atual é insustentável tanto do ponto de vista financeiro quanto da saúde e do bem-estar. Até mesmo uma atenuação mínima do processo de envelhecimento graças ao impulsionamento da pesquisa sobre o envelhecimento e o desenvolvimento de fármacos geroprotetores e medicamentos regenerativos melhoraria em grande medida a saúde e o bem-estar dos mais idosos, e contribuiria para salvar nosso sistema de saúde em crise.

Alguns meses depois, outros pesquisadores escreveram um artigo na mesma revista científica com o título "Classificação do envelhecimento como doença no contexto da CID-11", onde explicam:

> O envelhecimento é um processo multifatorial contínuo e complexo que leva à perda de função e desemboca em muitas doenças relacionadas à idade. Aqui exploramos os argumentos para se classificar o envelhecimento como uma doença no contexto da 11ª Classificação Internacional e Estatística de Doenças e Problemas Relacionados à Saúde (CID-11) da Organização Mundial

da Saúde, cuja finalização está prevista para 2018. Apresenta-se a hipótese de que classificar o envelhecimento como uma doença com um conjunto de códigos "não lixo" resultará em novos enfoques e modelos de negócio para abordar o envelhecimento como uma condição tratável, o que levará a benefícios econômicos e de saúde para todos os interessados. A classificação do envelhecimento como uma doença pode levar a uma distribuição mais eficiente dos recursos ao permitir que os organismos de financiamento e outros setores interessados utilizem os anos de vida ajustados pela qualidade (AVAQ) e o equivalente de anos de vida saudáveis como indicadores para avaliar os programas clínicos e de pesquisa. Propomos a formação de um Grupo de Trabalho para interagir com a OMS e desenvolver uma estrutura multidisciplinar para classificar o envelhecimento como uma doença com múltiplos códigos de enfermidades para facilitar as intervenções terapêuticas e as estratégias preventivas.

O reconhecimento de uma afecção ou de um processo crônico como doença é um marco importante para a indústria farmacêutica, a comunidade acadêmica, as empresas de saúde e de seguros, os responsáveis políticos e as pessoas em geral, uma vez que a presença de uma afecção na nomenclatura e a classificação de doença têm um grande impacto na forma como se trata, se pesquisa e se reembolsa. Entretanto, chegar a uma definição satisfatória da doença é um desafio, principalmente devido às vagas definições de estado de saúde e de doença. Aqui exploramos os benefícios potenciais de se reconhecer o envelhecimento como uma doença no contexto dos desafios socioeconômicos atuais e dos recentes avanços biomédicos.

Classificar o envelhecimento como doença contribuirá em grande medida para a cura da própria doença. Além disso, permitirá canalizar enormes recursos às causas, e não aos sintomas do envelhecimento. É preciso focar os fundos públicos e privados na cura prévia e não na doença posterior. As vantagens de se estar saudável e jovem multiplicam-se por cada indivíduo para toda a sociedade. Os benefícios, em conjunto, seriam enormes. Considerar o envelhecimento uma doença permitirá aumentar os níveis de pesquisa e financiamento, além de identificar um objetivo claro para a indústria médica, farmacêutica e de seguros. É uma grande oportunidade, pois a indústria do antienvelhecimento e do rejuvenescimento tem o potencial de se tornar em breve a maior indústria do mundo.

CAPÍTULO 3
A MAIOR INDÚSTRIA DO MUNDO?

Vou criar uma nova Iniciativa de Medicina de Precisão para adiantar a chegada da cura de doenças como o câncer e a diabetes, e para que todos tenhamos acesso à informação personalizada necessária para que nós e nossas famílias nos mantenhamos saudáveis.
BARACK OBAMA, 2015

Essa é a ideia capaz de se transformar na maior fonte de dinheiro que já vimos. O negócio da longevidade deslocou-se rapidamente das ideias extravagantes para a ciência séria, e em apenas algumas poucas décadas esperamos que a expectativa de vida humana média nos países desenvolvidos aumente até cerca de 110 anos.
JIM MELLON, 2017

Se você puder criar um comprimido que acrescente dois anos à vida das pessoas, terá uma empresa de 100 bilhões de dólares.
SAM ALTMAN, 2018

Novas indústrias apareceram ao longo da história da humanidade graças a tecnologias que em determinado momento eram consideradas impossíveis de serem implementadas até que se tornaram realidade. Muitas dessas indústrias foram totalmente desacreditadas pelos "especialistas" de sua época. Felizmente, esses setores cresceram aceleradamente até se tornarem partes fundamentais da economia mundial.

Muitas das indústrias mais importantes do nosso mundo de hoje em dia foram ridicularizadas em seu início. Várias tecnologias e indústrias relevantes passaram de impossíveis a imprescindíveis. Consideremos as seguintes invenções e descobertas, por exemplo:

1. Trens
2. Telefones
3. Automóveis
4. Aviões
5. Energia atômica
6. Voos espaciais
7. Computadores pessoais
8. Celulares

De "impossível" a "imprescindível"

O mundo muda e nós mudamos junto. Vamos refletir brevemente sobre o início de cada uma das indústrias mencionadas e o que disseram alguns dos "especialistas" da época:

1. **Os trens** eram inconcebíveis para muita gente, pois durante séculos os humanos deslocavam-se principalmente a pé, embora os extratos mais altos de algumas sociedades pudessem ter acesso a cavalos e barcos. Durante a primeira metade do século XIX, na Inglaterra, alguns pioneiros iniciaram o desenvolvimento dos trens. Até aquele momento, o método de transporte terrestre mais rápido utilizado pelos mais ricos e poderosos eram os cavalos e as carruagens. A publicação inglesa *The Quarterly Review* escreveu em 1825 o seguinte:

Existe algo mais absurdo e ridículo do que a possibilidade de haver uma locomotiva que se movimente com o dobro da velocidade de uma carruagem?

2. **Os telefones** eram inconcebíveis para a maior parte do mundo até que o inventor escocês Alexander Graham Bell começou a realizar suas experiências em Boston na segunda metade do século XIX. Entretanto, muitas pessoas continuaram pensando que eram impossíveis ou inviáveis, como demonstram os seguintes comentários em 1876 da Western Union, a maior empresa de telégrafos do mundo na época, e de *Sir* William Preece, engenheiro-chefe do Escritório Britânico de Correios, respectivamente:

Este "telefone" tem defeitos demais para ser considerado um meio de comunicação. O dispositivo não nos fornece nenhum valor em si.

Talvez as pessoas dos Estados Unidos precisem do telefone, mas nós não. Nós, britânicos, temos mensageiros de sobra.

3. **Os automóveis** comerciais apareceram na Europa e nos Estados Unidos durante a primeira metade do século XX, mas foram considerados produtos para ricos quando foram inventados. Isso durou até que o empresário estadunidense Henry Ford massificou o sistema industrial com as linhas de produção e técnicos especializados nas diferentes partes do processo. A criação do famoso Modelo T de Ford (chamado, com grande ironia, de carro "popular" de qualquer cor, contanto que fosse preto) permitiu aumentar o volume de carros, com a consequente redução de preços e a democratização dos veículos. Porém, diz-se que supostamente Ford afirmou alguma vez que:

Se eu tivesse perguntado às pessoas o que elas queriam, muitas teriam respondido que queriam cavalos mais rápidos.

4. **Os aviões** também eram impossíveis até se tornarem possíveis. Há uma infinidade de comentários de "especialistas" da época que explicavam por que voar era impossível, desde artigos completos no prestigiado *The New York Times* até declarações dos cientistas mais aclamados do momento. Por exemplo, o físico e matemático escocês William Thomson, conhecido como Lorde Kelvin, disse o seguinte em 1895:

É impossível que máquinas mais pesadas que o ar possam voar.

Essas declarações foram seguidas destas outras em 1896, já como ex-presidente da prestigiada Sociedade Real de Londres, quando ratificou sua crença "científica" de que os aviões eram inconcebíveis:

Não tenho a mais mínima molécula de fé na navegação aérea, com exceção dos balões... Por isso, não me interessa ser membro da Sociedade Aeronáutica.

Felizmente, os irmãos estadunidenses Orville e Wilbur Wright, que tinham somente três anos de educação de segundo grau, não obedeceram esses comentários "científicos" e conseguiram voar pela primeira vez em 1903. Embora da primeira vez só tenham conseguido levantar voo por alguns segundos, sendo objeto de risos, o resto é história.

5. **A energia atômica** era considerada cientificamente impossível até a primeira metade do século XX. Na verdade, a própria palavra "átomo" quer dizer justamente "indivisível" (em grego, "a"-"tomo", ou seja, que "não" tem "partes"). O físico estadunidense Robert Andrews Millikan,

ganhador do Prêmio Nobel de Física em 1923, disse na revista *Popular Science* em 1930:

> Nenhum "cientista malvado" poderá explodir o mundo através da liberação da energia atômica.

Por sua vez, o físico alemão Albert Einstein, ganhador do Prêmio Nobel de Física em 1921, também predisse erroneamente em 1932:

> Não há o mais mínimo indício de que se possa obter energia nuclear. Isso implicaria que fosse possível destruir o átomo à vontade.

Os primeiros experimentos de fissão nuclear foram realizados na Alemanha em 1938, demonstrando que os dois aclamados ganhadores do Nobel, e muitos outros cientistas, estavam errados. Entretanto, foi nos Estados Unidos onde foram desenvolvidas as primeiras bombas atômicas através do então secreto Projeto Manhattan em 1945. Foram armas que mudaram o curso da história e colocaram um ponto final na Segunda Guerra Mundial no Pacífico.

6. **Os voos espaciais** eram talvez ainda mais "impossíveis" os aviões e a energia atômica juntos. Ninguém nem sequer havia voado no início do século passado no próprio planeta Terra, de modo que sair da atmosfera era demais para a maioria das pessoas, independentemente de sua formação. Na primeira metade do século XX, vários grupos de pessoas, sobretudo na Alemanha, Estados Unidos e Rússia, desde principiantes até cientistas, entregaram-se à tarefa de conseguir o impensável. Entretanto, os críticos não deixavam de atacar a "loucura" que supostamente era voar até o espaço, como demonstra um editorial que apareceu no *The New York Times* em 1920:

> Depois que um foguete saísse do ar e iniciasse sua viagem espacial, seu voo não poderia ser acelerado nem mantido pela explosão de cargas que ele deixasse em seu caminho.

Alguns anos após o fim da Segunda Guerra Mundial, e em plena Guerra Fria, os soviéticos conseguiram lançar o Sputnik, o primeiro satélite artificial, em 1957, seguido do primeiro voo orbital em 1961, tripulado pelo cosmonauta soviético Yuri Gagarin. Em face disso, o presidente estadunidense da época, John Fitzgerald Kennedy, anunciou que em dez anos os Estados Unidos colocariam o primeiro homem na Lua. Embora parecesse realmente impossível, pois o desconhecimento tanto da ciência quanto da tecnologia para se viajar no espaço era enorme, o astronauta estadunidense Neil Armstrong tornou-se o primeiro ser humano a pisar na Lua em apenas oito anos (inclusive dois anos antes da ousada aposta de Kennedy). Nesse então, Armstrong disse a inesquecível frase que muitos pudemos ver ao vivo quando éramos mais jovens:

> Um pequeno passo para o homem, mas um grande passo para a humanidade.

7. **Os computadores pessoais** foram outra tecnologia que se desenvolveu exponencialmente no século XX desde seu modesto início como descendente dos primeiros ábacos inventados na Mesopotâmia há 5.000 anos. Diz-se que o empresário estadunidense Thomas Watson, presidente da IBM (International Business Machines), afirmou em 1943:

> Acho que há um mercado mundial de uns cinco computadores.

Embora seja possível que Watson não tenha dito isso, a realidade é que os computadores eram então máquinas impressionantemente grandes, caras, pesadas e complicadas. A revista *Popular Mechanics* expressou-se da seguinte forma ao fazer um comentário sobre o primeiro grande computador ENIAC nos Estados Unidos:

> Enquanto que um computador como o ENIAC tem 18.000 tubos de vácuo e pesa 30 toneladas, os computadores do futuro poderão ter só 1.000 tubos de vácuo e pesar apenas 1,5 toneladas.

Os computadores não eram concebidos para uso individual, e o conceito de computadores pessoais era difícil de imaginar até para empresários como o engenheiro estadunidense Ken Olsen, cofundador e presidente da DEC (*Digital Equipment Corporation*), que disse publicamente em 1977:

> Não há nenhuma razão para que alguém queira ter um computador em sua casa.

Felizmente, graças à conhecida Lei de Moore, em homenagem ao cientista e empresário estadunidense Gordon Moore, hoje constatamos que os computadores dobram sua capacidade a cada dois anos aproximadamente, ao mesmo tempo em que seu preço continua se reduzindo.

8. **Os telefones celulares** nasceram graças à convergência de várias tecnologias anteriores, como os telefones fixos, o rádio e os computadores pessoais. Embora também tenham sido inconcebíveis em determinado momento, hoje quase todo mundo tem um telefone celular, se desejar. De crianças até "idosos", hoje em dia as pessoas têm telefones celulares que variam desde modelos muito baratos produzidos na China e na Índia por apenas o equivalente a US$ 10 até modelos mais sofisticados de cerca de US$ 1.000.

Porém, os telefones celulares já não são simples telefones "bobinhos". Em apenas uma década, os telefones tornaram-se "inteligentes". Entretanto, em um ano relativamente recente como 2007, quando apareceu o *iPhone*, que ajudou a popularizar os telefones celulares inteligentes, o empresário estadunidense Steve Ballmer, então presidente da Microsoft, disse em uma conferência, segundo publicou o jornal *USA Today*:

> Não há nenhuma chance de que o iPhone chegue a ter uma cota de mercado significativa.

Graças também à Lei de Moore, as novas versões de telefones celulares são cada vez mais inteligentes. Os telefones celulares atuais fazem uma infinidade de coisas, e as ligações telefônicas constituem supostamente só uma pequena parte de seu uso. Graças a todos os novos aplicativos, dispositivos e sensores, os novos telefones celulares têm funções que vão desde simples câmeras até avançados assistentes médicos. Em poucos anos, com os novos telefones celulares inteligentes conectados continuamente à Internet de alta velocidade, gratuitamente ou perto disso, não haverá limites para o conhecimento humano. Estamos avançando aceleradamente rumo à democratização de toda a sabedoria acumulada desde o início da civilização. Estes impressionantes avanços terão implicações de todo tipo, desde as comunicações até a medicina, como indica a britânica BBC em um artigo futurista que menciona múltiplas possibilidades:

> É uma manhã de verão de 2040. A Internet conecta tudo ao redor e organiza sua agenda graças ao fluxo de dados do dia. O transporte público da cidade ajusta os horários dinamicamente e seleciona as melhores rotas em caso de atrasos. Comprar o presente de aniversário perfeito para seus filhos é fácil graças à informação que indica a seu serviço de compras exatamente o que eles querem. O melhor de tudo é que você está vivo, embora tenha sofrido um terrível acidente quase fatal no mês passado, graças ao fato de que os médicos da emergência do hospital tiveram acesso imediato ao seu histórico clínico.

Hoje em dia podemos dizer que a maioria das pessoas considera todas estas indústrias tanto imprescindíveis quanto partes fundamentais da civilização atual, embora existam grupos que não as utilizam e nem sequer as querem, pois vivem em outra época com outras ideias. Por exemplo, muitas das comunidades amish da América do Norte e dos aborígenes ianomâmi na América do Sul não desejam utilizar essas tecnologias. Preferem viver em seus mundos do passado, como outras comunidades tradicionais em Papua-Nova Guiné e outros lugares do mundo. Esses grupos têm o direito de viver no mundo que quiserem, mas não podem impor suas ideias a outros. Também não podem deter os avanços científicos que surgem da curiosidade inata do *Homo sapiens sapiens* desde antes de nossa saída das terras africanas nas quais evoluímos milhões de anos atrás.

Nasce uma nova indústria "impossível" e em breve "imprescindível"

Já vimos como muitos "especialistas" estiveram errados ao longo da história quanto ao desenvolvimento de trens, telefones, automóveis, aviões, energia atômica, voos espaciais, computadores pessoais e telefones celulares. Há inúmeros outros exemplos que podemos mencionar: o rádio, a televisão, os robôs, a inteligência artificial, a computação quântica, a nanomedicina, os montadores moleculares, as bases espaciais, a fusão nuclear, o *hyperloop*, as interfaces cérebro-computador, a carne cultivada sem animais, os transplantes de órgãos, os corações artificiais, a clonagem terapêutica, a criopreservação de células e tecidos, a bioimpressão de órgãos e uma enorme lista de tecnologias que estão sendo desenvolvidas desde o início do século XXI. A mais fascinante, cujo nascimento é justamente o tema deste capítulo, é a indústria do rejuvenescimento humano.

Desde o início deste século, graças aos avanços científicos que nos permitem compreender melhor os processos de envelhecimento e antienvelhecimento, está nascendo uma indústria que até o século XX era cientificamente "impossível", mas que na primeira metade do século XXI pode finalmente tornar-

-se realidade. É óbvio que falamos da indústria do rejuvenescimento humano, que tem o potencial de se transformar na maior indústria da história, pois o grande inimigo de toda a humanidade é o envelhecimento. As doenças relacionadas ao envelhecimento causam o maior sofrimento ao maior número de pessoas, especialmente nos países mais desenvolvidos, onde cerca de 90% da população sucumbe ao horror do envelhecimento. Esta triste realidade manteve-se até hoje, quando já temos provas fidedignas de que tanto o controle do envelhecimento quanto o rejuvenescimento são possíveis. As provas de conceito já existem em células, tecidos, órgãos e organismos modelo como leveduras, vermes, moscas e ratos.

Vivemos em um momento histórico no qual temos pela primeira vez a oportunidade científica e a responsabilidade ética de acabar com a maior tragédia da humanidade. Hoje sabemos que curar o envelhecimento é possível, mas também que não será fácil, pois ainda falta aprender e descobrir muito, e vamos ter que investir uma enorme quantidade de recursos de todo tipo (humanos, científicos, financeiros, etc.). Apesar de todos os problemas futuros, muitos deles ainda imprevistos, e até mesmo imprevisíveis, hoje finalmente podemos ver que de fato há uma luz no fim do túnel.

Os empreendedores britânicos Jim Mellon e Al Chalabi publicaram em 2017 um livro visionário que chamaram de *Juvenescência: Investir na era da longevidade*. Nele, os autores indicam que a expectativa de vida aumentará a 110-120 anos nas próximas duas décadas e aumentará rapidamente depois disso. O velho paradigma de "nascer, estudar, trabalhar, se aposentar e morrer" será substituído por vidas longas nas quais nos reinventaremos continuamente no tempo, como afirma a própria página de Internet do livro:

> À medida que a tecnologia e a biologia se fundam e criem maiores capacidades, a sabedoria convencional da trajetória da vida mudará radicalmente. O conceito de aposentadoria será algo

antiquado, do século passado: as pessoas trabalharão até pelo menos os 85 anos, sendo necessárias e valorizadas.

Em resumo, o livro faz três coisas: em primeiro lugar, descreve os tratamentos atuais ou que estão sendo desenvolvidos e que permitirão viver muito mais tempo que o que indicam hoje as estatísticas atuariais. Em segundo lugar, comenta sobre as tecnologias que têm o potencial de prolongar a vida, como a engenharia genética e as terapias com células-tronco. E por fim, Jim e Al selecionaram cuidadosamente três portfólios para potenciais investidores.

Mellon e Chalabi começam seu livro com um prefácio intitulado "A longevidade levanta voo", onde comparam a indústria da aviação de um século atrás com a indústria do rejuvenescimento atual:

> Assim como com a aviação há um século, a ciência do antienvelhecimento está agora pronta para decolar...
>
> Passou apenas um pouco mais de 100 anos desde que o Sr. Boeing construiu seu primeiro avião, e cerca de 120 anos desde que os irmãos Wright fizeram história com seu primeiro voo com o *Kitty Hawk*. Imaginem se estivéssemos vivos em 1915: poderia algum de nós ter imaginado como seria um avião menos de um século depois? É quase certo que não! Mas o importante é que em 1915 já tinham sido descobertos os mecanismos que permitem a um avião voar, e desde esse momento o design e a capacidade das máquinas que poderiam voar não parou de melhorar.
>
> O conhecimento, uma vez aprendido, não pode ser desaprendido, e apesar das interrupções ocasionais no impressionante progresso humano (guerras, fomes e pestes), é maravilhoso como nos erguemos hoje sobre um enorme cofre de informação (conhecimento que está duplicando, não só em quantidade mas também em qualidade, a cada dois anos). É verdade que muito desse "conhecimento" pode não ser muito útil, mas não há dúvidas de que a Internet proporcionou uma enorme melhora na

transmissão e no uso de dados científicos (algo proveitoso para toda a humanidade).

O mesmo padrão de conhecimento acumulado aplicado à aviação também se manifesta nos temas do envelhecimento e da longevidade. Até a Segunda Guerra Mundial, o envelhecimento era uma disciplina marginal, na melhor das hipóteses, pois pouca gente fora da área da ficção científica podia prever que as pessoas viveriam muito mais de 100 anos.

Os cientistas têm hoje uma boa compreensão da composição genética básica dos seres humanos graças ao sequenciamento do genoma humano realizado no início do século XXI e à descoberta da estrutura do DNA meio século antes. Os pesquisadores do envelhecimento estão agora enfrentando duas questões fundamentais:

1. Como curar e controlar as doenças cuja incidência e letalidade aumentam conforme se envelhece, e
2. Como pesquisar o envelhecimento como uma doença unitária em si mesma (ou, em outras palavras, como um tipo de estado de doença).

Estão sendo pesquisados os fundamentos básicos do funcionamento de nossas células, de tal forma que possamos atrasar, deter e inclusive reverter o processo de envelhecimento. Existem inúmeros elementos envolvidos no envelhecimento, e a ciência para descobrir e alterar o processo ainda está em sua infância, mas é uma área que está passando por um crescimento explosivo.

Aparece um ecossistema para a indústria científica do rejuvenescimento

A indústria científica do antienvelhecimento e do rejuvenescimento está apenas começando. Infelizmente, já há muito tempo existe outra indústria pseudocientífica que vive e sobrevive há décadas, séculos, milênios e até mais tempo. As poções milagrosas, pílulas fantásticas, loções surpreendentes, cremes mágicos, invocações espirituais e preces sobrenaturais existiram desde tempos imemoriais, e é provável que sigam existindo durante muitos anos. Entretanto, graças ao progresso tecnológico exponencial, esperamos que a luz da ciência vá fazendo retroceder a escuridão da pseudociência.

Por isso, é fundamental apoiar o trabalho dos cientistas que estão se empenhando arduamente para alcançar o primeiro grande sonho da humanidade, como vimos anteriormente: a imortalidade (ou com mais rigor, a amortalidade). Embora eles não possam muitas vezes dizê-lo desta forma, a ideia básica é derrotar, tanto científica quanto moralmente, o grande inimigo de toda a humanidade, o envelhecimento, que é de longe a maior causa de sofrimento da humanidade nos dias de hoje.

Um dos cientistas mais reconhecidos nesse tema é o já mencionado geneticista, engenheiro molecular e químico estadunidense George Church, professor de genética na Faculdade de Medicina de Harvard, professor de Ciências da Saúde e Tecnologia em Harvard e no MIT, e do qual já falamos na introdução. Church esteve envolvido em trabalhos da importância do Projeto Genoma Humano e do projeto BRAIN (sigla em inglês de *Brain Research through Advancing Innovative Neurotechnologies*, ou "Pesquisa sobre o cérebro através de avançadas neurotecnologias inovadoras"), para entender como está conectado e como funciona o cérebro humano, além de muitos outros projetos, como copiar genes de mamutes extintos no genoma de elefantes asiáticos. Church está trabalhando no rejuvenescimento de animais, inclusive com testes em cachorros na empresa Rejuvenate Bio com o objetivo de aprender e posteriormente aplicar seus achados em humanos. Além de muitas outras coisas sobre antienvelhecimento, Church também disse, segundo o *Washington Post*, que graças aos avanços esperados de terapias genéticas como o CRISPR e outras tecnologias:

> Todos utilizaremos terapias genéticas, não só para curar doenças como a fibrose cística, mas também para curar doenças das quais todos padecemos, como o envelhecimento.

Um dos nossos maiores desafios econômicos nos dias de hoje é o envelhecimento da população. Se eliminássemos a aposentadoria, ganharíamos algumas décadas para consertar a economia mundial. Se todos os idosos pudessem voltar a trabalhar e se sentissem saudáveis e jovens, evitaríamos um dos maiores desastres econômicos da história.

Alguém com um coração mais jovem teria que te substituir, e essa pessoa deveria ser você mesmo. Eu estou disposto a fazer isso. Estou disposto a ser mais jovem. De qualquer forma, eu já tento me reinventar a cada alguns anos.

Church é cofundador, acionista e assessor de muitas empresas, entre as quais cabe mencionar a Veritas Genetics (estudos de genoma), a Warp Drive Bio (produtos naturais), a Alacris (terapêutica de sistemas com câncer), a Pathogenica (diagnóstico de vírus e micróbios), a AbVitro (imunologia), a Gen9 Bio (biologia sintética), a Rejuvenate Bio (rejuvenescimento de animais) e a EnEvolv (engenharia genética), entre várias outras. Além disso, ele é autor, junto com o escritor científico Edward Regis, do livro *Regênese*, onde propõem uma nova gênese para o *Homo Sapiens 2.0*. O subtítulo do livro é "*Como a biologia sintética reinventará a natureza e a nós mesmos*". Além disso, o livro está escrito também em DNA, sendo o primeiro livro escrito dessa forma no mundo, contido em um pequeno frasco que é entregue junto com o livro impresso. Este ensaio termina com um debate sobre a possibilidade da futura imortalidade biológica, a nova evolução tecnológica mais além da velha evolução biológica, e o que Church chama de "o fim do começo" com o início do transumanismo (quando os humanos transcendem suas limitações graças à ciência e à tecnologia).

Outro conhecido cientista estadunidense imerso nesses temas é o bioquímico, geneticista e empresário estadunidense Craig Venter, presidente fundador da Celera Genomics, que ficou mundialmente famoso ao iniciar seu próprio Projeto Genoma Humano em 1999 à margem do orçamento público, utilizando tecnologias mais avançadas que lhe permitiram terminar o sequenciamento do genoma de forma muito mais rápida e barata. Venter também é famoso por ter criado a primeira bactéria artificial no ano de 2010 após reescrever o genoma de uma bactéria e modificá-lo para criar uma forma de vida artificial: "a primeira espécie que tem como pais um computador", segundo ele explicou. Esta bactéria sintética foi posteriormente batizada de *Synthia*, para dessa forma identificar que seu genoma foi reconstruído artificialmente em laboratório.

Venter também cofundou em 2014 a empresa Human Longevity Inc. (HLI), cujo objetivo é prolongar a vida saudável graças à análise do genoma e outros dados médicos do indivíduo, com apoio de inteligência artificial e técnicas de aprendizagem profunda. O cofundador da HLI, Peter Diamandis, médico e engenheiro estadunidense de Harvard e do MIT, além de cofundador com Ray Kurzweil da Universidade da Singularidade, disse que, graças aos avanços tecnológicos, vamos prolongar radicalmente nossas vidas e em breve "não teremos que morrer". A missão da HLI contempla o seguinte:

> O envelhecimento é o principal fator de risco para praticamente todas as doenças humanas importantes. Nosso objetivo é prolongar e melhorar o tempo de vida saudável e de alto rendimento modificando completamente a noção de envelhecimento. Pela primeira vez, o poder da genômica humana, a informática, as tecnologias de sequenciamento de DNA de próxima geração e os avanços com células-tronco estão sendo aplicados em uma empresa, a Human Longevity Inc., com os principais pioneiros nestes campos. Nosso objetivo é solucionar as doenças do envelhecimento mudando a forma como se pratica a medicina.

A equipe de Venter também conseguiu em 2016 sintetizar um genoma bacteriano com a mínima expressão de genes possível, apenas 473. Trata-se da primeira forma de vida criada completamente pelo ser humano, batizada de *Mycoplasma laboratorium* para indicar que foi projetada em um laboratório. Espera-se que esta linha de pesquisa leve ao desenvolvimento de bactérias manipuladas para gerar reações específicas que permitam, entre outras coisas, produzir fármacos ou combustíveis, por exemplo. Também espera-se a criação de remédios personalizados graças a este e outros avanços da biologia sintética.

Venter escreveu dois livros, o primeiro sobre o sequenciamento do genoma humano, concretamente de seu próprio genoma, e o segundo com o título *A vida na velocidade da luz: desde a dupla hélice até o alvorecer da vida digital*, que trata dos novos horizontes de fronteiras científicas. O livro oferece a oportunidade de refletir novamente sobre a velha pergunta "O que é a vida?" e examinar o que realmente significa "brincar de Deus" do ponto de vista da primeira pessoa que criou vida artificial. Venter é um visionário no amanhecer de uma nova era da engenharia genética e das oportunidades que emergem da digitalização da própria vida.

Outra especialista em envelhecimento é a bióloga molecular e biogerontologista estadunidense Cynthia Kenyon, originalmente conhecida por seus estudos genéticos para entender o envelhecimento no minúsculo verme nematódeo *Caenorhabditis elegans* (mais conhecido como *C. elegans*, um dos organismos modelo mais utilizados em biologia). Atualmente ela é vice-presidente de pesquisa sobre envelhecimento na Calico (California Life Company, fundada pela Google em 2013), onde aparece esta resenha:

> Em 1993, Kenyon realizou uma descoberta pioneira: uma simples mutação de um só gene podia duplicar a expectativa de vida de vermes *C. elegans* férteis e saudáveis, algo que provocou um estudo intensivo da biologia molecular do envelhecimento. Suas descobertas mostraram que, contrariamente à crença popular, o envelhecimento não «ocorre simplesmente» de uma maneira completamente a esmo. Pelo contrário, a taxa de envelhecimento está sujeita a controle genético: os animais (e provavelmente os humanos) contêm proteínas reguladoras que afetam o envelhecimento mediante a coordenação de diversos grupos de genes que em conjunto protegem e reparam as células e os

tecidos. Os achados de Kenyon levaram a se compreender de que forma uma via universal de sinalização hormonal influi na taxa de envelhecimento em muitas espécies, inclusive nos humanos. Ela identificou muitos genes e vias de longevidade, e seu laboratório foi o primeiro a descobrir que os neurônios, assim como as células germinativas, podem controlar a vida útil de todo o animal.

Kenyon fez declarações impactantes com base em suas pesquisas, e inclusive apresentou a possibilidade da imortalidade biológica, como ela explica ao entrevistador do jornal *San Francisco Gate*:

> Em princípio, se entendêssemos os mecanismos para manter as coisas reparadas, poderíamos manter as coisas funcionando indefinidamente.
>
> Acredito que [a imortalidade] poderia ser possível. Direi por quê. Tenha em mente que a vida de uma célula é a integral de dois vetores, a força de destruição e a força de prevenção, manutenção e reparação. Na maioria dos animais, a força de destruição ainda está em vantagem. Mas por que não aumentar um pouco os genes de manutenção? O que é preciso fazer é aumentar o nível de manutenção. Não é necessário aumentá-lo muito. Simplesmente um pouco mais, para compensar a força de destruição. E não se esqueça, a linha germinal é imortal. De forma que é possível, pelo menos em princípio.

Em um artigo escrito pela própria Kenyon com o título "O Envelhecimento: A fronteira final", ela explica que:

> Poderia se pensar que seria necessário modificar muitos genes para estender nossa expectativa de vida: genes que afetam a força muscular, as rugas, a demência, etc. Porém, as pesquisas em ratos e vermes descobriram algo bastante surpreendente: há certos genes cuja alteração pode atrasar o envelhecimento de todo o animal de uma vez só.

Os cientistas Church, Venter e Kenyon são exemplos de uma geração que está trabalhando abertamente em temas de rejuvenescimento e antienvelhecimento em instituições com enorme prestígio, e sem medo de dizê-lo publicamente. Atrás deles há uma nova geração de cientistas que segue na sua esteira, como o já mencionado microbiologista português João Pedro de Magalhães.

Entre seus muitos projetos de pesquisa científica relacionados à longevidade, de Magalhães sequenciou e analisou o genoma da baleia-da-Groenlândia. Além disso, contribuiu para a análise do genoma do rato-toupeira-pelado. Ambos os mamíferos são excepcionalmente longevos e resistentes ao câncer. Em sua página na internet, ele escreve algumas palavras que talvez motivem outras pessoas:

> Espero que o senescence.info ajude que pessoas se conscientizem do problema de que estão envelhecendo. É provável que o envelhecimento acabe matando você e as pessoas que você ama. É a principal causa de morte de grandes artistas, cientistas, esportistas e pensadores. Nossa sociedade e nossas religiões fazem com que seja mais fácil aceitar o envelhecimento e a inevitabilidade da morte. Acho que se as pessoas pensassem mais sobre a morte e o quão terrível é, seria realizado um maior esforço para evitá-la investindo-se mais na pesquisa biomédica e na compreensão do envelhecimento em particular.

Em uma geração ainda mais jovem encontramos a cientista e investidora neozelandesa-estadunidense Laura Deming. Nascida em 1994 na Nova Zelândia, foi educada por seus pais em casa. Aos 8 anos interessou-se pelo tema do envelhecimento, e aos 12 começou a trabalhar como estagiária no laboratório de Cynthia Kenyon em San Francisco, onde conseguiram multiplicar por 10 a longevidade do verme *C. elegans* através de engenharia genética. Aos 14 anos foi aceita para estudar no MIT, mas em 2011 abandonou o curso para voltar à Califórnia como uma das primeiras pessoas a serem auxiliadas por Peter Thiel (os chamados *Thiel Fellows*), empreendedores que receberiam US$ 100.000 por deixar a universidade e criar uma empresa.

A jovem Deming é sócia e fundadora do Fundo para a Longevidade (*The Longevity Fund*), uma empresa de capital de risco centrada no envelhecimento e no prolongamento da vida. Deming acredita que a ciência pode ser usada para se conseguir a imortalidade biológica nos humanos, e afirmou que acabar com o envelhecimento "está muito mais perto do que se poderia pensar". Na página de internet de sua empresa indica-se o que é buscado na hora de tomar as decisões sobre os investimentos:

1. Empresas que testem a hipótese de que o envelhecimento pode ser modificado mediante elementos únicos: objetivos específicos, moléculas pequenas ou produtos biológicos. Acreditamos que já há suficientes evidências interespécies de vias genéticas que estranhamente têm uma ação ampla, motivo pelo qual vale a pena testar esta hipótese em humanos.

2. Empresas que desenvolvam novas tecnologias para manipular sistemas biológicos. Entusiasma-nos a ideia de que os seres vivos, ou as coisas que fabricam, possam tratar a vida (anticorpos, terapia celular, coisas que manipulam o sistema imunológico ou produtos eletroquímicos). Estamos muito abertos a qualquer ação nesse sentido.

3. Aproximações que não se encaixem em nenhum dos casos anteriores ou que combinem os dois. Tentamos não ser dogmáticos, de modo que, se houver uma boa defesa da proposta, faremos uma análise.

De Magalhães e Deming são excelentes exemplos de duas gerações mais jovens que deixaram para trás o estigma que supostamente acarreta falar, e mais ainda, pesquisar o antienvelhecimento e o rejuvenescimento, temas tabu que podem destruir a carreira ou a credibilidade científica de alguns pesquisadores, que poderiam ser confundidos com partidários da pseudociência do antienvelhecimento mágico ou do rejuvenescimento milagroso.

Ciência e cientistas atraem investimentos e investidores

Os avanços científicos das últimas décadas começaram a atrair investidores para o financiamento de mais pesquisas. Agora que a ciência e os cientistas começaram a obter resultados reais, mesmo que ainda seja em organismos modelo como vermes e ratos, poderíamos dizer que a sorte está lançada, ou como disse o romano Júlio César ao cruzar o rio Rubicão: *Alea jacta est!*

Além dos investimentos públicos, agora temos a possibilidade de buscar investimentos privados para realizar mais pesquisas que, esperamos, em breve, gerarão os primeiros testes clínicos em humanos baseados nos resultados positivos em animais. Desta forma está nascendo a indústria do antienvelhecimento e do rejuvenescimento científico, com o potencial de se tornar o maior setor da economia e transformar a história da humanidade: antes e depois da inevitabilidade da morte.

O engenheiro e empresário moldavo Dmitry Kaminskiy comanda a iniciativa global www.Longevity.International, cujo objetivo é acelerar o desenvolvimento das tecnologias de rejuvenescimento para sua aplicação e comercialização. Após unir esforços com outras organizações (atualmente, com outras três radicadas no Reino Unido: *Aging Analytics Agency*, *Biogerontology Research Foundation* e *Deep Knowledge Life Sciences*), foi publicada uma impressionante série de relatórios que foram crescendo e melhorando com o tempo. No momento, os relatórios só estão disponíveis em inglês, mas sua contribuição é fundamental para todos aqueles que queiram entender o desenvolvimento da indústria desde que as publicações começaram em 2013:

2013: *Regenerative Medicine: Industry Framework* (Medicina Regenerativa: Panorama da Indústria) - 150 páginas.

2014: *Regenerative Medicine: Analysis & Market Outlook* (Medicina Regenerativa: Análise e Perspectiva de Mercado) – 200 páginas.
2015: *Big Data in Aging & Age-Related Diseases* (Big Data em Envelhecimento e Doenças Relacionadas ao Envelhecimento) – 200 páginas.
2015: *Stem Cell Market: Analytical Report* (Mercado de Células-Tronco: Relatório Analítico) – 200 páginas.
2016: *Longevity Industry Landscape Overview* (Panorama Geral da Indústria da Longevidade) – 200 páginas.
2017: *Longevity Industry Analytical Report 1: The Business of Longevity* (Relatório Analítico da Indústria da Longevidade 1: O Negócio da Longevidade) – 400 páginas.
2017: *Longevity Industry Analytical Report 2: The Science of Longevity* (Relatório Analítico da Indústria da Longevidade 2: A Ciência da Longevidade) – 500 páginas.

O primeiro relatório de 2017 trata do negócio da longevidade, e seu resumo executivo começa e termina assim:

A biotecnologia, e a gerociência em particular, estão a ponto de passar por uma "explosão cambriana" de ciência revolucionária que transformará a saúde em uma ciência da informação capaz de melhorar a condição humana inclusive mais intensamente que o surgimento dos antibióticos, a farmacologia molecular moderna e a revolução agrícola verde. O percurso temporal desta importante transição evolutiva, e se nós e nossos entes queridos viveremos tempo suficiente para nos beneficiar desses avanços, dependem das decisões que as comunidades científica e financeira tomarem hoje.

O relatório apresenta um panorama muito completo da situação em temas de longevidade a nível empresarial, incluindo uma análise tanto das grandes empresas públicas e privadas quanto das novas empresas startups que trabalham com tecnologias antienvelhecimento e de rejuvenescimento, passando por centros de pesquisa, fundações e universidades. O sistema interativo da www.Longevity.International permite fazer múltiplos tipos de análise, como por exemplo: monitorar os fluxos internacionais de investimentos, estudar as conexões entre cientistas e investidores, usar Big Data na crescente base de dados internacionais, gerar redes com interesses específicos, criar mapas das conexões entre diferentes instituições e realizar visualizações de grupos e aglomerados. A Figura 3-1 mostra uma análise de aglomerados entre um grupo de mais de 100 empresas de diferentes países dedicadas ao antienvelhecimento e o rejuvenescimento.

Figura 3-1. Análise de aglomerados entre diferentes empresas

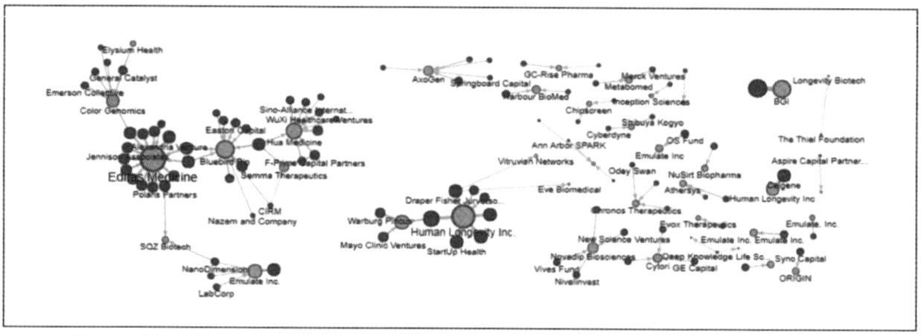

Fonte: Baseado em www.Longevity.International.

Também é possível obter-se uma visão panorâmica do ambiente geral científico e de potenciais negócios relacionados a ele. O relatório inclui listas dos principais cientistas (como alguns dos citados anteriormente: George Church, Aubrey de Grey, João Pedro de Magalhães, Cynthia Kenyon, etc.), dos principais investidores (como Jeff Bezos, Dmitry Kaminskiy, Jim Mellon, Peter Thiel, etc.) e dos principais influenciadores (como Serguéi Brin, Larry Ellison, Ray Kurzweil, Larry Page, Craig Venter, etc.). Também são incluídas listas das conferências, livros, publicações e eventos relacionados com terociência em geral. Cabe mencionar que tanto o Fórum Econômico Mundial em Davos quanto a publicação britânica *The Economist* começaram a organizar eventos sobre o tema do envelhecimento e sobre as possibilidades do antienvelhecimento para resolver a grave crise econômica que se aproxima devido ao envelhecimento acelerado da população, um fato generalizado inclusive em muitos países pobres.

O primeiro relatório da *Longevity International* também indica os custos astronômicos de atacar as consequências em vez das causas do envelhecimento. Por exemplo, os custos dos tratamentos contra o câncer rondam os US$ 900 bilhões por ano em todo o mundo, seguidos pelos mais de US$ 800 bilhões que acarreta tratar a demência, os cerca de US$ 500 bilhões gastos contra doenças cardiovasculares, e outras centenas de bilhões gastos contra outras doenças relacionadas ao envelhecimento. Os sistemas de saúde passaram de cuidar da saúde a cuidar da doença, sendo estas doenças basicamente aquelas do envelhecimento, como é explicado no relatório.

Seguindo com o trabalho da Longevity International, em 2018 há três relatórios adicionais, a saber:

- 2018: *Longevity Industry Analytical Report 3: 10 Special Cases* (Relatório Analítico da Indústria da Longevidade 3: 10 Casos Especiais).
- 2018: *Longevity Industry Analytical Report 4: Regional Cases* (Relatório Analítico da Indústria da Longevidade 4: Casos Regionais).
- 2018: *Longevity Industry Analytical Report 5: Novel Financial Instruments* (Relatório Analítico da Indústria da Longevidade 5: Instrumentos Financeiros Inovadores).

O relatório 3 é centrado em casos de medicina regenerativa, terapias genéticas, biomarcadores do envelhecimento, tratamentos com células-tronco, produtos geroprotetores e nutracêuticos, inteligência artificial e *blockchain* para a longevidade, novos sistemas regulatórios, marcos setoriais e níveis de aceitação tecnológica. O relatório 4 compila informações regionais, basicamente sobre as grandes economias mundiais: Estados Unidos, União Europeia, Japão, Reino Unido, Ásia e Europa Oriental.

Por último, o relatório 5 apresenta soluções financeiras para a crise de envelhecimento que se aproxima devido à crescente brecha entre a vida laboral e a aposentadoria, junto com o aumento do número de aposentados e a redução do número de trabalhadores. Os sistemas de seguros e de aposentadorias atuais não estão preparados para enfrentar a crescente brecha dos anos não trabalhados e os enormes gastos médicos. Novas estratégias e instrumentos financeiros são necessários para capitalizar a indústria do envelhecimento, fechar a brecha fiscal e rejuvenescer seres humanos. Novos esquemas como fundos de capital de risco, fundos de cobertura e fundos fiduciários são apresentados para os próximos anos com o objetivo de financiar o rejuvenescimento e a transição rumo a uma nova economia.

A *Longevity International* mostra uma rota para se passar de um mundo onde existe o envelhecimento para um mundo do futuro, onde prevalecerá o rejuvenescimento. Em breve teremos à disposição muito mais ideias, pois esta indústria está apenas começando. Mas o importante é dar a largada e preparar o caminho para o radical prolongamento da vida.

A nível global já apareceu um nascente ecossistema para a longevidade, onde combinam-se ciência, finanças, empresas, governos e demais atores nacionais e internacionais. Estamos na transição do mundo local ao global, onde as mudanças também estão passando de lineares a exponenciais. Agora é o momento de tentar fazer com que este ainda frágil ecossistema cresça exponencialmente até se tornar a maior indústria do mundo, a indústria que nos levará à morte da morte.

CAPÍTULO 4
DO MUNDO LINEAR AO EXPONENCIAL

Tendemos a superestimar o efeito de uma tecnologia a curto prazo e a subestimar seu efeito a longo prazo.
LEI DE ROY AMARA, C. 1980

Em 2029 alcançaremos a velocidade de escape da longevidade.
RAY KURZWEIL, 2017

Desde o início da humanidade, a ciência e a tecnologia sempre foram os principais catalisadores da mudança e dos grandes avanços. A ciência e a tecnologia são o que diferencia a espécie humana de outras espécies animais. Invenções, criações e descobertas como o fogo, a roda, a agricultura e a escrita permitiram o progresso do *Homo sapiens sapiens* desde nossos ancestrais primitivos nas savanas africanas até os primeiros voos espaciais. Graças às mudanças que ocorrem exponencialmente, em breve poderemos também controlar o envelhecimento e o rejuvenescimento humanos.

A revolução agrícola foi a primeira grande revolução da espécie humana, há quase 10 mil anos. Mais tarde chegaria a

Revolução Industrial, após a invenção da imprensa e o desenvolvimento científico que permitiu essa industrialização da sociedade. Atualmente estamos vivendo a terceira grande revolução humana, uma revolução que recebeu muitos nomes: a revolução da inteligência, a revolução do conhecimento, a revolução pós-industrial, a quarta revolução industrial, etc.

Futuristas como o engenheiro estadunidense Ray Kurzweil, cofundador da Singularity University e diretor de engenharia da Google, sugerem que o mundo dirige-se rapidamente a uma época na qual os seres humanos vão se tornar seres muito mais avançados graças ao impressionante progresso exponencial da ciência e da tecnologia. Esta transformação fundamental foi descrita como a da "singularidade tecnológica", talvez similar à mudança transcendental vivenciada na evolução dos símios aos humanos. Seguiremos avançando no prolongamento da vida, mas também o faremos quanto à expansão da vida.

Do passado ao futuro

Até o século XVIII, a humanidade estava limitada pela chamada "armadilha malthusiana", baseada nas ideias do clérigo e economista inglês Thomas Robert Malthus. Em 1798, Malthus publicou seu livro *Ensaio sobre o princípio da população*, onde explicava "a luta perpétua por espaço e alimento" e concluía que:[54]

> A população, sem restrição, aumenta em proporção geométrica. A subsistência só o faz em proporção aritmética.
>
> Parece que é uma das inevitáveis leis da natureza que alguns seres humanos sofram de miséria. Estes são os que, na grande loteria da vida, fracassarão.

Suas teorias são conhecidas hoje como malthusianismo, e em sua versão mais moderna como neomalthusianismo. O malthusianismo é uma teoria demográfica, econômica e sociopolítica

---

[54] MALTHUS, Thomas Robert. An Essay on the Principle of Population. Oxford World's Classics. Oxford University Press, 2008 [1798].

desenvolvida durante a Revolução Industrial, segundo a qual o ritmo de crescimento da população responde a uma progressão geométrica, enquanto que o ritmo de aumento dos recursos para sua sobrevivência ocorre em progressão aritmética. Por essa razão, segundo Malthus, se não houver obstáculos repressivos (fome, guerras, pestes, etc.), o nascimento de novos seres aumentaria o empobrecimento gradual da espécie humana e inclusive poderia provocar sua extinção (o que foi chamado de "catástrofe malthusiana"). O que Malthus chamava de crescimento aritmético é o que alguns hoje chamam de crescimento linear, e o crescimento geométrico seria equivalente ao atual crescimento exponencial.

No final do século XVIII, quando Malthus estava escrevendo seu famoso ensaio, a população do Reino Unido não alcançava ainda os dez milhões de habitantes, mas ele estava convencido de que já havia gente demais, e que o país estava superpovoado. Suas ideias causaram tanto impacto naquele momento, quando estava começando a Revolução Industrial, justamente no Reino Unido, que o governo britânico decidiu realizar o primeiro censo moderno da sua história. O censo foi terminado em 1801 com uma estimativa de que havia 8,9 milhões de pessoas na Inglaterra e no País de Gales, mais 1,6 milhões na Escócia, ou seja, um total de 10,5 milhões de pessoas na Grã-Bretanha. A nível global estima-se que foi em 1804 que a população mundial alcançou a cifra de um bilhão de habitantes.

Para Malthus, essas cifras eram altas demais, e em função do baixo nível tecnológico do mundo na época, talvez ele tivesse razão naquele momento. Felizmente, o mundo avançou muito graças à Revolução Industrial e agora podemos inclusive dizer que os pobres de hoje vivem melhor que os ricos de ontem, com um estilo de vida impensável dois séculos atrás. E tem mais: a expectativa de vida média quase triplicou desde o final do século XVIII até o início do século XXI. Acreditamos que a maioria das pessoas hoje concorda — com exceção de alguns malthusianos — que hoje em dia vivemos mais e melhor que naquele então. Isso é devido justamente aos grandes avanços da humanidade, que nos permitiram sair da armadilha malthusiana que o filósofo inglês Thomas Hobbes havia também descrito em seu *Leviatã* em 1651:

> Nenhuma arte, letras ou sociedade; e o pior de tudo, eterno temor e perigo de morte violenta; e a vida dos homens é solitária, pobre, suja, brutal e curta.

A Figura 4-1 mostra a triste realidade da humanidade até o século XVIII, quando quase não havia crescimento econômico, medido como a renda per capita ou o Produto Interno Bruto (PIB) per capita. Segundo cifras atualizadas do historiador econômico britânico Angus Maddison, a renda per capita era de cerca de US$ 1.000 por ano; os ricos tinham um pouco mais, os pobres um pouco menos, mas todos éramos economicamente pobres naquela época, e pior ainda, vivíamos pouco tempo. A maioria morria jovem, inclusive quando crianças e também ao nascer, e os que viviam mais anos e escapavam das tão comuns mortes violentas daqueles tempos levavam uma vida que hoje consideraríamos pobre, suja, brutal e curta, como já havia explicado Hobbes séculos antes.

Figura 4-1. A "armadilha malthusiana" e o início da Revolução Industrial. Variação do PIB per capita

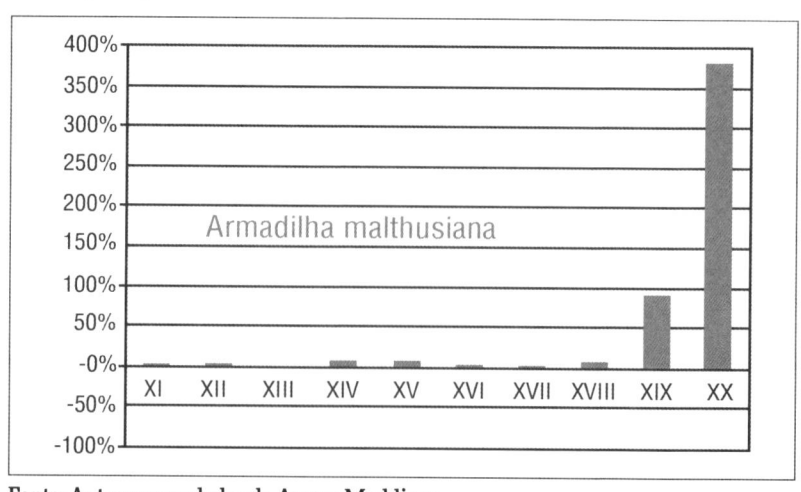

Fonte: Autores com dados de Angus Maddison

O crescimento econômico que se iniciou com a Revolução Industrial foi realmente impressionante. O empreendedor estadunidense Peter Diamandis, cofundador da Singularity University e da Human Longevity Inc., entre muitas outras empresas, indica que estamos vivendo mudanças exponenciais que estão transformando radicalmente a economia do mundo inteiro:

> Vamos criar mais riqueza nos próximos 10 anos do que nos 100 anteriores.

Em *Abundância*, Diamandis e o coautor Steven Kotler explicam como estamos deixando para trás um mundo de escassez e entrando em um mundo de abundância. De fato, graças à aceleração das mudanças tecnológicas, acreditamos que nas próximas duas décadas vamos ver mais transformações do que nos últimos dois milênios. É difícil compreender à primeira vista, então repetimos esta ideia fundamental: pensamos que nos próximos 20 anos vamos viver mais transformações tecnológicas do que nos últimos 2.000 anos.

Figura 4-2. A "aceleração" do desenvolvimento econômico

País	Anos para dobrar a renda per capita
China: 1987 - 1994	~7
Coreia do Sul: 1978 -1987	~9
Espanha: 1950 - 1968	~18
Itália: 1890 - 1911	~21
Japão: 1885 - 1919	~34
Estados Unidos: 1939 -1886	~47
Reino Unido: 1780 - 1838	~58

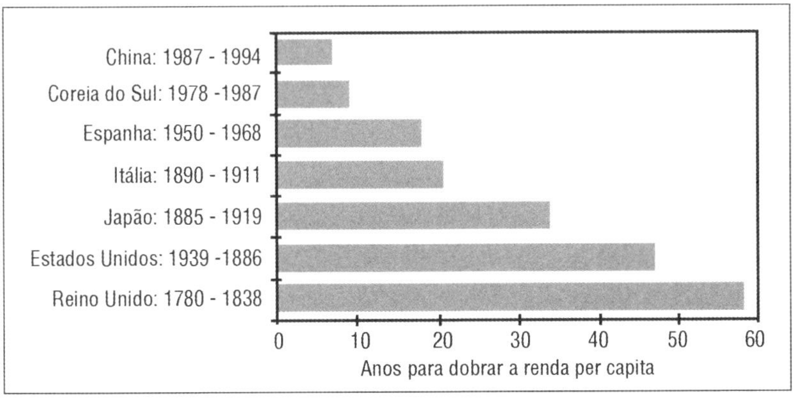

Fonte: Autores com dados de Angus Maddison

A Figura 4-2 mostra de que forma aceleraram-se os processos de desenvolvimento econômico. O primeiro país na história da humanidade que conseguiu dobrar sua renda per capita de uma maneira sistemática foi o Reino Unido durante a Revolução Industrial, precisando de 58 anos para consegui-lo, entre 1780 e 1838. O segundo país foram os Estados Unidos, que conseguiram dobrar sua renda em 47 anos, entre 1839 e 1887. Depois veio o Japão e conseguiu-o ainda mais rápido, em 34 anos, entre 1885 e 1919. O Japão foi, além disso, o primeiro país não ocidental a entrar no mundo desenvolvido, um fato que acabou com alguns preconceitos coloniais dominantes nessa época, que afirmavam que só países europeus e as suas colônias mais avançadas poderiam se desenvolver.

A China alcançou o recorde mundial de crescimento econômico no final do século XX, quando demonstrou que é possível dobrar a renda per capita em menos de uma década. São notícias muito positivas para o resto do mundo, e outros países estão seguindo estes exemplos. Também a Índia começou a avançar a elevadas taxas de crescimento, seguida por países da África e da América Latina. Estas experiências fazem com que seja evidente que já não há desculpas para que os países não saiam da pobreza, e por isso o Banco Mundial estabeleceu uma meta para acabar com a pobreza extrema no mundo até o ano de 2030. Os Objetivos de Desenvolvimento Sustentável (ODS) da Organização das Nações Unidas (ONU) apontam também para essa meta para 2030. O melhor é que, pela primeira vez na história, existe a possibilidade real de acabar com a pobreza extrema em todo o mundo.

A Figura 4-3 mostra o crescimento econômico de diferentes lugares do mundo desde 1800 até 2030. Até o século XVIII, a renda média per capita era de aproximadamente só US$ 1.000 por ano, em geral no mundo. A Revolução Industrial permitiu mudar essa trágica situação e criar uma imensa quantidade de riqueza. Os primeiros países que se industrializaram foram os que primeiro cresceram. Felizmente, agora os países mais pobres estão começando a crescer mais rápido e a alcançar os que o fizeram antes. O eixo vertical da Figura 4-3 indica um crescimento exponencial da renda, que passou dos históricos US$ 1.000 até o século XVIII para cerca de US$ 10.000 em muitos países e quase US$ 100.000 nos países mais ricos nos dias de hoje. À medida que avancemos no século XXI, todos os países superarão a renda de US$ 10.000 e continuarão subindo até os US$ 100.000, e mais que isso. Estamos passando da escassez à abundância, embora alguns ainda não queiram acreditar nisso.

Figura 4-3. O crescimento "exponencial" da economia.
PIB per capita (US$ constantes)

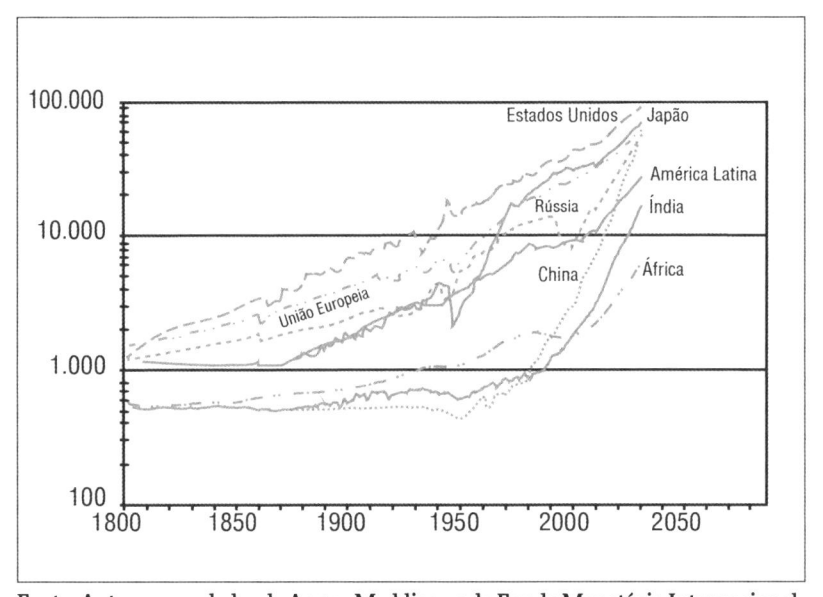

Fonte: Autores com dados de Angus Maddison e do Fundo Monetário Internacional

O psicólogo canadense-estadunidense Steven Pinker explica, além disso, por que vivemos "na melhor época para se estar vivo", pois, embora seja difícil de acreditar à primeira vista, vivemos os tempos mais pacíficos da história humana. Em seu livro do ano de 2012 *Os bons anjos da nossa natureza*, Pinker explica que a violência se reduziu no mundo desde que nossos primeiros ancestrais *Homo sapiens sapiens* apareceram na África. Pinker continua demonstrando e defendendo sua tese em seu novo livro de 2018 *Em defesa do Iluminismo*, onde explica a importância da razão, da ciência e do humanismo para o progresso da humanidade.

Rumo a uma crise demográfica, mas não a que muitos temem

Dada a imensa quantidade de notícias trágicas que recebemos diariamente, muitas vezes é difícil acreditar que a humanidade está progredindo e que vivemos em um mundo cada vez mais próspero. Diamandis explica as razões evolutivas da importância de se priorizar a atenção às más notícias em detrimento das boas. Por um lado, se ignorarmos uma má notícia, podemos morrer, pois justamente a notícia é ruim e pode significar o fim da nossa vida. Diferentemente, se ignorarmos uma boa notícia, não vamos morrer, justamente por ser boa a notícia. No cérebro existe uma glândula chamada amígdala cuja função é manter elevada a atenção às más notícias e aumentar nossa concentração nelas:

> A amígdala é nosso detector de perigo. É nosso sistema de alerta antecipado. Estuda toda a informação sensorial procurando qualquer tipo de perigo para ficar em alerta máximo...
> Essa é a razão pela qual 90% das notícias nos jornais e na televisão são negativas; porque prestamos mais atenção a elas.
> As más notícias vendem mais porque a amígdala sempre está procurando algo para temer.

Muitos pensam que a população mundial está crescendo a passos gigantescos e que isso está levando a humanidade à catástrofe. Não é uma ideia nova; Malthus apresentou-a há mais de dois séculos, e hoje sabemos que ele estava errado, entre outras razões por não ter levado em conta a mudança tecnológica iniciada com a Revolução Industrial. É possível que a Grã-Bretanha estivesse superpovoada com menos de dez milhões de habitantes no século XVIII, mas isso era devido à carência tecnológica para produzir comida e outros bens e serviços.

Se formos muito mais atrás no tempo, estima-se que há mais de 50 mil anos não poderiam sobreviver mais de um milhão de seres humanos na África, pois faltava-nos tecnologia. Com apenas a caça, a pesca e a coleta de alimentos, o continente africano não tinha condições de manter mais do que um milhão de pessoas. Felizmente, há 10 mil anos foi inventada a agricultura, o que permitiu produzir e armazenar alimentos, de forma que a população pudesse ter sua subsistência garantida. Nossos ancestrais, então, deixaram de ser nômades em busca de comida para fundar as primeiras cidades com fontes de alimentação garantidas. Até a invenção da agricultura, nossos ancestrais viviam em outra "armadilha malthusiana" que, afortunadamente, foi resolvida graças à agricultura e a outras tecnologias básicas que nos permitiram chegar ao século XVIII.

O tema da população mundial sempre foi vital, especialmente para os países mais poderosos. Quando terminou a Segunda Guerra Mundial, em 1945, a ONU começou a fazer projeções demográficas de longo prazo. As primeiras projeções de um século à frente, até o ano de 2050, mostravam cifras de até 20 bilhões de pessoas devido às elevadas taxas de natalidade do mundo naquela época. Embora a população do planeta fosse da ordem de 2,5 bilhões de habitantes em 1950, se fossem mantidas as elevadas taxas de crescimento seria possível que a população mundial alcançasse os 20 bilhões em 2050. Entretanto, as taxas de natalidade foram caindo país por país, e por isso as projeções foram diminuindo com os anos, de 20 para 18, depois para 15, para 12, e atualmente estima-se que haverá menos de 10 bilhões de habitantes em 2050.

O ecologista estadunidense Paul Ehrlich escreveu em 1968 um best-seller mundial intitulado *A bomba populacional* no qual começava dizendo:

> A batalha para alimentar toda a humanidade terminou. Na década de 1970, centenas de milhões de pessoas morrerão de fome independentemente de qual programa intensivo imple-

mentemos agora. Nessa altura, nada pode evitar um aumento substancial da taxa de mortalidade mundial.

Felizmente, Ehrlich estava redondamente enganado. Não morreram centenas de milhões de pessoas na década de 1970, algo que devemos aos contínuos avanços tecnológicos, como a chamada revolução verde da agricultura, que permitiu aumentar a produtividade agroindustrial, e também à redução da taxa de natalidade. Porém, Ehrlich continuou dizendo e escrevendo que o mundo está superpovoado, à espera de uma catástrofe neomalthusiana, fazendo previsões que sempre acabam por se mostrar erradas, enquanto as tecnologias avançam e as taxas de crescimento da população seguem caindo.

As transições demográficas alcançadas graças à invenção da agricultura há milhares de anos, à Revolução Industrial há dois séculos em presença dos temores de Malthus, e à revolução verde há décadas em presença dos temores de Ehrlich, dão-nos uma pista do que nos aguarda com as tecnologias futuras. Nos próximos anos veremos o desenvolvimento da biotecnologia, nanotecnologia, robótica e inteligência artificial, entre outras fascinantes tecnologias, que deixariam Malthus e Ehrlich, além de muitos de nossos contemporâneos, alucinados. Também não devemos esquecer que estas mudanças tecnológicas não ocorrem linearmente, mas exponencialmente — cada vez mais rápido.

A realidade atual é que as populações de muitos países estão se estabilizando e começando a diminuir. A Figura 4-4 mostra a evolução histórica demográfica desde o ano 1800, assim como as projeções para diversas partes do mundo até 2050. Segundo a estimativa média da ONU em 2017, o mundo terá uma população de 9,8 bilhões em 2050 e 11,2 bilhões em 2100. As projeções também indicam que a população mundial chegará aos 8 bilhões em 2023 e aos 9 bilhões em 2037.

Figura 4-4. O crescimento "linear" da população.
(População [milhões de habitantes])

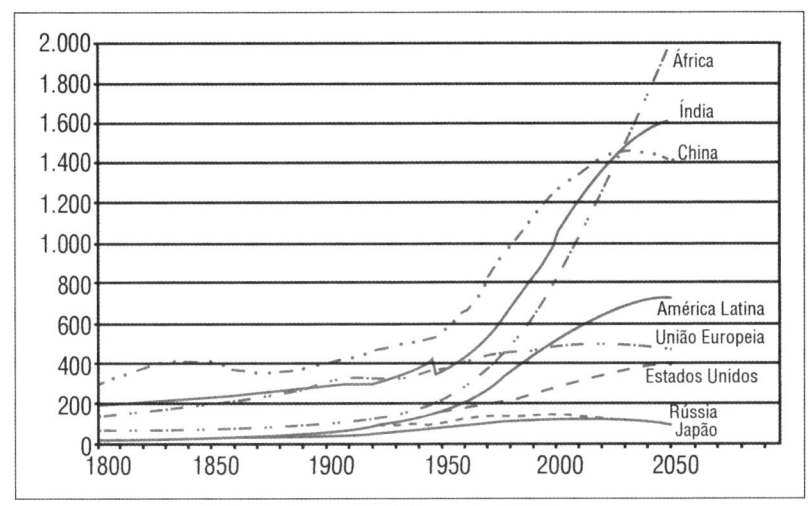

Gráfico mostrando população de 1800 a 2050 para África, Índia, China, América Latina, União Europeia, Estados Unidos, Rússia e Japão.

Fonte: Autores com dados de Angus Maddison e da ONU

Por sua vez, o Departamento do Censo dos Estados Unidos também revisou em 2017 suas projeções para 2050, sendo estas um pouco mais conservadoras que as da ONU: 8 bilhões em 2026, 9 bilhões em 2042 e 9,4 bilhões em 2050. O Departamento do Censo dos Estados Unidos não dispõe atualmente de projeções mundiais para além de 2050, mas seus dados mais moderados costumam estar mais próximos da realidade.

De qualquer forma, podemos ver como a população de diversas partes do mundo já está se estabilizando e começando a diminuir. É o caso da população de países como a Alemanha, o Japão e a Rússia. Se acreditarmos nas cifras da ONU, a população atual do Japão diminuirá de 127,2 milhões em 2018 para 84,5 milhões em 2100 segundo a média de suas estimativas. No cenário mais extremo, a população japonesa cairia a somente 54,3 milhões, e um século mais tarde talvez as ilhas se despovoassem, se continuassem as tendências atuais. A população está se reduzindo drasticamente pela falta de nascimentos — entre outras razões, para muitas mulheres é difícil engravidar porque a média de idade no Japão já superou os 40 anos. Em resumo, trata-se de um fenômeno quase irreversível sob as condições atuais. Felizmente, o mundo mudará radicalmente graças às novas tecnologias, e são os países como o Japão os que, por razões óbvias, estarão mais interessados em temas de antienvelhecimento e rejuvenescimento.

Na Alemanha espera-se que a população se reduza de 82,3 milhões em 2018 a 71 milhões segundo a média das estimativas, e a 47,3 milhões no cenário extremo em 2100. Na Rússia, a população diminuiria de 144 milhões em 2018 a 124 milhões no cenário médio, e a 77,2 milhões no cenário extremo em 2100. Em países católicos como a Espanha e a Itália observam-se tendências similares. Na Espanha, a população diminuiria de 46,4 milhões em 2018 a 36,4 milhões segundo a média das projeções, e a 24 milhões no cenário extremo em 2100. Na Itália, a população cairia de 59,3 milhões em 2018 a 47,8 milhões segundo a média das projeções, e a 31,9 milhões no cenário extremo em 2100. Assim, a Itália, o país dos *bambini*, ficaria cada vez com menos crianças. Por outro lado, a população de países como Alemanha, Espanha e Itália não se reduz mais e mais rápido devido à imigração, que compensa de alguma forma a redução da natalidade das populações autóctones.

Talvez o caso mais dramático no mundo será a grande redução da população da China, em parte devido à política de "um só filho", que foi obrigatória durante várias décadas. Na China, a maioria dos cidadãos atuais são filhos únicos de pais que por sua vez foram filhos únicos, algo que criou muitas distorções sociais. Além disso, há mais homens do que mulheres devido ao infanticídio feminino em uma cultura machista na qual os pais preferem ter descendentes homens. O resultado é um colapso brutal da população, algo nunca visto na história da humanidade em tempos de paz. Segundo a ONU, a população da China cairia de 1,4151 bilhão em 2018 a 1,0207 bilhão segundo a média das projeções, e a apenas 616,7 milhões no cenário extremo em

2100. Devido a estas trágicas previsões demográficas, a China é outro dos países cada vez mais interessados em antienvelhecimento e rejuvenescimento.

A crise demográfica que se aproxima já não é o excesso de humanos, mas o possível estancamento e redução da população do planeta. Se analisarmos as razões pelas quais o mundo avançou tanto nesses dois séculos, um dos principais motivos é, justamente, o aumento da população. Mais gente pensando, mais gente trabalhando, mais gente criando, mais gente inovando, mais gente descobrindo, mais gente inventando. As pessoas não vêm ao mundo só para comer e fazer as necessidades fisiológicas; as pessoas vêm ao mundo com um cérebro, e o cérebro é considerado a estrutura mais complexa do universo conhecido. O cérebro é um maravilhoso órgão com a capacidade de imaginar e criar quase qualquer coisa.

Entretanto, é verdade que a população ainda continua aumentando em alguns países pobres da África e da Ásia principalmente, mas a taxa de natalidade está se reduzindo e as cifras atuais provavelmente estejam superestimando o que vai ocorrer, como demonstra a experiência histórica dessas projeções durante as últimas décadas. Por outro lado, a incorporação de pessoas mais pobres à economia global trará efeitos positivos, pois são justamente as pessoas mais pobres as que sabem fazer mais com menos. A produtividade do mundo aumentará graças às novas mentes que se incorporarão à economia planetária. Ainda assim, até nos países mais pobres a população se estabilizará durante as próximas décadas.

A Figura 4-5 mostra a drástica queda da população de menos de 5 anos e o rápido aumento da população de mais de 65 anos a nível mundial. Trata-se de tendências globais: o mundo envelhece a passos gigantescos, e cada vez há menos jovens e mais anciãos. É um fenômeno global, um problema tanto dos chamados países ricos quanto dos países considerados pobres. Historicamente, as pessoas costumavam morrer por causas relacionadas à violência e a doenças infecciosas quando ainda eram jovens. Agora, diferentemente, as pessoas morrem de doenças relacionadas à velhice após um longo, contínuo e terrível sofrimento pessoal.

Figura 4-5. A verdadeira crise demográfica. Porcentagem da população (%)

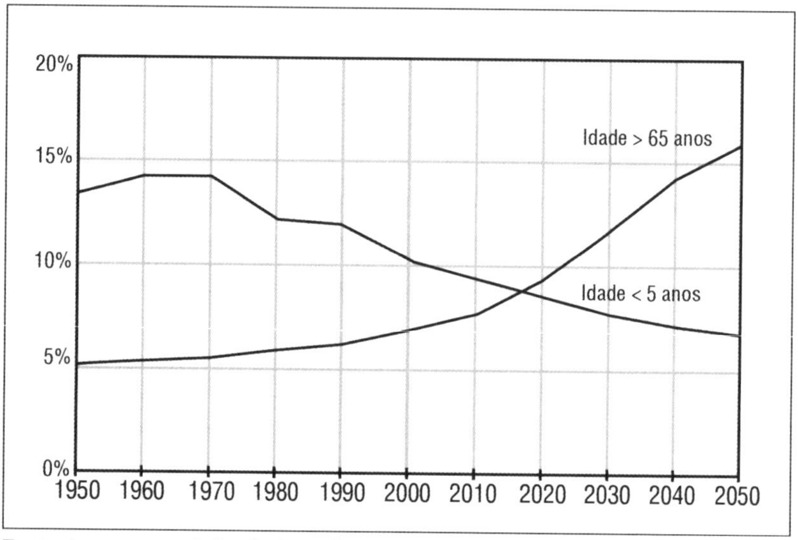

Fonte: Autores com dados da Organização das Nações Unidas.

A Figura 4-6 mostra o que antigamente podiam ser chamadas de "pirâmides demográficas", embora já estejam deixando de parecer pirâmides e passando a parecer retângulos. Nos casos mais dramáticos, como o Japão atual e a China que está por vir, a pirâmide está se invertendo, passando de ser um triângulo com a base embaixo a ser um triângulo com a base em cima. A Figura 4-6 também mostra o quanto a população mundial está se estabilizando e envelhecendo aceleradamente. Espera-se que haja cada vez menos gerações para substituir as anteriores.

Figura 4-6. As "pirâmides" demográficas mudam. População (milhões de habitantes)

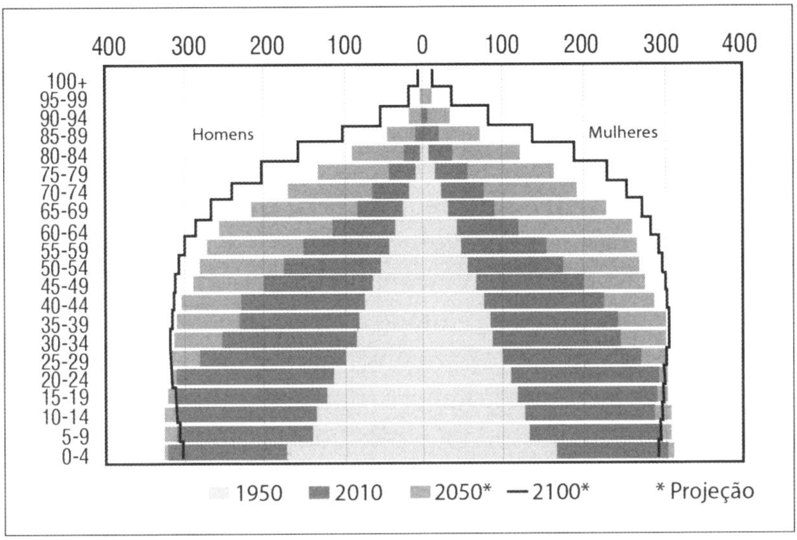

Fonte: Autores com dados da Organização das Nações Unidas.

O envelhecimento da população mundial tem implicações humanas e sociais dramáticas, além de graves consequências econômicas. Com o aumento contínuo da idade, cada vez haverá menos pessoas trabalhando e mais gente aposentada ou pensionista. Além disso, os gastos médicos aumentam aceleradamente com a idade, e a maior parte dos custos médicos se dão justamente nos últimos anos de vida. Por fim, todos os pacientes acabam morrendo após assumir-se enormes gastos individuais e sociais.

Felizmente, há uma alternativa. Não precisamos acabar da mesma forma trágica que acabaram todos os nossos antepassados até hoje em dia. Agora sabemos que é cientificamente possível retardar, deter e reverter o processo de envelhecimento. Nosso desafio histórico é muito mais importante: acabar com o grande inimigo comum da humanidade.

É hora de abrir um novo caminho para o futuro da humanidade. É hora de começar uma viagem fantástica rumo à juventude indefinida. Uma viagem com riscos, sem dúvida, mas também cheia de oportunidades. Uma viagem na qual será necessário atravessar várias pontes antes de se alcançar o maior sonho da humanidade. Uma viagem do mundo linear do presente ao mundo exponencial do amanhã.

Uma viagem fantástica

Em 2004, Kurzweil e seu médico Terry Grossman, especialista em longevidade, escreveram *Fantastic Voyage: Live Long Enough to Live Forever* ("Viagem fantástica: Viva o suficiente para viver para sempre", editado como "A medicina da imortalidade: Viva o suficiente para viver para sempre"). O nome do livro está baseado em um famoso filme estadunidense de ficção científica produzido em 1966 pela 20th Century Fox protagonizado pela atriz e cantora Raquel Welch. O filme, intitulado *Viagem Fantástica* em português, narra a história fantástica de uma viagem ao interior do corpo humano com um submarino tripulado que foi reduzido de tamanho em um centro de miniaturização.

O filme ganhou dois Oscars e inspirou um livro homônimo do escritor russo-estadunidense Isaac Asimov, uma série de desenhos animados e até um quadro com o mesmo nome do pintor espanhol Salvador Dalí. O produtor estadunidense James Cameron e o mexicano Guillermo del Toro mostraram interesse em fazer para Hollywood uma nova versão do filme.

Fantastic Voyage é o segundo livro que Kurzweil dedica ao tema da saúde. Em seu primeiro livro sobre esse assunto, *A solução 10% para uma vida saudável*, Kurzweil explica como ele mesmo curou-se de diabetes com a idade de 45 anos e reduziu a quantidade de calorias, gorduras e açúcares de sua alimentação, entre outras mudanças, para eliminar o risco de sofrer ataques cardíacos e ter câncer.

No segundo livro sobre saúde de Kurzweil, e o primeiro junto com Grossman, os autores explicam principalmente temas como as cardiopatias, o câncer e a diabetes tipo 2. Incentivam mudanças no estilo de vida como uma dieta com baixo índice glicêmico, restrição de calorias, exercício, beber chá verde e água alcalinizada, usar certos suplementos e outras mudanças na rotina diária.

Fantastic Voyage afirma que o propósito dessas mudanças é obter e manter uma saúde idílica com o objetivo de que um indivíduo prolongue sua vida o maior tempo possível. Os autores acreditam que nas próximas décadas a tecnologia avançará até o ponto de conquistar domínio sobre grande parte do processo de envelhecimento e eliminar as doenças degenerativas. O livro está cheio de notas secundárias sobre vários temas futuristas que mostram como as pesquisas atuais nos levam ao prolongamento da vida, e explicam que as tecnologias futuras como a bioengenharia, a nanotecnologia e a inteligência artificial mudarão a forma como vivemos.

A título de resumo, o livro começa com a descrição de três "pontes" rumo a uma vida ilimitada. Podemos simplificar e atualizar a informação descrevendo as três pontes da seguinte maneira, segundo nossa própria interpretação:

1. A Primeira Ponte é atravessada durante essa década de 2010 e consiste basicamente em fazer o que sua mãe ou sua avó diriam para fazer (comer bem, dormir bem, fazer exercício, não fumar, etc.), complementando isso com conhecimento médico. Essa ponte corresponde ao programa de longevidade de Ray e Terry (os primeiros nomes de Kurzweil e Grossman), incluindo as terapias atuais e guias que permitirão a você permanecer saudável o tempo suficiente para se beneficiar da construção da Segunda Ponte.

2. A Segunda Ponte crescerá fortemente durante a década de 2020 com a revolução da biotecnologia. À medida que continuemos estudando o código genético de nossa biologia, descobriremos os meios para escapar das doenças e do envelhecimento, de forma que possamos desenvolver plenamente nosso potencial humano. Esta Segunda Ponte nos levará à Terceira Ponte.

3. A Terceira Ponte corresponderá principalmente à década de 2030 e será uma realidade graças à revolução da nanotecnologia e da inteligência artificial (IA). A convergência destas revoluções tecnológicas nos permitirá reconstruir corpos e mentes a nível molecular. Até 2045, no máximo, chegaremos à singularidade tecnológica e à imortalidade, tanto biológica quanto computacional (ou seja, a capacidade de ler, copiar e reproduzir as mentes).

Dado que o sequenciamento do genoma humano está possibilitando a digitalização da biologia e da medicina, *Fantastic Voyage* descreve a Segunda Ponte da seguinte forma:

> À medida que aprendemos como se transforma a informação nos processos biológicos, surgem inúmeras estratégias para superar as doenças e os processos de envelhecimento. Um enfoque contundente é começar pela coluna vertebral da informação da biologia: o genoma. Graças às tecnologias genéticas estamos a ponto de poder controlar a expressão dos genes. Em última instância, poderemos modificar os próprios genes.
>
> Já estamos implementando tecnologias genéticas em outras espécies. Usando um método chamado tecnologia recombinante, que se usa comercialmente para criar muitos fármacos recentes, estão sendo modificados genes de organismos que vão desde bactérias até animais de criação para produzir as proteínas de que precisamos para combater doenças humanas.
>
> Outra linha de ataque importante é a regeneração de células, tecidos e inclusive órgãos completos, e sua introdução no corpo sem cirurgia invasiva. Um benefício importante desta técnica de clonagem terapêutica é que poderemos criar estes novos tecidos e órgãos a partir de versões de nossas células que também rejuvenesceram.

As tecnologias de avanço exponencial vão contribuir para o desenvolvimento acelerado da nanotecnologia e da IA durante a próxima década, cujas primeiras aplicações comerciais veremos na década de 2030, o que nos leva à Terceira Ponte:

> Assim como fazemos "engenharia reversa" para entender os princípios de funcionamento de nossa biologia, aplicaremos novas tecnologias para melhorar e replanejar os corpos e as mentes para estender radicalmente a longevidade, melhorar nossa saúde e expandir nossa inteligência e nossas experiências. Grande parte desses desenvolvimentos tecnológicos serão o resultado de pesquisas em nanotecnologia, um termo originalmente cunhado por K. Eric Drexler nos anos 1970 para descrever o estudo de objetos com dimensões inferiores a 100 nanômetros, sendo o nanômetro a bilionésima parte de um metro (um nanômetro é aproximadamente igual ao diâmetro de cinco átomos de carbono).

Rob Freitas, um teórico da nanotecnologia, escreve que "o conhecimento integral da estrutura molecular humana, que foi tão minuciosamente adquirido durante o século XX e o início do XXI, será utilizado no século XXI para projetar máquinas microscópicas medicamente ativas. Estas pequeníssimas máquinas, em vez de ter como objetivo principal viajar por todo o corpo só em missões de descobrimento, serão enviadas para tarefas de inspeção, reparação e reconstrução celular na maioria dos casos".

Freitas afirma que se "a ideia de colocar milhões de nanorrobôs autônomos (robôs do tamanho de células sanguíneas construídos molécula por molécula) dentro do corpo pode parecer estranha, e inclusive alarmante, a realidade é que o corpo já está repleto de uma grande quantidade de nanodispositivos móveis". A própria biologia proporciona a prova de que a nanotecnologia é factível. Como disse Rita Colwell, diretora da National Science Foundation, "a vida é a nanotecnologia que funciona". Os macrófagos (glóbulos brancos) e os ribossomos ("máquinas" moleculares que criam cadeias de aminoácidos segundo informações de RNA) são essencialmente nanorrobôs desenvolvidos através da seleção natural. À medida que projetemos nossos próprios nanorrobôs para reparar e ampliar a biologia, não nos veremos limitados pela caixa de ferramentas da biologia. A biologia atual usa um conjunto limitado de proteínas para todas as suas criações, e, diferentemente, agora poderemos criar estruturas que são muito mais fortes, rápidas e complexas.

Em relação ao presente, *Fantastic Voyage* oferece uma série de recomendações para melhorar nossa saúde e chegarmos vivos à Segunda Ponte. Na continuação desse livro, *Transcend* ("Transcender", em português), Kurzweil e Grossman apresentam um programa mais completo em nove passos de acordo com cada letra da palavra TRANSCEND:

T: *Talk with your doctor (fale com seu médico).*
R: *Relaxation (relaxamento)*
A: *Assessment (avaliação, diagnóstico)*
N: *Nutrition (nutrição)*
S: *Supplements (sumplementos)*
C: *Calorie restriction (restrição calórica)*
E: *Exercise (exercício)*
N: *New technologies (novas tecnologias)*
D: *Detoxification (desintoxicação)*

O livro de Mellon e Chalabi mencionado no capítulo anterior (*Juvenescência: Investir na era da longevidade*) também inclui uma série de recomendações que combinam a Primeira Ponte com a Segunda Ponte para que levemos em conta enquanto continuamos desenvolvendo as tecnologias da Terceira Ponte rumo à longevidade indefinida, ou a nova ciência da "juvenescência", como a chamam seus autores. As recomendações de *Juvenescence* devem nos permitir chegar à velocidade de escape da longevidade em uma década ou um pouco mais, quando surgirá a maior indústria da história da humanidade, que será benéfica não só para a nossa saúde, mas também para a economia global e para nossas finanças pessoais.

Velocidade de escape da longevidade

O subtítulo do livro *Fantastic Voyage* de Kurzweil e Grossman é *Live Long Enough to Live Forever* ("Viva o suficiente para viver para sempre"). Nesta frase está implícita a ideia de que se conseguirmos viver o suficiente nos próximos anos, pelo menos sobreviver, até conseguirmos passar pelas três pontes e chegar ao rejuvenescimento, viveremos indefinidamente (se desejarmos, e não morrermos devido a um acidente, uma catástrofe, um trem no fim do túnel ou um piano caindo em nossa cabeça, entre tantas possíveis causas de morte).

A ideia original é conhecida hoje como a velocidade de escape da longevidade, que foi originalmente apresentada pelo empresário e filantropo estadunidense David Gobel, cofundador da Fundação Matusalém junto com Aubrey de Grey. O conceito se baseia na velocidade de escape da gravidade para conseguir que um objeto, como um projétil ou um foguete, abandone a Terra vencendo a força da gravidade. Calculou-se que é necessária uma velocidade de 11,2 km/s (quilômetros por segundo), o que equivale a 40.320 km/h (quilômetros por hora). Essa velocidade, em física, é conhecida como velocidade de escape da gravidade terrestre.

A velocidade de escape da longevidade implica uma situação hipotética em que a expectativa de vida aumenta mais do que o tempo que passa. Por exemplo, quando alcançarmos a velocidade de escape da longevidade, os avanços tecnológicos aumentarão anualmente a expectativa de vida em mais do que um ano.

A expectativa de vida aumenta levemente a cada ano à medida que as estratégias e as tecnologias de tratamento melhoram. Porém, atualmente requer-se mais de um ano de pesquisa para cada ano adicional de vida útil prevista. A velocidade de escape da longevidade é alcançada quando esta relação se inverte, de forma que a expectativa de vida aumenta mais de um ano a cada ano de pesquisa, desde que essa taxa de avanço seja sustentável.

Quando isso acontecerá? Se observarmos a história, poderemos constatar que durante milênios a expectativa de vida aumentou muito pouco. Foi a partir do século XIX que começaram os grandes avanços no aumento da expectativa de vida. Primeiro foram ganhos dias, depois semanas, e agora meses. Hoje em dia estima-se que, a cada ano vivido, nos países mais avançados podemos aumentar nossa expectativa de vida em 3 meses:

> Os dados mostram que a expectativa de vida no país líder em termos mundiais aumentou em três meses a cada ano.

Ou seja, a cada ano vivido, acrescentamos mais 3 meses a nossa expectativa de vida, tendência que segue aumentando. Segundo Kurzweil, em 2029 chegaremos à velocidade de escape da longevidade; ou seja, a cada ano vivido, ganharemos mais um ano de vida, o que significa que a partir desse momento poderíamos conseguir viver indefinidamente. Como dizem Kurzweil e Grossman: "viver o suficiente para viver para sempre".

De Grey expressa isso com uma simples figura, onde podemos calcular qual seria nossa expectativa de vida dependendo de nossa idade atual. Lamentavelmente, para as pessoas que agora têm 100 anos as perspectivas não são muito boas. Para as pessoas com 80 anos, as perspectivas também não são boas, infelizmente. Porém, é muito provável que as pessoas com 50 anos ou menos alcancem a velocidade de escape da longevidade, como pode-se ver na Figura 4-7.

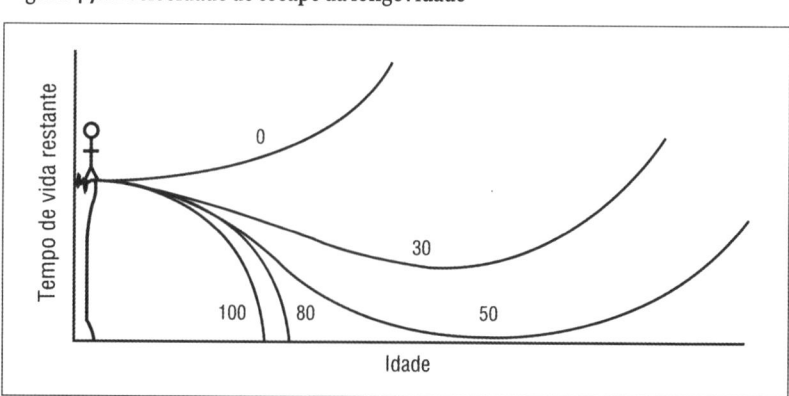

Figura 4-7. A velocidade de escape da longevidade

Fonte: Aubrey de Grey

Há diferentes opiniões sobre quando alcançaremos a velocidade de escape da longevidade, desde daqui a muito pouco tempo até nunca, mas 2029 parece razoável graças aos avanços exponenciais que estamos vendo. Entretanto, como prevenção, o melhor é permanecer vivos da Segunda Ponte para a Terceira Ponte e aumentar nossa expectativa de vida saudável.

De Grey também popularizou o conceito da "Matusaleridade" (uma ideia original do empreendedor estadunidense Paul Hynek; em inglês, *Methuselarity*), ou seja, uma espécie de singularidade de Matusalém, que ele compara com a singularidade tecnológica:

> O envelhecimento, ao ser resultado de inúmeros tipos de decomposição molecular e celular, será derrotado de forma incremental. Já há algum tempo previ que esta sucessão de avanços chegará a um determinado limiar, que aqui batizo como "Matusaleridade", depois do qual haverá uma redução progressiva na taxa de melhora de nossa tecnologia antienvelhecimento, necessária para evitar um aumento em nosso risco de morte por causas relacionadas à idade à medida que envelhecemos cronologicamente. Vários comentadores observaram a semelhança desta predição com aquela realizada por Good, Vinge, Kurzweil e outras pessoas de referência em relação à tecnologia em geral (e, em particular, à informática), a qual denominaram "singularidade".

A "Matusaleridade" é um momento futuro em que todos os problemas de saúde que causam a morte humana serão eliminados e a morte ocorrerá só por acidente ou homicídio. Em outras palavras, a "Matusaleridade" é o ponto em que alcançaremos um período de vida indefinido, ou sem envelhecimento, quando alcançaremos a velocidade de escape da longevidade.

De linear a exponencial

O cientista e empresário Gordon Moore, cofundador da empresa Intel, escreveu em 1965 um artigo onde explicava que os computadores duplicavam sua capacidade aproximadamente a cada 2 anos, o que teria consequências importantíssimas para a informática e outras tecnologias relacionadas:

> A complexidade dos circuitos integrados dobrará a cada ano com uma redução de custo relevante... Sem dúvida, a curto prazo, pode-se esperar que essa taxa fique constante ou que inclusive aumente.

Essa relação simples é conhecida como Lei de Moore e afirma que aproximadamente a cada dois anos dobra o número de transistores em um microprocessador. Não é só uma teoria, mas uma lei totalmente empírica. Atualmente ela aplica-se a computadores pessoais e telefones celulares. Entretanto, quando foi formulada, ainda não existiam os microprocessadores (inventados em 1971), os computadores pessoais (popularizados na década de 1980) e a telefonia celular (que ainda estava em fase de teste).

Figura 4-8. A Lei dos Retornos Acelerados

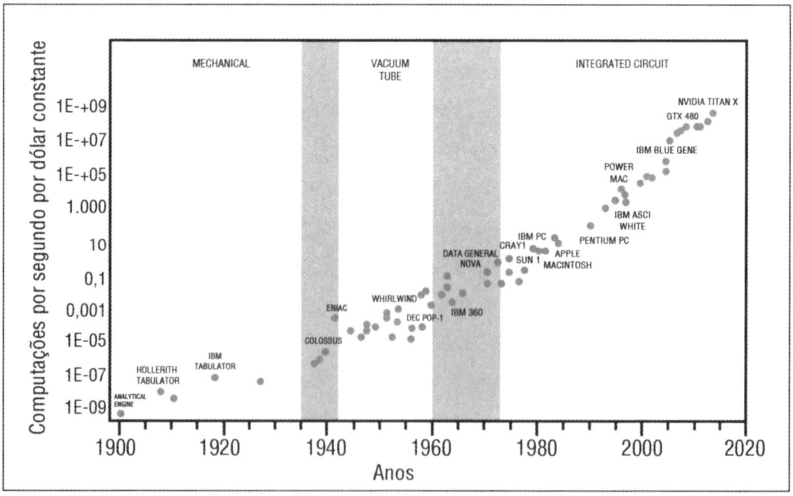

Fonte: Ray Kurzweil

Em seu livro *A Singularidade está próxima: Quando os humanos transcendem a biologia*, originalmente publicado em 2005, Kurzweil explica que a chamada Lei de Moore é só parte de uma tendência histórica muito mais antiga, e com muito mais expectativas para o futuro. A Figura 4-8 mostra o que Kurzweil chama de Lei dos Retornos Acelerados, onde pode-se ver que a Lei de Moore é só uma parte, correspondente ao quinto paradigma, que impera neste momento. Kurzweil apresentou a Lei dos Retornos Acelerados em 2001, explicando então:

> Não vivenciaremos somente 100 anos de progresso no século XXI; serão mais ou menos o equivalente a 20 mil anos de progresso (na velocidade atual de mudanças).

O filósofo grego Heráclito já havia dito no século V a.C. que "a única coisa constante é a mudança". Porém, hoje podemos ver que essa mudança está se acelerando, embora muitos não enxerguem isso. Como explica Kurzweil no mencionado livro:

> Em geral, o futuro é mal compreendido. Nossos antepassados pensavam que o futuro ia ser mais ou menos como seu presente, já que este se parecia muito com seu passado.
> O futuro será muito mais surpreendente do que a maioria das pessoas pensa, porque poucos observadores realmente perceberam as implicações do fato da taxa de mudança estar se acelerando.

Enfatizando a mudança exponencial, Kurzweil explica que há uma retroalimentação positiva na tecnologia que acelera a velocidade das mudanças:

> A tecnologia vai mais além da mera invenção e utilização de ferramentas; implica um registro de sua produção e um progresso em sua complexidade. Isso requer invenção e é em si mesmo uma continuação da evolução por outros meios.

Na evolução tecnológica funciona a retroalimentação positiva... Os métodos mais eficazes de uma etapa do progresso evolutivo são utilizados para criar-se a etapa seguinte.

Os primeiros computadores foram projetados em papel e montados à mão. Hoje são projetados em locais de trabalho informatizados onde os próprios computadores contribuem para detalhar o projeto da geração seguinte, e depois são produzidos em fábricas completamente automatizadas com uma intervenção humana limitada.

À medida que avança a tecnologia, Kurzweil espera que em 2029 uma inteligência artificial passe no chamado Teste de Turing (ou seja, será impossível distinguir se a comunicação está sendo feita com uma pessoa ou com uma inteligência artificial), e que em 2045 alcancemos a "singularidade tecnológica" (como preferimos definir com simplicidade, é o momento em que a inteligência artificial se igualará a toda a inteligência humana). O Teste de Turing e a singularidade tecnológica não são o tema deste livro, mas, para os leitores interessados, o livro de Kurzweil intitulado *Como criar uma mente* (com prólogo de José Luis Cordeiro na edição em espanhol da Lola Books) explica o desenvolvimento exponencial também na inteligência artificial.

As mudanças exponenciais parecem muito lentas no início, mas se aceleram rapidamente, como indica uma frase do empresário e filantropo estadunidense Bill Gates nesse artigo sobre predições para 2018 no Fórum Econômico Mundial de Davos na Suíça:

A maioria das pessoas superestima o que pode fazer em um ano e subestima o que pode fazer em dez anos.

Similarmente, a maioria das predições anuais superestimam o que pode ocorrer em um ano e subestimam o poder da tendência no tempo. Diamandis e Kotler explicam em *Bold: How to Go Big, Create Wealth and Impact the World* (em português, "Ousadia: Como ser arrojado, gerar riqueza e impactar o mundo"), publicado em 2016, que os processos de mudança tecnológica passam por seis "Ds":

> Os seis "Ds" são uma reação em cadeia de progresso tecnológico, um caminho de rápido desenvolvimento que sempre leva a enormes disrupções e oportunidades.
> A tecnologia está alterando os processos industriais tradicionais, e estes nunca voltarão atrás.
> Os seis "Ds" são: digitalização, decepção, disrupção, desmonetização, desmaterialização e democratização.

Segundo Diamandis e Kotler, todas as tecnologias suscetíveis de serem digitalizadas sofrerão transformações exponenciais que mudarão radicalmente suas respectivas indústrias, inclusive a medicina e a biologia, agora em pleno processo de digitalização. Os seis "Ds" das mudanças exponenciais começam lentamente com a digitalização e a decepção e culminam de forma acelerada com a desmaterialização e a democratização de uma tecnologia ao alcance de todos. Um exemplo clássico são os computadores, muito caros e ruins no começo, e atualmente muito bons e baratos. O mesmo ocorreu com os telefones celulares, que se democratizaram globalmente, de forma que hoje todo mundo, no mundo todo, tem um telefone celular se assim o desejar.

Um exemplo aplicado à biologia e à medicina é o sequenciamento do genoma humano, que começou em 1990 com milhares de cientistas trabalhando em 15 países distribuídos pelo mundo. Em 1997 só tinha sido sequenciado 1% do genoma humano, como explica Kurzweil.

> Quando começou o sequenciamento do genoma humano em 1990, os críticos apontaram que, dada a velocidade com a qual o genoma poderia ser sequenciado, terminar o projeto levaria milhares de anos. Entretanto, o projeto, que calculava-se que terminaria em 15 anos, foi completado um pouco antes do previsto com a publicação de um primeiro rascunho em 2003.

A razão é muito simples. Em 1997 só havia sido sequenciado 1% do total, mas os resultados duplicavam-se a cada ano, o que implicava que em mais sete anos, ou seja, com sete novas duplicações, seria alcançado o sequenciamento de 100% do genoma, como efetivamente aconteceu. O sequenciamento do genoma humano é um impressionante exemplo de tecnologia exponencial, tanto em relação ao tempo quanto em relação ao custo. A Figura 4-9 mostra que se o primeiro sequenciamento do genoma humano custou cerca de US$ 3 bilhões e demorou 13 anos, o segundo genoma humano foi completamente sequenciado quatro anos depois, em 2007, a um custo estimado de US$ 100 milhões.

Figura 4-9. Tempo e custo para sequenciar o genoma humano.

Ano	Custo (US$)	Tempo
2003	3.000.000.000	13 anos
2007	100.000.000	4 anos
2008	1.000.000	2 meses
2010	10.000	4 semanas
2015	1.000	5 dias
2020	100	1 hora
2025	10	1 minuto

Fonte: Autores com dados da imprensa e estimativas próprias.

Em 2015 alcançou-se pela primeira vez um custo a grande escala de cerca de US$ 1.000 e uma semana por genoma, e estimamos que em menos de uma década poderá ser sequenciado o genoma completo por apenas US$ 10 em um minuto. Segundo a terminologia de Diamandis e Kotler, isso permitiria passar do primeiro dos seis "Ds", a digitalização, ao último "D", a democratização. Em meados da década de 2020, todo mundo, em todo o mundo, poderá sequenciar seu genoma completo e saber qual é sua predisposição a sofrer de certas doenças genéticas e como preveni-las. Além disso, poderão ser sequenciados os genomas de cânceres para identificar as mutações causantes e atacá-las diretamente. Deixaremos para trás procedimentos como a quimioterapia e a radioterapia, para localizar e eliminar diretamente os tumores cancerosos com medicina de alta precisão. A quimioterapia e a radioterapia, que atualmente são, supostamente, medicina moderna, em breve passarão a ser medicina primitiva.

A inteligência artificial chega para ajudar

A inteligência artificial será uma das principais tecnologias que contribuirão para se entender a biologia e melhorar a medicina, de uma maneira também exponencial. Sistemas de inteligência artificial já ganham de humanos em jogos de xadrez (desde 1997), em concursos de televisão como o *Jeopardy* (desde 2011), em jogos chineses, coreanos e japoneses de Go (desde 2016), em jogos de pôquer (desde 2017) e em testes de compreensão de leitura (desde 2018).

A IBM foi um dos pioneiros históricos no desenvolvimento destas formas de inteligência artificial, primeiro através de seu programa Azul Profundo (*Deep Blue*), que venceu em 1997 o campeão mundial de xadrez Garry Kasparov, e posteriormente com Watson, que venceu em 2011 os campeões de *Jeopardy* na frente das câmeras de televisão. Agora a IBM utiliza Watson em aplicações médicas, às vezes com o nome Doutor Watson, e está alcançando níveis humanos na detecção de cânceres e nas análises radiológicas, por exemplo. Segundo a IBM, seu objetivo é:

> Capacitar os líderes, ativistas e pessoas influentes no campo da saúde através de um apoio que contribua para alcançar-se resultados notáveis, acelerar as descobertas, propiciar conexões essenciais e ganhar confiança em seu caminho para resolver os maiores desafios relativos à saúde no mundo.

A Google, antes, e a Alphabet, agora, estão convencidas do poder da inteligência artificial para melhorar a condição humana, incluindo a saúde como área prioritária. Inteligências artificiais desenvolvidas pela filial DeepMind, como AlphaGo e AlphaZero para jogar Go, em pouco tempo terão aplicações clínicas. O poder da inteligência artificial é realmente surpreendente, como explicou em uma conferência em 2018 o atual CEO da Google, Sundar Pichai:

> A inteligência artificial é uma das coisas mais importantes nas quais a humanidade está trabalhando. É algo mais profundo que, por exemplo, a eletricidade ou o fogo.

Em sua apresentação, Pichai não fez referência direta a outras duas empresas sob o guarda-chuva da Alphabet das empresas da Google: a Calico (California Life Company) e a Verily (a antiga Google X Life Sciences). Ambas as empresas estão trabalhando no âmbito da saúde e espera-se que consigam aplicar a tecnologia de aprendizagem profunda (em inglês, *deep learning*) da Google e de outras fontes para acelerar seus objetivos empresariais. O geneticista estadunidense e presidente da Verily Andrew Conrad descreveu a diferença entre a Calico e a Verily em uma entrevista realizada pelo jornalista científico Steven Levy em 2014, quando a Verily ainda era Google X Life Sciences:

> **Conrad:** A missão da Google X Life Sciences (Verily) é mudar o enfoque do atendimento à saúde de reativo a proativo. Em última instância, trata-se de prevenir doenças e estender a expectativa de vida através dessa prevenção de doenças, fazendo com que as pessoas vivam mais tempo e tenham vidas mais saudáveis.
> **Levy:** Parece que esse objetivo coincide com o de outra empresa dedicada a temas de saúde da Google, a Calico. Você trabalha com ela?
> **Conrad:** Deixe-me dizer-lhe qual é a sutil diferença. A missão da Calico é melhorar a vida útil máxima e conseguir que as pessoas vivam mais tempo graças ao desenvolvimento de novas

formas de prevenção do envelhecimento. Nosso objetivo é conseguir que a maioria das pessoas viva mais tempo eliminando as doenças que matam.

Levy: Basicamente, está me ajudando a viver o suficiente para que as terapias da Calico cheguem a ser usadas por mim.

Conrad: Exatamente. Estamos ajudando você a viver o suficiente para que a Calico possa fazer você viver ainda mais tempo.

Segundo a terminologia de Kurzweil e Grossman, poderíamos simplificar dizendo que a Verily está na Segunda Ponte e a Calico na Terceira Ponte rumo à vida de duração indefinida. Além da IBM e da Google, outras empresas tecnológicas como Amazon, Apple, Facebook, GE, Intel e Microsoft, por exemplo, também estão desenvolvendo inteligência artificial que em breve terá aplicações clínicas. O mesmo estão fazendo outras empresas tecnológicas no Japão e na China, onde já se sofre de problemas associados ao envelhecimento da população. No Japão, grandes empresas como a Sony e a Toyota trabalham com robôs como assistentes de saúde e enfermeiros, e na China, empresas como a Baidu (conhecida como a Google da China) e a BGI (conhecida até 2008 como *Beijing Genomics Institute*, ou "Instituto de Genômica de Pequim", com sede na cidade tecnológica de Shenzhen, perto de Hong Kong) estão desenvolvendo inteligência artificial focada na detecção de doenças e sequenciamento genômico.

O governo da China tomou a decisão estratégica de tornar o país uma potência tecnológica, desde a inteligência artificial até a medicina e a biotecnologia. Levando em conta seus sucessos recentes, supõe-se que o conseguirão — e em breve, já que a crise nacional que representa o envelhecimento e a contração demográfica obriga-os a isso. A China enfrenta o problema adicional que supostamente se apresenta por sua população estar começando a envelhecer sem ter enriquecido antes em termos econômicos relativos. Se os países avançados tornaram-se ricos primeiro e depois envelheceram, na China está ocorrendo o contrário: a população começou a envelhecer antes de enriquecer. Como se isso já não bastasse, as projeções demográficas indicam que a China sofrerá uma enorme contração da população por causa da política de "um só filho". O mesmo ocorre no Japão, onde a população diminuirá abruptamente nas próximas décadas, embora neste país nunca tenha havido uma política de restrição da natalidade. Por isso é importante para o resto do mundo aprender com a experiência do Japão e da China quanto a suas respectivas crises demográficas. Felizmente, o futuro da população não está traçado e as tendências atuais podem ser revertidas graças às tecnologias antienvelhecimento e de rejuvenescimento que serão desenvolvidas nos próximos anos, muitas delas justamente no Japão e na China.

A inteligência artificial segue avançando rapidamente, tanto em países ocidentais quanto orientais, e um dos primeiros usos previstos é para saúde, medicina e biologia. Segundo um relatório recente da empresa de estudos de mercado CB Insights, a área de maior crescimento para a aplicação da inteligência artificial é a saúde, à qual se dirige o maior fluxo de investimentos e capital de risco. A utilização de grandes quantidades de dados, ou *Big Data*, graças à proliferação de novos sensores pessoais, muitos deles relativos à medicina, permitirá analisar cada vez mais informações, fazer melhores comparações e aumentar a qualidade dos diagnósticos médicos. Grandes empresas e pequenas startups estão entrando no mundo da medicina graças à inteligência artificial, inclusive com técnicas de aprendizagem profunda. A Figura 4-10 mostra o nascente ecossistema de novos empreendimentos médicos relacionados com a inteligência artificial. Segundo o relatório da CB Insights, veremos um crescimento acelerado do setor e uma melhora relevante na saúde das pessoas graças às startups que trabalham com tecnologias exponenciais que estão gerando uma grande disrupção no setor médico tradicional:

> Identificamos mais de 100 empresas que estão aplicando algoritmos de aprendizagem automática e análise preditiva para

reduzir os tempos de lançamento de fármacos, proporcionar assistência virtual aos pacientes e diagnosticar problemas de saúde mediante o processamento de imagens médicas, entre outras coisas.

Para 2025, os sistemas de IA podem chegar a estar envolvidos em tudo, desde a gestão de atendimento à saúde da população até avatares digitais capazes de responder a consultas específicas dos pacientes.

Figura 4-10. O nascente ecossistema de inteligência artificial para a saúde

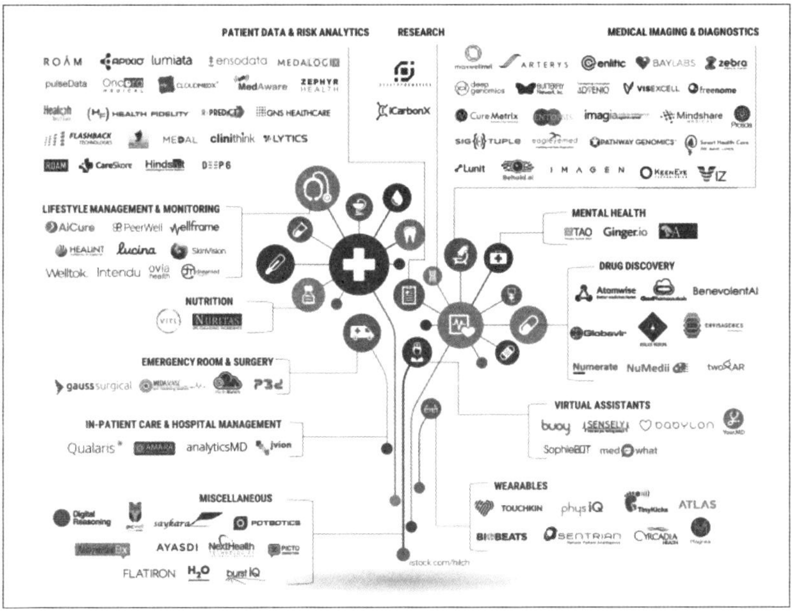

Fonte: CB Insights

O engenheiro e empresário indiano-estadunidense Vinod Khosla, cofundador da Sun Microsystems e investidor com capital de risco em novas tecnologias, explicou em uma conferência na Faculdade de Medicina da Universidade de Stanford as mudanças exponenciais que se aproximam:

O ritmo de inovação em software de todas as indústrias foi muito mais rápido que qualquer outro aspecto das mesmas. Dentro da inovação em saúde tradicional (que está ligada às ciências biológicas), como na indústria farmacêutica, há muitas razões que explicam por que esses ciclos de inovação eram tão lentos.

Demora-se entre 10 e 15 anos para desenvolver-se um medicamento e colocá-lo no mercado, com uma taxa de fracasso incrivelmente alta. A segurança é uma grande preocupação, então o processo não é de todo ruim. Acho que é razoável que a Agência de Alimentos e Medicamentos (em inglês, FDA — Food and Drug Administration) seja cautelosa. Porém, pelo fato da saúde digital costumar ter menos problemas de segurança, e as iterações poderem ocorrer em ciclos de 2 a 3 anos, a taxa de inovação aumenta substancialmente.

Nos próximos dez anos, a ciência dos dados e dos softwares fará mais pela medicina que todas as ciências biológicas juntas.

Vários governos anunciaram que começarão a utilizar as novas possibilidades para melhorar a saúde trazidas pela inteligência artificial, novos sensores, *Big Data* e outras novas tecnologias. É o caso do governo britânico, que anunciou que sequenciará gratuitamente o genoma de 500 mil cidadãos através do UK Biobank em 2020 graças ao apoio de diferentes empresas. O governo estadunidense anunciou uma medida similar através dos Institutos Nacionais de Saúde para sequenciar um milhão de genomas e começar sua iniciativa de medicina de precisão em 2022. O governo da Islândia foi o primeiro a tomar este tipo de iniciativa através da empresa deCODE em 1996, e posteriormente outros países como a Estônia e o Catar implementaram planos similares. Chegou a hora de passar da medicina curativa à medicina preventiva, e a inteligência artificial é uma ferramenta fundamental para se conseguir isso.

Segundo outro relatório publicado no início de 2018 pela empresa de investimentos tecnológicos Deep Knowledge Ventures, a inteligência artificial provocará avanços impressionantes na área de saúde:

A assistência à saúde será o campo de aplicação mais importante da Quarta Revolução Industrial, e um dos principais catalisadores da mudança será a inteligência artificial (IA).

A IA aplicada à saúde representa um conjunto de múltiplas tecnologias que permitem às máquinas detectar, compreender, atuar e aprender, para que possam realizar funções administrativas e clínicas relacionadas à saúde. Diferentemente das tecnologias anteriores — algoritmos/ferramentas que complementam uma inteligência humana — hoje em dia a IA é realmente capaz de melhorar a atividade humana.

A IA já revolucionou áreas da saúde que vão desde o projeto de planos de tratamento até a assistência em trabalhos repetitivos, passando pela gestão de terapias e a criação de medicamentos. E isso é só o começo.

A inteligência artificial vai ser fundamental na melhora de nossa saúde, na inovação em tratamentos médicos, na descoberta de novos produtos farmacêuticos e na otimização dos sistemas de saúde. Devemos estar atentos e abertos para entender e aproveitar todos os benefícios que a inteligência artificial propicia. Embora alguns temam a inteligência artificial, não devemos considerá-la um perigo, mas uma grande oportunidade. A inteligência artificial complementará e aumentará a inteligência humana, não a substituirá. O problema de fundo não é a inteligência artificial; o problema real é a estupidez humana, e infelizmente os humanos são bastante estúpidos de nascença, de forma natural. Acreditamos que com ajuda da inteligência artificial aprofundaremos e melhoraremos a inteligência humana e superaremos o desafio histórico do envelhecimento.

Do prolongamento da vida à expansão da vida

Na mitologia grega, Titono era um mortal, filho de Laomedonte, rei de Troia, e irmão de Príamo. Titono era tão deslumbrantemente belo que a deusa Eos apaixonou-se por ele. Eos era a deusa da aurora e pediu a Zeus que concedesse a imortalidade a seu amado

Titono, coisa que o pai dos deuses fez. Entretanto, a deusa Eos esqueceu-se de pedir também a juventude eterna, de modo que Titono foi ficando cada vez mais velho, encolhido e enrugado. Em algumas versões, Titono acaba sendo transformado em uma cigarra ou um grilo, imortalmente encolhido e enrugado.

Neste livro defendemos o prolongamento da vida para que possamos ser indefinidamente jovens, não indefinidamente velhos. A ideia não é (sobre)viver encolhidos e enrugados como Titono, mas viver uma vida de plenitude máxima. Para deixar isso bem claro, podemos dizer que é preciso avançar do prolongamento da vida à expansão da vida.

Na introdução deste livro mencionamos o historiador israelense Yuval Noah Harari. Em seu segundo livro, *Homo Deus: Uma breve história do amanhã*, Harari fala da imortalidade como o primeiro grande projeto mundial do século XXI, e depois explica que:

> Provavelmente, o segundo grande projeto da agenda humana será encontrar a chave para a felicidade. Ao longo da história, muitos pensadores, profetas e pessoas em geral definiram a felicidade, mais do que a vida, como o bem supremo. Na antiga Grécia, o filósofo Epicuro afirmou que adorar os deuses é uma perda de tempo, que não há existência após a morte e que a felicidade é o único propósito da vida. Nos tempos antigos, muita gente rejeitou o epicurismo, mas hoje em dia ele se converteu na opinião generalizada. O ceticismo quanto à vida após a morte impulsiona a humanidade a buscar não somente a imortalidade, mas também a felicidade terrena. Porque quem gostaria de viver eternamente na desgraça?
>
> Para Epicuro, a busca da felicidade era um objetivo pessoal. Os pensadores modernos, diferentemente, tendem a vê-la como um projeto coletivo. Sem planejamento governamental, recursos econômicos e pesquisa científica, os indivíduos não chegarão muito longe em sua busca pela felicidade. Se nosso país estiver destroçado pela guerra, se a economia estiver passando por uma crise e se o atendimento à saúde for inexistente,

é provável que nos sintamos em uma má situação. No final do século XVIII, o filósofo inglês Jeremy Bentham declarou que o bem supremo é "a maior felicidade para o maior número de pessoas", e chegou à conclusão de que o único objetivo digno do Estado, do mercado e da comunidade científica é aumentar a felicidade global.

Nosso objetivo deve ser aumentar tanto a quantidade de vida quanto a qualidade de vida. Isso é algo que tem ocorrido ao longo da história. Há milhares de anos, a expectativa de vida era algo entre 20 e 25 anos. Do total desse tempo, passávamos um terço dormindo (considerando 8 horas de sono em um dia de 24 horas), e o resto trabalhando principalmente para (sobre)viver. Na pré-história não existia educação formal (aprendia-se trabalhando com os mais velhos, que também não eram tão velhos, e a aprendizagem centrava-se no trabalho de subsistência), e também não sobrava muito tempo livre. Essa situação permaneceu mais ou menos inalterada durante milênios. Inclusive na Roma clássica, a expectativa de vida continuava sendo por volta de 25 anos, como indica a Figura 4-11.

Demorou vários séculos para que a expectativa de vida aumentasse de um quarto de século (25 anos) no passado até cerca de meio século (50 anos) no início do século XX. No início do século XXI alcançamos uma expectativa de vida média de cerca de três quartos de século (75 anos) e, na velocidade que estamos indo, em poucos anos alcançaremos um século inteiro de expectativa de vida, que depois aumentará de forma progressiva indefinidamente até alcançar a velocidade de escape da longevidade.

Conforme foram ocorrendo todas estas grandes transformações dos últimos séculos, não só aumentou a expectativa de vida, mas também o tempo disponível para educação e outras atividades, muito além do trabalho de mera subsistência. Também é importante notar que foi aumentando paulatinamente o tempo livre ao longo da história. Há milhares de anos, quando vivíamos nas savanas da África, trabalhávamos o dia inteiro, todos os dias, até que morríamos. Se não procurávamos comida, morríamos de inanição. Se não nos protegíamos dos animais, podíamos terminar como alimento de outras espécies. Não havia sábados nem domingos.

Figura 4-11. Expectativa de vida (em anos) ao longo da história

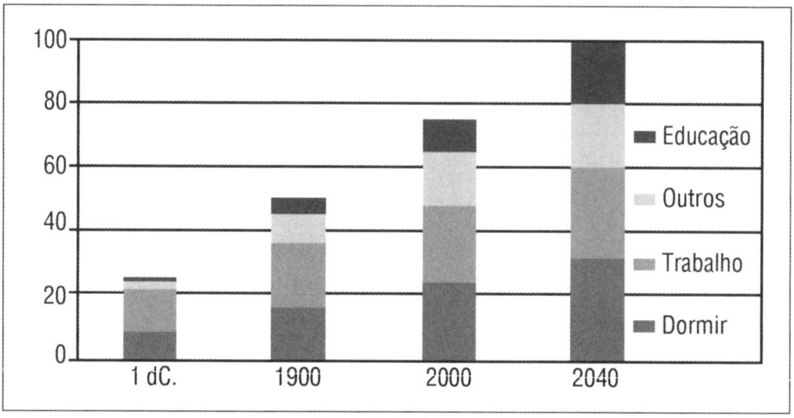

[Gráfico de barras empilhadas mostrando expectativa de vida em 1 dC., 1900, 2000 e 2040, com categorias: Educação, Outros, Trabalho, Dormir]

Fonte: Autores

Após a invenção da agricultura e a fundação das primeiras cidades, nós, os seres humanos, passamos de sermos nômades a sedentários, e muitas religiões dedicaram um dia sagrado a seu deus. Assim nasceu, como um dia especial para ser dedicado à deidade local, o domingo (algumas culturas utilizaram o sábado ou outros dias). Passaram-se séculos até que em plena Revolução Industrial fosse criado um fim de semana de dois dias não trabalháveis (normalmente o sábado e o domingo na tradição europeia). Agora, no século XXI, aparecem as primeiras propostas para reduzir a jornada de trabalho para só quatro dias e/ou reduzir as horas trabalhadas para 30 ou 35 horas por semana. Há milhares de anos, para nossos ancestrais na África, isso teria sido completamente inimaginável.

Avançamos muito no prolongamento da vida ao longo da história, e também na expansão da vida. Nos últimos séculos, nossa expectativa de vida aumentou muito, assim como o tempo que podemos dedicar a outras atividades criativas. Hoje temos mais tempo para a arte, a música, a escultura e muitas outras manifestações artísticas das quais nossos antepassados jamais desfrutaram. Segundo as teorias do psicólogo estadunidense Abraham Maslow, fomos subindo na pirâmide das necessidades humanas. Estamos deixando para trás as necessidades puramente fisiológicas para nos concentrar cada vez mais nas necessidades de autorrealização. Esta dinâmica deve continuar no futuro com mais quantidade e também mais qualidade de vida.

O filósofo francês Marie-Jean-Antoine Nicolas de Caritat, conhecido como o marquês de Condorcet, foi um grande visionário que viveu seus últimos dias durante o tumultuoso período da Revolução Francesa. Seu livro *Esboço de um quadro histórico dos progressos do espírito humano* é um impressionante olhar para o futuro em um mundo ainda por vir cheio de possibilidades:

> É absurdo supor agora que a melhoria da raça humana deveria ser considerada passível de um progresso ilimitado?
>
> Que chegará um momento em que a morte ocorrerá apenas por acidentes extraordinários ou pelo cada vez mais gradual desgaste da vitalidade, e que, por fim, a duração média do intervalo entre o nascimento e o desgaste não terá limite específico algum?

Nós, os seres humanos, evoluímos a partir de outros ancestrais pré-humanos há milhares de anos, que por sua vez evoluíram a partir de outros ancestrais anteriores mais arcaicos, e assim sucessivamente até chegar às humildes bactérias há bilhões de anos. Então, qual é o futuro da humanidade? Agora que estamos passando de uma lenta evolução biológica para uma rápida evolução tecnológica, nos tornaremos semideuses como sugere Harari? O escritor inglês William Shakespeare expressa isso bem em sua famosa obra *Hamlet*:

> Sabemos o que somos, mas não sabemos o que podemos nos tornar.

Nós, os seres humanos, temos o potencial não só de "ser", mas também de "chegar a ser". Podemos utilizar os meios racionais para melhorar a condição humana e o mundo exterior, e também podemos usá-los para melhorar a nós mesmos, começando com nosso próprio corpo. Todas estas oportunidades tecnológicas devem ser colocadas a serviço das pessoas para que vivamos mais tempo e com mais saúde, e para que melhoremos nossas capacidades intelectuais, físicas e emocionais. Parafraseando o ditado popular: vamos dar mais anos à vida e também mais vida aos anos.

Como mostra a história, nós, os seres humanos, sempre quisemos transcender nossas limitações corporais e mentais. A forma como estas tecnologias forem utilizadas mudará profundamente o modo de ser de nossa sociedade, e irrevogavelmente alterará a visão que temos de nós mesmos e do nosso lugar no grande esquema das coisas, no universo e na própria evolução da vida. Estamos iniciando um longo caminho rumo a um futuro cheio de grandes oportunidades e riscos. É preciso avançar com inteligência mas sem medo, como explica o escritor de ficção científica estadunidense David Zindell em seu livro *The Broken God* ("O Deus Quebrado", em português):

— O que é um ser humano, então?
— Uma semente!
— Uma semente?
— Uma noz que não tem medo de destruir a si mesma para se transformar numa árvore.

CAPÍTULO 5
QUANTO CUSTA?

Quem não valoriza a vida não a merece.
Leonardo da Vinci, 1518

Eu daria tudo o que tenho por um momento a mais de tempo!
Rainha Isabel I da Inglaterra, 1603

Todas as tecnologias começam sendo caras e ruins, mas quando se aperfeiçoam e se generalizam, ficam mais baratas e melhores rapidamente.
Ray Kurzweil, 2005

Uma coisa que preocupa muita gente quanto à possibilidade de se aumentar a expectativa de vida é que esta maior longevidade provoque um aumento adicional dos gastos, sobretudo daqueles relacionados com as debilidades e doenças da velhice. Trata-se de uma preocupação que deve ser levada muito a sério, especialmente agora que as sociedades estão envelhecendo.

Do Japão aos Estados Unidos: sociedades que envelhecem rapidamente

Esta preocupação foi expressa de forma direta em várias ocasiões pelo proeminente político japonês Taro Aso, neto de um ex-primeiro-ministro japonês e ele mesmo primeiro-ministro de setembro de 2008 a setembro de 2009. Durante esse período, Aso foi o primeiro político de outro continente a visitar o presidente estadunidense Barack Obama na Casa Branca. Também durante esse período, em declarações que repercutiram em todo o planeta, Aso queixou-se do custo dos impostos para pagar o atendimento médico dos aposentados, um grupo social que precisa de atendimento médico frequente:

Vejo grupos de pessoas de 67 ou 68 anos de idade que andam por aí cambaleando e vão constantemente aos locais de serviços de saúde. Por que devo eu pagar para sustentar essas pessoas que se limitam a comer e beber e não fazem nenhum esforço?

Aso disse, e não sem razão, que estas pessoas, que têm a mesma idade que ele, teriam que se cuidar mais, por exemplo fazendo caminhadas diárias, e não depender tanto dos auxílios estatais. Em dezembro de 2012, após um período em que seu partido tinha sido tirado do governo e de ter renunciado à liderança do partido, Aso exerceu dois cargos: vice-primeiro-ministro e ministro de Finanças. Um mês mais tarde retomaria o tema dos custos derivados da população envelhecida em declarações ao jornal britânico *The Guardian*:

Taro Aso, ministro de Finanças, disse na segunda-feira que deveria ser permitido aos idosos "apressar sua morte" para aliviar a pressão sobre o Estado que paga seus cuidados médicos.

"Não permitam os céus ser forçado a continuar vivendo quando se quer morrer. Eu acordaria me sentindo cada vez pior se soubesse que o Estado paga (meus tratamentos) em sua totalidade", disse ele durante uma reunião do Conselho Nacional para a Reforma da Seguridade Social. "O problema não será resolvido a não ser que deixemos que eles se apressem em morrer..."

O aumento dos custos do Estado de bem-estar, sobretudo os relacionados ao cuidado dos idosos, está por trás da decisão do ano passado de dobrar o imposto ao consumo (sobre vendas), que será de 10% durante os próximos três anos...

Para completar o insulto, ele referiu-se aos pacientes idosos que já não podem se alimentar por si mesmos como "o pessoal do tubo".

O jornalista também informou sobre os planos de Aso no caso dele mesmo sofrer de alguma doença:

> Este homem de 72 anos, que é novamente vice-primeiro-ministro, disse que se negaria a receber cuidados paliativos. "Rejeito esse tipo de cuidados", afirmou em declarações dadas a meios locais, e acrescentou que tinha escrito uma nota dando instruções a sua família para que não lhe fosse fornecido nenhum tratamento médico que prolongasse sua vida.

Em duas ocasiões, em 2009 e 2012, as pressões políticas obrigaram Aso a retificar suas declarações públicas rapidamente. Com razão, seus assessores estavam preocupados com a possibilidade de perder o apoio do grande conjunto formado pelo eleitorado japonês idoso, o de maior crescimento e peso político. Dizer que os aposentados "andam por aí cambaleando" foi chocante demais, e assim Aso se desculpou. Insistiu que não havia tido a intenção de ferir os sentimentos de nenhum doente, e que, pelo contrário, tentava chamar a atenção para os galopantes custos médicos derivados das doenças causadas por hábitos de vida pouco saudáveis. Embora seja necessário respeitar o estilo de vida escolhido por cada um, não se pode permitir que os custos médicos derivados de tal escolha elevem-se indefinidamente. É justo dizer isso.

Os comentários que Aso fez no Japão lembravam os comentários feitos algumas décadas antes (1984) pelo governador do estado do Colorado (EUA), Richard Lamm, durante uma reunião pública em Denver. As opiniões expressas por Lamm foram registradas pelo *The New York Times*:

Os idosos com doenças terminais têm "o dever de morrer e sair do caminho" em vez de tentarem prolongar suas vidas de forma artificial, disse na terça-feira o governador do Colorado Richard D. Lamm.

As pessoas que morrem sem que sua vida seja artificialmente prolongada são como "folhas que caem de uma árvore e formam o húmus para que outras plantas possam crescer", disse o governador durante uma reunião da *Health Lawyers Association* ("Associação dos Advogados de Saúde", em português) no hospital St. Joseph, Colorado.

"Eles têm a obrigação de morrer e sair do caminho", disse o governador, de 48 anos.

No fundo, a preocupação de Lamm era a mesma que a de Aso:

Os custos dos tratamentos que permitem a alguns doentes terminais viver mais tempo estão estragando a saúde econômica do país.

Como sociedade, tomamos decisões coletivas para impor limites às liberdades pessoais. Por exemplo, insistimos em que todo mundo use cinto de segurança no carro, em parte porque queremos reduzir os custos médicos derivados dos ferimentos dos acidentes de trânsito. Mas o que acontece com os custos médicos derivados do aumento da expectativa de vida? Temos realmente o direito de continuar vivendo cada vez mais se os custos subirem sem parar por causa disso?

A esperança de que as pessoas morram rápido

O argumento de que seria melhor que os idosos "se apressassem para morrer" foi defendido não só por vários políticos, mas também (embora com palavras mais sutis) pelo proeminente escritor médico estadunidense Ezekiel Emanuel. Em outubro de 2014, Emanuel escreveu um artigo no *The Atlantic* (254) que tinha o subtítulo "Um argumento que defende que a sociedade e as famílias — e você mesmo — estariam em melhores condições se a natureza seguisse seu curso de forma rápida e oportuna". O título do artigo era ainda mais surpreendente que o subtítulo. Emanuel, que nasceu em 1957, escolheu a frase "Por que espero morrer aos 75". Em outras palavras, Emanuel espera morrer, sem atrapalhar os outros, aproximadamente em 2032.

Setenta e cinco. Isso é o quanto espero viver: 75 anos.

Este desejo deixa minhas filhas nervosas. Deixa meus irmãos nervosos. Meus melhores amigos acham que estou louco. Acham que não estou falando sério, que não pensei direito no assunto, já que no mundo há muitas coisas para ver e para fazer. Para me convencer de que estou errado, citam um monte de gente que eu conheço que superou os 74 anos e está bastante bem. Eles têm certeza de que, à medida que eu for chegando perto dos 75, prorrogarei meu desejo até os 80, depois até os 85, e talvez até os 90.

Estou convencido. A morte é uma perda, sem dúvida. Priva-nos de experiências e de conquistas, assim como de tempo com nosso cônjuge e nossos filhos. Em resumo, priva-nos de todas as coisas que apreciamos.

Mas aqui está uma verdade simples que muitos de nós parecem não querer aceitar: viver demais também é uma perda. Deixa muitos de nós — se não deficientes — mancando e com o corpo deteriorado, um estado que embora possa não ser pior do que a morte, também implica uma privação. Rouba-nos nossa criatividade e capacidade de contribuir no trabalho, na sociedade, no mundo. Muda a forma como as pessoas nos veem, relacionam-se conosco e, o que é mais importante, lembram de nós. Já não somos lembrados como pessoas enérgicas e ocupadas, mas como fracas, inúteis e inclusive patéticas.

As credenciais de Emanuel são impressionantes. É diretor do Departamento de Bioética Clínica do Instituto Nacional de Saúde dos Estados Unidos, presidente do Departamento de Ética Médica e Políticas de Saúde da Universidade da Pensilvânia e autor do famoso livro *Reinventando o Sistema de Saúde dos Estados Unidos: Como a lei para um seguro médico acessível melhorará nosso sistema, que é terrivelmente complexo, flagrantemente injusto, escandalosamente caro, grotescamente ineficiente e tendente ao erro*, um livro que fez uma implícita defesa enérgica das iniciativas no campo da saúde do presidente Barack Obama.

É evidente que Emanuel possui grandes conhecimentos. Portanto, trata-se de um importante defensor do paradigma da aceitação do envelhecimento. Seu ponto de vista merece nossa atenção. Ele constrói seu argumento fazendo referência ao caso de seu pai, Benjamin Emanuel, que também era médico:

> Meu pai exemplifica muito bem a situação. Há mais ou menos uma década, quando fez somente 77 anos, ele começou a ter dores no abdome. Como todo bom médico, empenhou-se em negar que isso tivesse importância. Porém, depois de três semanas sem melhorar, conseguimos convencê-lo a ir ao médico. Ele havia sofrido um ataque cardíaco, que levou a um cateterismo cardíaco e, em última instância, a uma ponte de safena. Desde então, deixou de ser ele mesmo.
>
> De repente, quem um dia tinha sido o hiperativo Emanuel tornou-se alguém com uma forma de andar e falar e um estado de ânimo mais lentos. Hoje ele pode nadar, ler o jornal, manter seus filhos grudados no telefone e ainda vive com minha mãe em sua própria casa. Entretanto, tudo acaba sendo muito lento. Embora não tenha morrido do ataque cardíaco, ninguém pode dizer que ele leva uma vida animada. Ao falar disso comigo, ele me disse: "Estou muitíssimo mais devagar. É inegável. Já não faço consultas no hospital nem dou aulas".

Aqui está a conclusão de Emanuel:

Durante os últimos 50 anos, os cuidados médicos não desaceleraram tanto o processo de envelhecer quanto o processo de morrer... O processo de morrer ficou mais demorado.

A questão é que essa expectativa de uma vida mais longa acarreta períodos mais longos de saúde debilitada no final da vida. Emanuel faz referência a dados quantitativos que apoiam seu ponto de vista:

Durante as últimas décadas, o aumento da longevidade parece ter vindo acompanhado de aumentos (não reduções) nas incapacitações. Por exemplo, mediante dados procedentes da *National Health Interview Survey* ("Pesquisa de Entrevistas de Saúde Nacional", em português), Eileen Crimmins, uma pesquisadora da Universidade do Sul da Califórnia, e um colega avaliaram o estado físico dos adultos. Para isso, analisaram sua capacidade de andar 400 metros, subir dez degraus, ficar em pé ou sentado durante duas horas e levantar-se, curvar-se ou ajoelhar-se. Os resultados mostram que à medida que as pessoas envelhecem, produz-se uma deterioração progressiva de seu estado físico. E o que é mais importante: Crimmins descobriu que entre 1998 e 2006, a perda de mobilidade funcional dos idosos aumentou. Em 1998, cerca de 28% dos homens estadunidenses de 80 anos ou mais sofriam de alguma limitação funcional; em 2006 essa cifra era de quase 42%. No caso das mulheres os resultados foram ainda piores: mais da metade das mulheres de 80 anos ou mais sofria de alguma limitação funcional.

A chance de levar uma vida problemática na velhice aumenta se forem levadas em conta algumas estatísticas sobre derrames:

Consideremos os derrames, por exemplo. A boa notícia é que fizemos grandes avanços na hora de reduzir a mortalidade devido a derrames. Entre 2000 e 2010, o número de mortes por causa de derrames diminuiu em mais de 20%. A má notícia é que muitos dos aproximadamente 6,8 milhões de estadunidenses que sobreviveram a um derrame sofrem de paralisia ou incapacidade de falar. E muitos dos 13 milhões de outros estadunidenses que se calcula que sobreviveram a um derrame "de forma silenciosa" padecem de disfunções cerebrais mais sutis como anormalidades nos processos cognitivos, na regulação do caráter e no funcionamento intelectual. E o que é pior: prevê-se que nos próximos 15 anos ocorrerá um aumento de 50% no número de estadunidenses com deficiências provocadas por derrames.

Além disso, devemos levar em conta o desafio apresentado pelo caso da demência:

> A situação torna-se ainda mais preocupante quando analisamos a mais terrível de todas as possibilidades: viver com demência e com outras deficiências mentais adquiridas. Atualmente há aproximadamente 5 milhões de estadunidenses com mais de 65 anos que sofrem do mal de Alzheimer, e um em cada três estadunidenses com 85 anos ou mais tem Alzheimer. As chances disso mudar nas próximas décadas não são boas. Numerosos testes recentes com medicamentos que supostamente deteriam o Alzheimer mas que nem o reverteriam nem o preveniriam, fracassaram tão estrepitosamente que os pesquisadores estão repensando todo o paradigma da doença que guiou a maior parte das pesquisas nas últimas décadas. Em vez de prever uma cura no futuro imediato, muitos alertam para um tsunami de demência, um aumento de cerca de 300% no número de idosos estadunidenses com demência em 2050.

O custo do envelhecimento

O ponto de vista defendido por Emanuel lembra a opinião expressa em 2003 por Francis Fukuyama, especialista em ciência política estadunidense de origem japonesa e professor das universidades Johns Hopkins e Stanford. Fukuyama participou de um debate da *SAGE Crossroads* sobre "O Futuro do Envelhecimento" e explicou:

> O prolongamento da vida parece-me um exemplo perfeito de externalidade negativa. Isso significa que, individualmente, é racional e desejável para qualquer pessoa, mas acarreta custos para a sociedade que podem ser negativos.
>
> Aos 85 anos, cerca de 50% das pessoas desenvolve alguma forma de Alzheimer, e a razão pela qual vivemos a atual explosão desta doença em particular é que todos os esforços acumulados pela biomedicina permitiram às pessoas viver o suficiente para contrair essa doença debilitante...
>
> Eu tive uma experiência pessoal com ela. Minha mãe esteve em uma residência para idosos durante os últimos anos de sua vida. Ao analisarmos a situação dessas pessoas, enfrentamos um importante conflito do ponto de vista moral. Ninguém quer que seus entes queridos morram, mas esses entes queridos caíram numa situação na qual perderam qualquer controle.

Os pesquisadores estadunidenses Berhanu Alemayehu e Kenneth E. Warner estudaram em 2004 que proporção do gasto (ajustado à inflação) investido por alguém em serviços de saúde corresponde a cada uma das etapas da sua vida, e publicaram o resultado no relatório *A distribuição dos custos derivados dos cuidados médicos ao longo da vida*. Neste trabalho analisaram o gasto em serviços médicos de quase quatro milhões de membros do plano de seguros médicos Blue Cross Blue Shield de Michigan, assim como dados procedentes do *Medicare Current Beneficiary Survey* ("Censo sobre Atuais Beneficiários do Medicare"), do *Medical Expenditure Panel Survey* ("Análise de Painel de Gastos Médicos"), do *Michigan Mortality Database* ("Base de Dados de Mortalidade de Michigan") e as contas dos pacientes em residências de idosos de Michigan. Eles demonstraram que uma pessoa que segue viva com a idade de 85 anos ainda terá à sua frente 35,9% dos custos totais de serviços médicos de toda sua vida. Se alguém vive até os 65 anos, encontramos a terrível cifra de 59,6%.

O maior gasto em serviços médicos destinados a pessoas idosas pode ser compreendido como o resultado de vários fatores:

- *À medida que as pessoas envelhecem, ficam suscetíveis a sofrer de mais de uma doença ao mesmo tempo, o que é conhecido como "comorbidade".*

- *Os pacientes com comorbidade já consomem uma parte importante do gasto nacional de saúde devido às complexas interações que são produzidas entre os diferentes problemas de saúde.*

- *Mesmo sem sofrer comorbidade, é menos provável que um idoso responda rapidamente aos tratamentos médicos padrão, já que seu corpo é mais fraco e menos resistente.*

- *À medida que a saúde dos idosos se deteriora, a ciência médica pode mantê-los com vida durante mais tempo do que no passado, mas tendo como consequência o prolongamento dos tratamentos, que portanto tornam-se mais caros.*

- *Esse padrão encaixa-se dentro de outro mais amplo que às vezes costumamos chamar de "crise demográfica":*
  - As famílias têm menos filhos.
  - Os idosos vivem mais.
  - A quantidade de pessoas que trabalham diminui continuamente em comparação com aquelas que saíram da força de trabalho, e que provavelmente gerarão mais custos de saúde.
  - Se não houver mudanças substanciais, as economias nacionais correm o risco de ir à falência devido à crescente demanda por serviços de saúde.

Emanuel não defende nem a eutanásia nem o suicídio assistido, nem nada parecido, e de fato conta com um longo histórico de oposição férrea a esse tipo de iniciativas. Não é isso o que ele tem em mente. Pelo contrário, o que ele propõe é que:

> Quando eu fizer 75 anos, minha forma de ver os cuidados médicos mudará completamente. Não acabarei com minha vida de propósito. Mas também não tentarei prolongá-la. Hoje, quando um médico recomenda um exame ou um tratamento, especialmente um que prolongará nossas vidas, cabe a nós dar uma boa razão para que rejeitemos tal tratamento. A pressão da medicina e da família faz com que aceitemos isso quase sempre.
>
> Minha intenção é mudar completamente esta dinâmica. Oriento-me pelo que disse Sir William Osler em seu livro-texto, um clássico escrito durante a virada do século XIX para o XX, *Os Princípios e a Prática da Medicina*: "A pneumonia poderia ser definida como a melhor amiga dos anciãos. Levado por ela, uma doença aguda, curta e normalmente não dolorosa, o ancião escapa das 'frias progressões da deterioração', tão penosas para ele e para seus amigos".
>
> Minha filosofia, inspirada por Osler, é esta: a partir dos 75 anos, precisarei de uma boa razão para até mesmo ir a uma consulta médica e me submeter a qualquer tipo de exame ou tratamento, independentemente de ser rotineiro ou indolor. E essa boa razão não é "isso prolongará sua vida". Pararei de realizar exames, testes e intervenções preventivas periódicas. Só aceitarei cuidados paliativos, não curativos, se eu tiver dores ou qualquer outra deficiência.
>
> Isso significa que as colonoscopias e outros exames para detectar o câncer ficam descartadas (inclusive antes dos 75 anos). Se hoje, com 57 anos, for diagnosticado câncer em mim, provavelmente eu o trataria, a não ser que o prognóstico fosse muito grave. Porém, aos 65 anos farei minha última colonoscopia. Não farei mais exames para detectar o câncer de próstata. Se um urologista pedisse um exame de PSA ao laboratório mesmo eu tendo dito que não estava interessado e me ligasse para dizer os resultados, eu desligaria o telefone antes de que ele pudesse contá-los para mim. Eu lhe diria que ele fez o exame por ele, não

por mim. Depois dos 75, se eu tiver câncer, negarei ser tratado. Da mesma forma, não farei testes de esforço cardíaco. Não colocarei um marca-passo e obviamente não terei um desfibrilador implantável. Não me submeterei a nenhuma substituição de válvulas nem a nenhuma cirurgia para colocar uma ponte de safena. Se eu contrair enfisema ou alguma doença similar que acarrete agravamentos frequentes que, em geral, me levem ao hospital, aceitarei o tratamento para aliviar o incômodo da sensação de sufocação, mas me negarei a permanecer no hospital.

E no caso de problemas simples? As vacinas contra a gripe ficam descartadas. Não questiono que, se ocorrer uma epidemia de gripe, alguém mais jovem com toda a vida pela frente deva se vacinar ou tomar medicamentos antivirais. Um desafio importante é apresentado pelos antibióticos contra a pneumonia ou contra as infecções da pele e as urinárias. Os antibióticos são baratos e muito efetivos na hora de curar infecções. É muito difícil negar-se a tomá-los. De fato, mesmo as pessoas que têm certeza de não querer se submeter a tratamentos que prolonguem a vida encontram dificuldades na hora de se negar a tomar antibióticos. Porém, como recorda Osler, diferentemente da deterioração associada às doenças crônicas, a morte por estas infecções é rápida e relativamente indolor. Dessa forma, nada de antibióticos.

Obviamente, escrevi e registrei uma ordem para eu não ser ressuscitado e diretrizes precisas para que não me sejam aplicados respiradores, diálise, cirurgias, antibióticos nem nenhuma outra medicação, nada exceto cuidados paliativos mesmo se eu estiver consciente mas não mentalmente capacitado. Em resumo, nada de intervenções para me manter com vida. Morrerei da primeira coisa que acabar comigo.

Choque de paradigmas

O ponto de vista de Emanuel pode ser qualificado como corajoso e generoso. Além disso, é coerente com o paradigma que ele utiliza para interpretar o mundo:

- *Os custos médicos continuam crescendo devido aos idosos, e a sociedade é cada vez menos capaz de assumir esses custos.*
- *Antigas esperanças de realizar progressos na cura de doenças como a demência demonstraram ser infundadas.*
- *Os idosos, ao estarem afetados de forma duradoura por doenças relacionadas à idade, têm uma qualidade de vida baixa.*
- *A sociedade precisa de uma estratégia racional e humana para distribuir seus limitados recursos para a saúde.*
- *Os idosos já viveram os melhores anos de suas vidas, e já passaram por seu momento de máxima produtividade e criatividade.*

Em relação a este último ponto, Emanuel cita o famoso cientista Albert Einstein:

> O fato é que aos 75 anos, a criatividade, a originalidade e a produtividade acabaram para a imensa maioria de nós. É bem sabido que Einstein disse: "Se alguém não tiver feito sua grande contribuição à ciência antes dos 30 anos, nunca a fará."

É interessante que Emanuel sinta-se obrigado a contradizer Einstein imediatamente e que depois reitere sua opinião de forma menos radical:

> (Einstein) foi muito drástico em sua avaliação. E estava errado. Dean Keith Simonton, da Universidade da Califórnia em Davis, um destacado pesquisador sobre o envelhecimento e a criatividade, realizou muitos estudos e descreveu a curva que normalmente relaciona idade e criatividade: a criatividade aumenta

rapidamente quando começa a carreira profissional, chega a seu máximo uns 20 anos depois, aos 40 ou 45 anos de idade, e depois entra em um lento declínio relacionado com o envelhecimento. Ocorrem variações entre as diferentes disciplinas, mas não são muito grandes. Atualmente, a média de idade em que os físicos que ganham o prêmio Nobel realizam sua descoberta (não a idade em que recebem o prêmio) é de 48 anos. Os químicos e físicos teóricos fazem suas maiores contribuições um pouco antes dos pesquisadores empíricos. Da mesma forma, os poetas tendem a alcançar seu máximo antes dos romancistas. Um estudo do próprio Simonton sobre compositores musicais demonstra que, em geral, um compositor escreve sua primeira grande obra aos 26 anos, alcança sua melhor etapa aos 40 com sua melhor obra e seu máximo nível de produção, e depois entra em declínio (sua última composição importante é escrita aos 52 anos).

Entretanto, Emanuel também se vê obrigado a citar depois alguns contraexemplos:

Há mais ou menos uma década, comecei a trabalhar com um importante economista da saúde que estava a ponto de fazer 80 anos. Nossa colaboração foi extraordinariamente produtiva. Publicamos numerosos estudos que influenciaram nos debates em torno da reforma do sistema de saúde. Meu colega é brilhante e segue sendo um importante colaborador, e este ano fez 90 anos. Porém, trata-se de um caso atípico, já que é uma pessoa muito especial.

Emanuel dá a entender que tais contraexemplos são muito escassos devido à complexidade do cérebro e ao declínio na chamada "plasticidade cerebral":

A curva que relaciona idade e criatividade, sobretudo no que se refere ao declínio, é a mesma em diferentes culturas e em diferentes períodos históricos, o que sugere a existência de certo determinismo biológico subjacente relacionado à plasticidade cerebral.

Sobre a biologia apenas podemos especular. As conexões entre os neurônios estão sujeitas a intensos processos de seleção natural. As conexões neuronais mais utilizadas são reforçadas e mantidas, enquanto que aquelas que se usam pouco ou nada se atrofiam e desaparecem com o tempo. Embora a plasticidade cerebral se mantenha por toda a vida, não podemos nos reconfigurar completamente. À medida que envelhecemos, forjamos uma rede muito grande de conexões construídas ao longo da vida graças a experiências, pensamentos, sentimentos, ações e memórias. Estamos à mercê de quem fomos. É difícil, se não for impossível, gerar pensamentos novos e criativos, já que não desenvolvemos um novo conjunto de conexões neuronais que possam substituir a rede existente. É muito difícil para as pessoas de mais idade aprender novos idiomas. Todos esses quebra-cabeças mentais são um esforço por atrasar a erosão de nossas conexões neuronais. Uma vez que você exprime a criatividade das redes neuronais construídas durante a primeira parte da sua carreira, não é provável que sejam desenvolvidas novas conexões cerebrais fortes que gerem ideias inovadoras, exceto no caso daqueles que, como meu colega, são excepcionais e representam uma minoria dotada de uma plasticidade superior.

Em resposta à questão de por que a medicina não pode fazer com que muito mais pessoas vivenciem esse mesmo tipo de criatividade e produtividade aumentadas que ele qualifica como "excepcionais", Emanuel apoia-se novamente em um dos pontos de seu paradigma, ou seja, que as antigas esperanças de realizar progressos na cura de doenças como a demência mostraram-se infundadas.

Mudança de paradigma

Não é de se estranhar que os diferentes pontos desse paradigma encaixem bem entre si e reforcem uns aos outros. É disso que os paradigmas extraem sua força. Entretanto, o objetivo de reduzir o gasto em saúde dos idosos pode ser alcançado de uma maneira muito diferente: através das ideias que antecipam o paradigma do rejuvenescimento. Se for verdade que a pesquisa médica inteligente e concentrada pode atrasar o início e as consequências do envelhecimento (talvez indefinidamente), a sociedade se beneficiará enormemente. De fato, uma maior quantidade de pessoas:

- *Deixará de envelhecer e se debilitar.*
- *Deixará de ser vítima de doenças relacionadas à idade (incluídas doenças como o câncer e as cardiovasculares, cuja probabilidade de se ter e sua gravidade aumentam com a idade).*
- *Deixará de consumir grande quantidade de serviços médicos derivados de longos períodos de doença.*
- *Continuará fazendo parte de forma ativa e produtiva da força de trabalho, e conservará seu vigor e entusiasmo.*

Portanto, investimentos a curto prazo terão como resultado consideráveis benefícios financeiros e sociais graças à melhora da saúde e ao atraso do envelhecimento. Isso é conhecido como o "dividendo da longevidade".

O dividendo da longevidade

O conceito de dividendo da longevidade foi introduzido em um artigo de 2006 na revista científica *The Scientist* chamado "Em busca do dividendo da longevidade". O artigo foi escrito por um quarteto de experientes pesquisadores procedentes de várias áreas relacionadas ao envelhecimento: S. Jay Olshansky, professor de epidemiologia e bioestatística na Universidade de

Illinois, Chicago (EUA); Daniel Perry, então diretor-executivo da *Alliance for Aging Research* ("Aliança para a Pesquisa do Envelhecimento", em português) em Washington, DC (EUA); Richard A. Miller, professor de patologia na Universidade de Michigan, Ann Arbor (EUA); e Robert N. Butler, presidente e diretor-executivo do *International Longevity Center* ("Centro Internacional da Longevidade", em português) de Nova York. O artigo conclama urgentemente a:

> Um esforço coordenado para tornar mais lento o envelhecimento que deveria começar imediatamente, já que salvaria e prolongaria vidas, melhoraria a saúde e criaria riqueza.

Merece destaque a última destas razões: este esforço por tornar mais lento o envelhecimento *criaria riqueza*. Os autores do artigo são otimistas quanto às perspectivas científicas do antienvelhecimento:

> Nas últimas décadas, os biogerontologistas reuniram muitas informações sobre as causas do envelhecimento. Revolucionaram nossa compreensão da biologia da vida e da morte. Dissiparam ideias errôneas muito arraigadas sobre o envelhecimento e seus efeitos, e pela primeira vez proporcionaram bases científicas reais quanto à possibilidade de prolongar e melhorar a vida.
>
> A ideia de que as doenças relacionadas ao envelhecimento ocorrem independentemente dos genes e/ou fatores de risco relacionados aos hábitos foi descartada por evidências que demonstram que as intervenções genéticas e alimentares podem atrasar quase todas as doenças da velhice ao mesmo tempo. Vários modelos sobre linhas de evidência que vão dos eucariontes simples até os mamíferos sugerem que é possível que nossos próprios corpos tenham "interruptores" que influenciem na velocidade com a qual envelhecemos. Estes interruptores não são absolutamente fixos, sendo que podem ser ajustados...
>
> Sabe-se que é falsa a crença de que o envelhecimento é um processo imutável programado pela evolução. Em décadas recentes,

nosso conhecimentos sobre como, porque e quando ocorrem os processos de envelhecimento progrediu tanto que muitos cientistas acreditam que se for incentivada o suficiente, esta linha de pesquisa poderia beneficiar pessoas atualmente vivas. A ciência do envelhecimento tem o potencial de conseguir o que nenhum medicamento, procedimento cirúrgico ou modificação do comportamento pode conseguir; prolongar nossos anos de vigor juvenil e ao mesmo tempo adiar todas as custosas, incapacitantes e letais doenças que surgem com o envelhecimento.

Como consequência, os pesquisadores preveem muitas vantagens, inclusive "enormes benefícios econômicos":

> Além dos óbvios benefícios para a saúde, graças ao prolongamento da vida saudável, serão produzidos enormes benefícios econômicos. Ao prolongar-se o período da vida no qual se manifestam níveis mais altos nas capacidades físicas e mentais, as pessoas permanecerão mais tempo no mercado de trabalho, a renda e as poupanças pessoais aumentarão, os programas de assistência à velhice enfrentarão menores pressões provenientes das mudanças demográficas e há razões para se acreditar que as economias nacionais prosperarão. A ciência do envelhecimento tem o potencial de produzir o que nós chamamos de um "Dividendo da Longevidade" na forma de melhoras sociais, econômicas e de saúde tanto para os indivíduos quanto para populações inteiras, um dividendo que começaria com as gerações vivas hoje em dia e continuaria com todas as seguintes.

Os autores continuam com uma lista com as diferentes maneiras pelas quais o prolongamento da vida saudável criaria riqueza, tanto para os indivíduos quanto para as sociedades nas quais vivem:

- *Os idosos saudáveis acumulariam mais economias e investimentos que aqueles afetados pelas doenças.*
- *Eles tenderiam a se manter produtivos na sociedade.*

- *Seriam desencadeados booms econômicos nos chamados mercados maduros, entre os quais se encontram os serviços financeiros, o turismo, a hotelaria e as transferências intergeracionais a gerações mais jovens.*
- *As melhoras no estado de saúde também provocariam menos faltas escolares e laborais, estando associadas a uma melhor educação e mais alta renda.*

Entretanto, os autores também levam em conta o cenário alternativo, no qual as pesquisas sobre as terapias de rejuvenescimento têm escassos recursos e avançam muito devagar. Neste cenário, as doenças relacionadas ao envelhecimento exigiriam da sociedade progressivos aumentos de gastos.

Utilizemos, como exemplo, o impacto que tem somente um dos distúrbios relacionados ao envelhecimento, o mal de Alzheimer (MA). Somente devido à inevitável mudança demográfica, o número de estadunidenses afetados pelo MA passará dos 4 milhões atuais para 16 milhões em meados deste século. Isso significa que nos Estados Unidos haverá mais gente com MA em 2050 do que habitantes atualmente nos Países Baixos.

A nível mundial, espera-se que a prevalência do MA chegue aos 45 milhões em 2050, quando três em cada quatro pacientes com MA viverão em uma nação em desenvolvimento. Atualmente, as perdas econômicas nos Estados Unidos somam entre 80 e 100 bilhões de dólares, mas em 2050 serão de um trilhão de dólares em gastos anuais em MA e nas demências associadas. Só o impacto dessa doença será catastrófico, e esse é somente um dos efeitos possíveis.

As doenças cardiovasculares, a diabetes, o câncer e outros problemas relacionados ao envelhecimento são responsáveis por bilhões de dólares desviados ao "cuidado de doentes". Pensemos nos problemas de saúde dos quais a população padece em muitos países em desenvolvimento nos quais há pouca ou nenhuma formação geriátrica nos sistemas de saúde. Em meados deste século, os idosos da China e da Índia superarão o total da população atual dos Estados Unidos. Essa onda demográfica é um fenômeno global que está levando o financiamento dos sistemas de saúde diretamente rumo ao abismo.

Em outras palavras, estes pesquisadores preveem a mesma crise financeira exposta por Ezekiel Emanuel. Entretanto, enquanto que Emanuel recomenda a retirada (voluntária) da custosa ajuda médica ao se alcançar determinada idade, por exemplo aos 75 anos, estes quatro autores acreditam que a ciência do antienvelhecimento pode proporcionar uma solução melhor que não implique a morte nem a interrupção da ajuda médica:

> Os países podem se ver tentados a continuar atacando as doenças e deficiências da velhice separadamente, como se não tivessem nada a ver umas com as outras. Assim é como se pratica a maior parte da medicina e da pesquisa médica hoje em dia. Os Institutos Nacionais de Saúde dos Estados Unidos estão organizados sob a premissa de que as doenças e as desordens atacam-se de forma individual. Nos Estados Unidos, mais da metade do orçamento para lutar contra o envelhecimento do Instituto Nacional do Envelhecimento dedica-se ao Alzheimer. Porém, as mudanças biológicas que predispõem a que todos soframos de doenças e desordens mortais e incapacitantes são produzidas por processos do envelhecimento. Portanto, o razoável seria que as intervenções para atrasar o envelhecimento se tornassem uma de nossas prioridades máximas.

É evidente que tais intervenções são o tema deste livro. Defendemos a previsão que afirma que em relativamente pouco tempo teremos à disposição tratamentos que permitirão prolongar indefinidamente a expectativa de vida saudável. Os impulsionadores do dividendo da longevidade apontam que, mesmo se o prolongamento não chegar a ser indefinido — se, por exemplo, só resultasse em sete anos a mais de vida saudável

— continuaria sendo extremamente positivo tanto do ponto de vista econômico quanto humanitário:

> Prevemos um objetivo que, sendo realistas, é alcançável: uma pequena desaceleração no ritmo do envelhecimento suficiente para postergar todas as doenças e desordens relacionadas ao envelhecimento em uns sete anos. Escolhemos este objetivo porque o risco de morte e de se sofrer a maior parte dos atributos negativos do envelhecimento tende a crescer de forma exponencial durante a idade adulta, e se multiplica por dois aproximadamente a cada sete anos. Um atraso dessas características provocaria mais benefícios para a saúde e para a longevidade que aqueles conseguidos com a eliminação do câncer e das doenças cardiovasculares. E acreditamos que isso pode ser conseguido para gerações que já nasceram.
>
> Se conseguirmos atrasar o envelhecimento em sete anos, o risco específico em cada idade de padecer-se de uma doença mortal, uma debilidade ou uma deficiência se veria reduzido aproximadamente à metade. Os que no futuro chegarem aos 50 terão o perfil de saúde e o risco de sofrer doenças daqueles que hoje têm 43; aqueles que chegarem aos 60 anos se assemelhariam aos que hoje têm 53, etc. Uma vez conseguido isso, é igualmente importante o fato de que esse atraso de sete anos acarretaria os mesmos benefícios de saúde e de longevidade para as gerações vindouras, da mesma forma que as crianças que nascem atualmente na maior parte dos países beneficiam-se da descoberta e do desenvolvimento das vacinas.

Quantificação do dividendo da longevidade

Contra a ideia do dividendo da longevidade costumam ser considerados três argumentos principais, concretamente:

1. O primeiro é a posição radical que diz que nenhuma acumulação de pesquisas vai chegar a estender a longevidade saudável em humanos por esse período de sete

anos de que se fala. Esta posição sustenta que melhoras similares às do passado não podem se repetir no presente, independentemente do nível de investimento realizado.

2. O segundo argumento sustenta que tais pesquisas serão extremamente caras, de forma que os possíveis benefícios econômicos derivados de expectativas de vida saudável mais longas seriam contrabalançados pelos enormes custos de se obter tais benefícios.

3. Por último, o terceiro argumento sustenta que os benefícios do dividendo da longevidade são só temporários: o relevante gasto médico destinado aos idosos não fica anulado, apenas adiado.

Rejeitamos prontamente o primeiro argumento de que na longevidade saudável "nunca serão conseguidos mais avanços importantes". Pelo contrário, o que de fato está por se ver é o "quanto", o "quão rápido" e o "quanto vai custar". Isso nos leva ao segundo argumento. É um argumento que merece nossa atenção, e por isso deveríamos tentar quantificar as cifras em jogo.

Uma maneira de abordar as cifras é encontrada em um artigo escrito pelos acadêmicos estadunidenses Dana Goldman, David Cutler e outros colaboradores sob o título "Uma melhora substancial da saúde e os benefícios derivados da retardação do envelhecimento podem apoiar um novo enfoque sobre a pesquisa médica". Goldman é professor de políticas públicas e economia farmacêutica, além de diretor do Centro Schaeffer de Políticas e Economia da Saúde na Universidade do Sul da Califórnia, enquanto que Cutler é professor de economia na Universidade de Harvard.

Esses autores começam dizendo que, *se os sistemas de saúde mantiverem a dinâmica que têm no presente*, o gasto no seguro médico para pessoas de idade (o chamado *Medicare*, que proporciona seguro médico aos estadunidenses a partir dos 65 anos) vai passar de 3,7% do PIB dos Estados Unidos em 2012 a um gigantesco

7,3% em 2050. Isso reflete o maior tempo em estado de incapacidade em que estão os idosos em comparação com o passado:

Embora a luta contra as doenças tenha prolongado a vida dos jovens e das pessoas de meia-idade, as evidências sugerem que pode não prolongar a vida saudável uma vez que tenhamos alcançado idades muito avançadas. O aumento dos índices de incapacitação ocorre acompanhado de um aumento na expectativa de vida, mas ficando a expectativa de vida saudável intacta ou inclusive reduzida em relação ao passado...

À medida que se envelhece, as pessoas tornam-se menos propensas a serem vítimas de uma só doença, que era o que ocorria antes. Pelo contrário, causas superpostas de morte que estão mais diretamente associadas com o envelhecimento biológico (por exemplo, as doenças coronarianas, o câncer, derrames e o mal de Alzheimer) acumulam-se em um mesmo indivíduo quando este alcança idades muito avançadas. Estes problemas elevam o índice de mortalidade e dão lugar à fragilidade e à incapacitação que acompanham a velhice.

Os autores estudam quatro cenários diferentes. Todos surgem dependendo dos diferentes tipos de progresso médico que podem ocorrer no período entre 2010 e 2050:

- *O "cenário do status quo", no qual as taxas de mortalidade por doença não mudem durante o período indicado.*

- *Um "cenário de retardação do câncer", no qual a incidência do câncer se reduza em 25% entre 2010 e 2030, e que depois se mantenha constante.*

- *Um "cenário de retardação das doenças coronarianas", no qual a incidência das doenças coronarianas se reduza em 25% entre 2010 e 2030, e que depois se mantenha constante.*

- *Um "cenário de retardação do envelhecimento", no qual "a mortalidade derivada de fatores como a idade, ao contrário do que ocorre com a exposição a fatores de risco externos como os traumatismos ou o tabaco, se reduza em 20% em 2050".*

O quarto destes cenários combina com a ideia que este livro defende. Da forma como descrevem os autores:

> Apesar de que esse cenário alteraria as consequências de adoecer, não se trataria da mesma situação que os cenários nos quais se previnem as doenças, já que abordaria os processos biológicos que se escondem por trás do envelhecimento. Este cenário reduziria a mortalidade e a probabilidade de se contrair tanto doenças crônicas (doenças cardiovasculares, derrames ou ataques isquêmicos transitórios, diabetes, bronquite crônica e enfisema, e hipertensão) quanto incapacitações em 1,25% por cada ano de vida uma vez superados os 50 (o período vital no qual surge a maior parte das doenças). As fases dessa redução se distribuem em 20 anos. Começa-se com uma redução de 0% em 2010 e aumenta-se linearmente até se alcançar a redução de 1,25% em 2030.

Os três cenários de intervenção propiciam um aumento na expectativa de vida. A alguém que em 2030 tivesse 51 anos restaria uma expectativa de vida de 35,8 anos (cenário do status quo), 36,9 anos (cenário com retardação do câncer), 36,6 anos (cenário com retardação das doenças cardiovasculares) ou 38 anos (cenário com retardação do envelhecimento). O cenário com retardação do envelhecimento é o que chega mais longe porque afeta o conjunto de doenças relacionadas ao envelhecimento, enquanto que nos outros dois casos as pessoas continuam sendo vulneráveis a todas as doenças, com exceção da doença particularmente abordada em cada uma das intervenções.

Os aumentos na expectativa de vida são modestos, apenas cerca de um ano nos cenários de doenças específicas e de 2,2 anos no cenário com retardação do envelhecimento. Entretanto, o que acaba sendo muito mais impactante são as consequências financeiras destas retardações em cada um dos modelos estudados. Ao juntar os custos esperados gerados pelos programas públicos como o atendimento à saúde dos idosos, o atendimento à saúde das pessoas carentes, seguros por incapacitação, auxílios por complementos da seguridade social, etc., e ao incluir as estimativas sobre os benefícios da produtividade derivados das melhores condições de vida, os autores calculam que o valor econômico do cenário com retardação do envelhecimento seria de US$ 7,1 trilhões durante o período que vai até 2060. Este benefício tem duas origens:

1. Um menor número de idosos incapacitados, até cinco milhões a menos nos Estados Unidos por cada um dos anos entre 2030 e 2060.

2. Um aumento no número de idosos não incapacitados, até dez milhões a mais nos Estados Unidos durante o período considerado, o que tem como resultado maiores contribuições à economia (tanto do ponto de vista da produção quanto do consumo).

Como as diferenças que se conseguiriam nos outros dois cenários (o da retardação do câncer e o da retardação das doenças coronarianas) são muito menores, os benefícios derivados deles também são muito menores. Essa é outra das razões pelas quais se deveria dar prioridade ao rejuvenescimento em vez de se continuar tratando as doenças de forma individualizada.

É inevitável que existam muitas dúvidas em relação às cifras mencionadas. Entretanto, mesmo se a cifra destacada de US$ 7,1 trilhões estivesse significativamente errada, as vantagens continuariam sendo muito grandes. E o que acaba sendo especialmente interessante é que estes benefícios surgem de um aumento na expectativa de vida muito pequeno, de apenas 2,2 anos. *Imaginem quão grandes poderiam ser os benefícios derivados de um aumento maior.*

Benefícios financeiros derivados de vidas mais longas

É preciso levar em conta que a economia descrita na seção anterior depende de que sejam produzidas relevantes mudanças nas regras que determinam o direito de se receber aposentadorias e pensões do Estado de bem-estar social. Assim como Goldman, Cutler e seus colegas afirmam:

> A retardação do envelhecimento aumentaria consideravelmente o número de pessoas com direito a aposentadoria, especialmente uma da seguridade social. Entretanto, estas mudanças poderiam ser compensadas por um aumento na idade de acesso ao programa de cuidados de saúde para idosos e por um aumento da idade de aposentadoria na seguridade social.

Sem mudanças quanto ao início e ao plano de pagamento das aposentadorias, mais anos de vida de fato aumentariam as dificuldades financeiras já existentes. O alcance destes problemas ficou evidente em um relatório de 2012 do Fundo Monetário Internacional, como aparece resumido em um artigo da Reuters escrito por Stella Dawson intitulado "Os custos do envelhecimento aumentam mais rápido que o esperado":

> Em todo o mundo, as pessoas vivem em média três anos a mais que o esperado, o que faz aumentar os custos do envelhecimento em 50%, e os governos e os fundos de pensão estão mal preparados, segundo o Fundo Monetário Internacional.
>
> Os custos de cuidar dos idosos da geração do *"baby boom"* (o período posterior à Segunda Guerra Mundial, entre 1946 e 1964) está começando a sobrecarregar os orçamentos públicos, sobretudo nas economias avançadas, nas quais em 2050 os idosos praticamente estarão em mesmo número que os trabalhadores ativos. O estudo do FMI aponta que o problema é global e que a longevidade é um risco maior do que se pensava.
>
> Se em 2050 todo mundo viver só três anos a mais que o esperado atualmente, como ocorreu em relação à subestimação da longevidade até o momento, a sociedade precisaria de um aumento dos recursos equivalente a 1 ou 2% anuais.
>
> Só no caso dos planos de aposentadorias nos Estados Unidos, um aumento de três anos na expectativa de vida geraria

um aumento de 9% na dívida, segundo o FMI, com intenção de chamar a atenção dos governos e do setor privado para que se preparem agora para o risco que geram as expectativas de vida mais longas.

Falamos, portanto, de cifras enormes:

> Para dar uma ideia do quão caro seria, o FMI calculou que, se as economias avançadas cobrirem imediatamente os custos em pensões relativas a três anos a mais de vida, teriam que economizar o equivalente a 50% do PIB de 2010 (a economia nos países emergentes teria que ser de 25% do PIB de 2010).
>
> Estes custos adicionais somam-se a um aumento total do gasto que se espera ser multiplicado por dois até o ano 2050 devido ao envelhecimento da população. Quanto antes o problema for enfrentado, mais fácil será controlar o risco derivado de que as pessoas vivam mais, segundo o FMI.

Entretanto, este relatório não fala de duas coisas fundamentais que deve-se considerar em qualquer visão do futuro:

1. O potencial de pessoas mais longevas para contribuir mais com a economia (sem representar uma drenagem de recursos).
2. A possibilidade de mudar a idade na qual se comece a pagar as aposentadorias para harmonizá-la com as mudanças na expectativa de vida média.

Um argumento similar é defendido pelos economistas Henry Aaron e Gary Burtless, do *Brookings Institution* de Washington DC, em seu livro *Acabar com o déficit: quanto ajudaria aumentar a idade de aposentadoria?* Suas conclusões são resumidas por Walter Hamilton no *Los Angeles Times*:

> O livro aponta que as pessoas com mais de 60 anos postergaram progressivamente sua idade de aposentadoria durante os últi-

mos 20 anos. Entre 1991 e 2010, a taxa de pessoas trabalhando aumentou em mais da metade entre os homens de 68 anos, e cerca de dois terços no caso das mulheres dessa idade.

Como as pessoas trabalham até idades mais avançadas, também geram rendimentos adicionais pelo pagamento de impostos, o que poderia reduzir os déficits do governo federal e o gasto da seguridade social.

O aumento do trabalho poderia incrementar os rendimentos do governo em até 2,1 trilhões durante as próximas três décadas.

Os gastos da seguridade social e do programa de atendimento à saúde dos idosos poderiam ser reduzidos em mais de 600 bilhões de dólares à medida que as pessoas postergassem sua entrada em tais programas. O efeito total, incluída a economia por juros derivada de déficits anuais mais baixos, poderia reduzir a diferença entre a arrecadação do setor público e seu gasto em mais de US$ 4 trilhões até 2040.

William Nordhaus, o famoso economista estadunidense da Universidade de Yale, havia chegado mais ou menos à mesma conclusão em sua publicação de 2002 "A saúde das nações: a contribuição das melhoras na saúde na qualidade de vida". Nordhaus analisou as causas das melhoras dos resultados econômicos durante o século XX, e sua conclusão foi que o aumento da expectativa de vida é, em termos de aumento do rendimento econômico, "aproximadamente igual ao valor do resto dos bens e serviços de consumo juntos". À medida que vivem mais, as pessoas trabalham mais tempo, produzem mais e proporcionam mais experiência à força de trabalho e à comunidade em seu conjunto. No final de seu estudo, Nordhaus resume sua tese da seguinte maneira:

> Em um primeiro cálculo, pode-se afirmar que o valor econômico dos aumentos na longevidade durante os últimos cem anos é

mais ou menos igualmente significativo que o aumento no valor medido de bens e serviços não relacionados à saúde.

Kevin Murphy e Robert Topel, que são alguns dos prestigiados economistas da Universidade de Chicago, fazem outro cálculo dos ganhos históricos derivados de uma maior longevidade em seu artigo de 2005 "O valor da saúde e da longevidade". Esses economistas realizam um cálculo extenso, visto que o artigo possui 60 páginas, e suas conclusões podem ser lidas no sumário:

> Os ganhos históricos derivados do aumento da longevidade foram enormes. Durante o século XX, os ganhos acumulados com o aumento da expectativa de vida tiveram um valor de mais de US$ 1,2 milhões por pessoa (homem ou mulher). Entre 1970 e 2000, o aumento da longevidade acrescentou cerca de US$ 3,2 trilhões por ano à riqueza nacional. Somente a redução da mortalidade por doenças coronarianas fez com que o valor correspondente ao aumento da expectativa de vida tenha significado cerca de US$ 1,5 trilhão por ano desde 1970.

Murphy e Topel mostram seu desejo de que estes ganhos derivados de novas melhoras na saúde continuem no futuro:

> Os ganhos potenciais derivados de inovações futuras em saúde também são enormes. Mesmo uma modesta redução de 1% da mortalidade por câncer equivaleria a quase US$ 500 bilhões.

Porém, duas questões fundamentais continuam pendentes:

1. Os custos de conseguir esta extensão da longevidade saudável superarão o benefício econômico de (quem sabe) trilhões de dólares?
2. Os anos adicionais de longevidade saudável resultarão em anos particularmente caros quanto aos cuidados de

saúde, de maneira que os problemas só se adiem e não se resolvam?

Respondamos em ordem a essas duas perguntas.

Os custos de desenvolver terapias de rejuvenescimento

Não é possível conhecer de antemão e com certeza os custos de desenvolver terapias de rejuvenescimento que estenderiam a expectativa de vida saudável em média, digamos, sete anos (como se propõe no artigo de 2006 mencionado anteriormente "Em busca do dividendo da longevidade", de Olshansky e seus colegas). Há incógnitas demais a serem solucionadas para que se possa sequer estimar uma "ordem de grandeza" plausível. Desconhecemos o quão difícil será resolver os problemas celulares e moleculares das doenças relacionadas ao envelhecimento. Entretanto, podemos ter uma ideia aproximada graças à observação dos projetos para prolongar a vida saudável do passado, já que em geral conseguiram cobrir seus custos com facilidade. Como exemplo, consideremos os programas para vacinar as crianças contra as doenças associadas à infância. O princípio básico é que a prevenção pode acabar sendo muito mais barata que a cura. Segundo o cientista estadunidense Brian Kennedy, que foi diretor-executivo do Instituto Buck para a Pesquisa sobre Envelhecimento, na Califórnia (EUA), "os custos de prevenção podem chegar a ser a vigésima parte dos custos de tratamento".

Murphy e Topel, cuja pesquisa foi mencionada na seção anterior, fazem a seguinte avaliação global:

> Entre 1970 e 2000, o aumento da longevidade gerou um valor social bruto de US$ 95 trilhões, enquanto que o valor capitalizado dos gastos médicos cresceu em US$ 34 trilhões, o que coloca um ganho líquido de US$ 61 trilhões... Em geral, um aumento dos gastos médicos absorve só 36% do valor gerado pelo aumento da longevidade.

Os autores apontam as implicações de sua análise para determinar o nível de investimento futuro em inovação em saúde:

> Uma análise do valor social da melhora na saúde é um primeiro passo rumo à avaliação correta dos benefícios sociais que acompanham a pesquisa médica e as inovações destinadas a essa melhora na saúde. As melhoras na saúde e na longevidade são determinadas em parte pela acumulação de conhecimentos médicos da sociedade, e para tal acumulação a pesquisa médica de base é fundamental. Os Estados Unidos investem mais de US$ 50 bilhões por ano em pesquisa médica, dos quais 40% provêm de fundos federais (que equivalem a 25% do gasto público em pesquisa e desenvolvimento). Os US$ 27 bilhões do gasto federal em pesquisa relacionado à saúde durante o ano fiscal de 2003 — a maioria dele destinado aos Institutos Nacionais de Saúde — representaram, em dólares constantes, o dobro do que em 1993. Justificam-se estes gastos?
>
> Nossa pesquisa aponta o enorme potencial dos benefícios derivados da pesquisa básica, de forma que mesmo gastos maiores estariam justificados. Para ilustrar isso, consideremos nossa estimativa de que uma redução de 1% na mortalidade devido ao câncer propiciaria cerca de US$ 500 bilhões. Sendo assim, uma "guerra contra o câncer" que implicasse um gasto de US$ 100 bilhões adicionais (durante um período determinado) na pesquisa e no tratamento do câncer estaria justificada se existir 20% de chance de reduzir-se a mortalidade em 1% e 80% de chance de não se conseguir nenhum avanço.

É importante prestar atenção à análise probabilística. Um investimento pode fazer sentido mesmo quando a probabilidade de sucesso for relativamente pequena. É algo sobre o qual os gestores de capital de risco têm clareza, estando dispostos a aceitar probabilidades pequenas de sucesso nos objetivos comerciais de uma empresa se a quantia derivada do sucesso (se ocorrer) for suficientemente grande. Uma probabilidade de 5% em uma eventual capitalização multimilionária de uma empresa poderia significar um grande investimento se, por exemplo, sua valorização futura excedesse sua valorização presente em 100 vezes ou mais.

Este tipo de análise é familiar para qualquer pessoa que costume avaliar apólices de seguros. É razoável pensar que os desastres mais improváveis também sejam cobertos por apólices de seguro.

Se as probabilidades pequenas merecem nossa atenção porque as consequências delas se realizarem são suficientemente importantes, como não vamos prestar ainda mais atenção à possibilidade de que algo ocorra com 50% de chance e com consequências financeiras que, se levadas a cabo, alcançariam os trilhões de dólares? Levando em conta as cifras associadas ao cenário mais satisfatório, essa seria a situação se o programa de rejuvenescimento tivesse sucesso, inclusive numa escala muito pequena.

Fontes adicionais de financiamento

Existem pelo menos cinco fontes potenciais de financiamento que acelerariam as terapias de rejuvenescimento, e portanto, que fosse obtido o dividendo da longevidade.

Primeiro, consideremos todo o financiamento que hoje é dedicado a lutar contra doenças individuais e comparemos isso com o que é dedicado a abordar os mecanismos subjacentes ao envelhecimento. Dos cerca de US$ 30 bilhões anuais do orçamento dedicado à pesquisa médica e monitorado pelos Institutos Nacionais de Saúde dos Estados Unidos, atualmente menos de 10% é destinado ao envelhecimento, e o resto se divide entre diversas doenças individuais. Esse padrão atual de divisão do financiamento, que também se repete nos orçamentos de saúde de muitos países, está de acordo com a estratégia dominante que diz que para melhorar a saúde "as doenças estão em primeiro lugar". Entretanto, se o envelhecimento recebesse uma parte maior do orçamento total (talvez se chegasse a 20% durante os próximos dez anos em vez de representar menos de 10%), muitas doenças poderiam deixar de ser tão predominantes e tão graves, apesar da redução nos recursos de pesquisa destinados especificamente a elas. Isso significaria assumir uma estratégia alternativa para melhorar a saúde, uma que diz que "o envelhecimento está em primeiro lugar", já que o envelhecimento aumenta a tendência do corpo a sofrer doenças e eleva a probabilidade de que essas doenças se compliquem.

Uma segunda maneira de conseguir um maior avanço no rejuvenescimento seria aumentando o tempo de livre alocação daqueles que se dedicam a pesquisar as terapias antienvelhecimento. Seria necessária apenas uma pequena modificação a nível individual nas porcentagens de tempo dos pesquisadores para que a nível agregado se produzisse um grande aumento. Se só uma pessoa em mil dedicasse apenas quatro horas a mais por semana à pesquisa do rejuvenescimento, e portanto quatro horas a menos a atividades de tempo livre como ver programas de entretenimento na televisão, o número total de horas dedicadas ao rejuvenescimento em um país poderia disparar. Grande parte desse esforço terá pouca importância em termos absolutos se for dedicado a examinar o que outros já fizeram e se as pessoas envolvidas tiverem restringido seu acesso a materiais e instalações experimentais. Porém, se fossem colocados em prática marcos e processos destinados à "engenharia colaborativa do rejuvenescimento", incluindo atividades educacionais e de orientação, o benefício a nível global poderia ser considerável.

Em terceiro lugar, a alternativa a dedicar uma maior parte de seu tempo poderia ser que as pessoas do mundo todo doassem uma maior quantidade de suas economias a iniciativas de pesquisa sobre o rejuvenescimento. Por exemplo, em vez de fazer as habituais doações à universidade na qual se formaram ou à paróquia de sua localidade, poderiam redirecionar esses recursos (ou parte deles) a organizações filantrópicas do campo do antienvelhecimento. Estes investimentos poderiam ser vistos como uma espécie de contribuição paralela aos planos de aposentadoria e apólices de seguros: quanto mais gente doar, menor será a probabilidade de que familiares, vizinhos e outras pessoas próximas sofram das doenças relacionadas ao envelhecimento. Se, seguindo-se o exposto neste livro, ocorresse uma mudança drástica na forma de agir da opinião pública, poderíamos presenciar um aumento deste tipo de financiamento, da mesma forma que aconteceu com campanhas que se generalizaram (como os laços cor-de-rosa para a luta contra o câncer de mama).

Em quarto lugar, as empresas (tanto grandes quanto pequenas) poderiam decidir investir neste campo, dado o potencial benefício financeiro que propiciaria participar do dividendo da longevidade. Até porque, se estas terapias podem gerar um maior nível de riqueza na sociedade, ao aumentar a atividade econômica produtiva e diminuir as baixas laborais prolongadas, deveria haver maneiras de que as empresas que proporcionassem essas terapias recebessem parte dessa nova riqueza gerada. Se esse tipo de distribuição de benefícios pudesse ser concretizado e especificado, seria conseguido que uma parte substancialmente maior da grande capacidade de empreendimento do mundo dos negócios ajudasse a causa do rejuvenescimento.

Em quinto lugar, é preciso abordar a questão do aumento dos recursos públicos em vez da transferência de recursos públicos já existentes destinados à saúde. Em geral, os recursos públicos podem cobrir o espaço não coberto pelos recursos de empresas privadas. O investimento público pode se permitir ser paciente com os retornos esperados. Os benefícios atingem toda a sociedade, e não são reorientados nem a acionistas nem a executivos. Um exemplo foi a grande contribuição dos Estados Unidos com o Plano Marshall (US$ 13 bilhões durante a década de 1940), um programa de ajuda financeira para reconstruir a Europa Ocidental após a devastação causada pela Segunda Guerra Mundial. Outros dois exemplos seriam o atômico Projeto Manhattan para ganhar a Segunda Guerra Mundial e o Projeto Apolo durante a Guerra Fria para levar o primeiro ser humano à Lua.

Outro caso comparável seria o do financiamento público britânico do Serviço Nacional de Saúde. Também está o investimento europeu no CERN, a Organização Europeia para a Pesquisa Nuclear, que conta com o Grande Colisor de Hádrons. Este investimento de bilhões de euros durante várias décadas não foi realizado pensando-se nos benefícios econômicos a curto prazo. Pelo contrário, os políticos apoiaram o CERN baseando-se em uma visão de conjunto cujo objetivo era coletar informações fundamentais sobre o mundo natural, e quem sabe gerar benefícios econômicos no futuro de uma forma que é difícil de prever. Por si só, estima-se que o projeto CERN para detectar o bóson de Higgs já tenha consumido cerca de US$ 13,25 bilhões. A própria internet nasceu a partir do trabalho de Tim Berners--Lee no CERN entre 1989 e 1991. Entretanto, há boas razões para reduzir a prioridade de várias iniciativas públicas como o CERN (poderiam ser colocados vários outros exemplos) durante as próximas décadas e aumentar, em compensação, os recursos de investimento público destinados ao rejuvenescimento.

Como conclusão, existem várias possíveis fontes de recursos para realizar-se um esforço adicional significativo que possa ser aplicado ao projeto de rejuvenescimento com a expectativa de que pelo menos parte desse esforço acabe produzindo enormes benefícios econômicos. A sociedade tem que tomar uma decisão importante em relação às prioridades destes recursos e em relação à escala na qual teriam que ser investidos.

Curar o envelhecimento será mais barato do que muitos pensam

Já vimos que existem múltiplas vias de financiamento tanto públicas quanto privadas que dependem das decisões de governos e empresários, com o apoio fundamental dos cidadãos, pois o envelhecimento é uma doença que afeta toda a humanidade. Nunca devemos esquecer que o envelhecimento é a principal causa de morte no mundo.

Também explicamos como até o momento nos concentramos em atacar mais os sintomas do que as causas do envelhecimento. Precisamos de uma verdadeira medicina preventiva, e não tanto curativa, para evitar os processos de envelhecimento. Em vez de gastar US$ 7 trilhões para curar as doenças, especialmente nas dolorosas fases finais da vida das pessoas, temos que investir essa quantidade em prevenir desde bem cedo os processos de envelhecimento.

Se analisarmos os fundamentos básicos dos seres humanos, em termos de nossa composição química básica, podemos afirmar que somos bastante simples. Um humano adulto é composto por cerca de 60% de água (embora isso dependa muito da idade, sexo e adiposidade, entre outros fatores). Além disso, nem sequer somos água Evian ou Perrier, somos água muito normal composta por H2O, ou seja, dois átomos de hidrogênio e um átomo de oxigênio. Temos alguns órgãos com mais água e outros com menos água; por exemplo, estima-se que os ossos contêm 22% de água, os músculos e o cérebro 75%, o coração 79%, o sangue e os rins 83%, e o fígado 86%. A proporção de água também muda muito com a idade. As crianças têm até 75% de água, os adultos 60% e os idosos 50%. Segundo a empresa Nestlé Waters, um adulto médio de 60 kg tem 42 litros de água em seu corpo, distribuídos da seguinte forma:

- *28 litros são água intracelular*
- *14 litros encontram-se no fluido extracelular, dos quais:*
  - *10 litros são o fluido intersticial (incluída a linfa), que é um meio aquoso que circunda as células.*
  - *3 litros são o plasma no sangue.*
  - *1 litro é o fluido transcelular (líquor, humor aquoso, fluído pleural, líquido peritoneal e líquido sinovial).*

Além de ser principalmente água, que além do oxigênio contém o elemento mais abundante de todo o universo, o hidrogênio, o resto do corpo humano é composto por poucos elementos químicos, relativamente abundantes e baratos. Apenas quatro elementos básicos (oxigênio, carbono, hidrogênio e nitrogênio) representam 99% do total de todos os átomos e 96% do peso de um humano médio de meia-idade e 70 kg de peso, como pode-se ver claramente na Figura 5-1.

Figura 5-1. Composição química de um humano médio de meia-idade e 70 kg de peso

ELEMENTO QUÍMICO	N° ATÔMICO	ÁTOMOS (%)	PESO (%)	PESO (KG)
Oxigênio	8	24	68	43
Carbono	6	12	18	16
Hidrogênio	1	62	10	7,0
Nitrogênio	7	1,1	3,0	1,8
Cálcio	20	0,22	1,4	1,0
Fósforo	15	0,22	1,1	0,78
Potássio	19	0,033	0,20	0,14
Enxofre	16	0,038	0,20	0,14
Sódio	11	0,024	0,015	0,095
Cloro	17	0,037	0,015	0,010
50 outros elementos	3~92	0,328	1,430	0,035

Fonte: Baseado em John Emsley

Embora tenhamos menos átomos de oxigênio que de hidrogênio, os átomos de oxigênio (com número atômico 8, o que significa que os átomos de oxigênio têm 8 prótons) são mais pesados que os átomos de hidrogênio (com número atômico 1, ou seja, um só próton). O oxigênio é também o elemento mais abundante da crosta terrestre, e no corpo humano encontra-se principalmente na água, além de ser um componente fundamental de todas as proteínas, ácidos nucleicos (como o DNA e o RNA), carboidratos e gorduras.

Embora o corpo humano contenha mais de 60 tipos de elementos químicos diferentes, a maioria só está presente em quantidades mínimas. O corpo humano não contém hélio (um gás volátil com número atômico 2 — ou seja, é o segundo elemento na tabela periódica depois do hidrogênio), mas temos "traços" desde lítio (número atômico 3) até urânio (número atômico 92).

Estima-se que o Universo é composto por cerca de 73% de átomos de hidrogênio e 25% de átomos de hélio. Todos os outros átomos mais "pesados" (com número atômico de 3 em diante) representam apenas os 2% restantes do universo conhecido. Acredita-se que os átomos pesados foram criados como resultado das explosões das estrelas no início do Universo — então de fato somos "poeira cósmica", ou "poeira das estrelas", como afirmou o físico estadunidense Carl Sagan em seu famoso livro e programa de televisão *Cosmos*.

Em resumo, manter organismos básicos, como é o caso dos humanos, será fácil e barato quando soubermos reparar a matéria a nível atômico e molecular, como já fazemos a nível biológico. Se considerarmos a nanotecnologia como uma forma de biologia "artificial", é muito provável que consigamos reparar átomos nas próximas décadas.

A ideia da manufatura atômica e molecular foi popularizada pelo engenheiro estadunidense Eric Drexler, que em 1986 publicou seu livro A *Nanotecnologia: O surgimento das máquinas da criação*. Nessa obra, Drexler formaliza, junto com o especialista em inteligência artificial do MIT Marvin Minsky, as bases da nanotecnologia molecular, dentro de um projeto que fazia parte de sua tese de doutorado.

Em 2013, Drexler escreveu *Abundância Radical*, onde explica como graças aos impressionantes avanços em nanotecnologia, poderemos compor, decompor e recompor a matéria a um custo muito baixo, provavelmente de apenas um dólar por quilo. Ou seja, com nanotecnologia avançada, nas próximas décadas uma pessoa de 70 kg poderia ser reparada por US$ 70, e provavelmente por menos. Se somarmos todos os elementos que compõem um ser humano, veremos que todos os nossos elementos químicos custam menos de US$ 100 no total.

A menos que exijamos que o corpo humano esteja cheio de água Evian ou Perrier, o preço de mercado dos componentes de um ser humano é realmente baixo. Nós, os humanos, somos compostos pelos elementos mais abundantes da crosta terrestre: não somos feitos de plutônio (número atômico 94) com incrustações de diamante e ouro em antimatéria; somos feitos basicamente de água, com um pouco de carbono e nitrogênio (além de "traços" de outros elementos presentes no meio ambiente, no ar, na água, na comida e na bebida que consumimos).

A biologia e a medicina seguem avançando a passos gigantescos. As famosas sangrias médicas, que foram utilizadas durante séculos e inclusive até meados do século XX em alguns lugares do mundo, são consideradas hoje coisas quase bárbaras. Em poucos anos pensaremos da mesma forma em relação às radioterapias e quimioterapias atuais. Exagerando um pouco, tentar matar um tumor com radioterapia ou quimioterapia é como matar um mosquito com um canhão. Tomara que em breve a radioterapia e a quimioterapia passem a fazer parte da história dos métodos bárbaros como em sua época aconteceu com as sangrias do passado.

Para avançar na cura do envelhecimento devemos pensar nos fundamentos básicos. O famoso engenheiro e inventor sul-africano, canadense e estadunidense Elon Musk explica que seu sucesso deve-se à fixação em pensar em princípios e não por analogia. Quando pensamos por analogia, copiamos outras ideias e só se produzem melhoras lineares. Quando pensamos em princípios básicos podemos visualizar mudanças exponenciais, até chegar nos limites impostos pela ciência. Musk coloca o exemplo da física como ciência básica para refletir:

> Acho que é importante raciocinar a partir dos princípios básicos em vez de por analogia. Existe uma boa base para refletir, e é a física. Em geral, penso que há coisas que se reduzem a suas

verdades fundamentais e é preciso refletir a partir delas, em vez de raciocinar por analogia.

Durante a maior parte de nossa vida, passamos o dia raciocinando por analogia, o que essencialmente significa copiar o que outros fazem com ligeiras variações.

Musk continua com o exemplo das baterias para carros elétricos, e explica por que seus custos seguirão diminuindo aceleradamente se pensarmos nos princípios básicos:

> Alguém poderia dizer, pensando por analogia: "Os pacotes de baterias são realmente caros e sempre serão assim. Historicamente, as baterias custaram US$ 600 por quilowatt-hora. No futuro, as coisas não serão muito diferentes".
> Utilizando os fundamentos básicos, você perguntaria: "Quais são os componentes materiais das baterias? Qual é o valor de mercado dos materiais constitutivos?"
> Uma bateria tem cobalto, níquel, alumínio, carbono, alguns polímeros para a separação e uma lata de vedação. Se comprássemos tudo na Bolsa de Metais de Londres, quanto custaria cada uma dessas coisas?
> Seriam uns US$ 80 por quilowatt-hora. De forma que é evidente que a questão é pensar em maneiras inteligentes de combinar esses materiais para produzir e dessa forma obter baterias que serão muito mais baratas do que qualquer um pensaria".

Esse tipo de raciocínio permitiu a Musk revolucionar a indústria de pagamentos com o PayPal, a indústria de energia solar com a SolarCity, a indústria de carros elétricos com a Tesla Motors, a indústria espacial com a Space X, a indústria do transporte com o Hyperloop e os túneis com The Boring Company. Como se fosse pouco, Musk está trabalhando atualmente para fazer o mesmo com as conexões cérebro-computador através da Neuralink, e com a inteligência artificial amigável através de sua nova iniciativa OpenAI (uma nova plataforma aberta para a inteligência artificial).

Se nos concentrarmos nos fundamentos básicos, veremos que o corpo humano não é tão complexo, e que podemos repará-lo com novas tecnologias, como a nanotecnologia. O corpo humano é, além disso, barato, e reparar algo barato vai ser barato quando soubermos fazê-lo bem. Não haverá sangrias nem quimioterapias nem radioterapias no futuro. Hoje também sabemos que há células e organismos que não envelhecem, e essa é a prova de conceito de que não envelhecer é biologicamente possível, pois é algo que já ocorre na própria natureza. Agora temos que entender e replicar o não envelhecimento através dos fundamentos básicos.

Como explica o futurista estadunidense Ray Kurzweil, todas as tecnologias são caras e ruins no começo, mas se barateiam e melhoram quando se popularizam. Todos conhecemos o exemplo dos telefones celulares. Quando começaram a ser vendidos, os primeiros modelos custavam milhares de dólares, eram enormes, funcionavam mal, as baterias duravam muito pouco e só serviam para fazer ou receber chamadas. Atualmente, graças à generalização da tecnologia, os telefones celulares são muito baratos e muito bons; inclusive, hoje são conhecidos como *smartphones* (telefones inteligentes, em português) devido às inúmeras tarefas que eles realizam através de cada vez mais e melhores aplicativos, muitos deles gratuitos. Hoje todo mundo, em todo o mundo, tem um telefone celular se quiser.

A nível biotecnológico, é ainda mais impactante o caso do sequenciamento do genoma humano, que começou em 1990 e terminou em 2003. Ou seja, sequenciar o primeiro genoma humano levou 13 anos, com um custo de cerca de US$ 3 bilhões. Em 2018, o sequenciamento completo do genoma custa menos de US$ 1.000 e é feito em menos de um dia. É muito provável que em menos de uma década seja possível sequenciar um genoma por apenas US$ 10 em um minuto. Com certeza, em breve serão desenvolvidos dispositivos para sequenciar o genoma com uma conexão com os telefones celulares inteligentes do futuro.

Outro exemplo é o vírus da imunodeficiência humana (HIV), que demorou anos para ser identificado e que em determinado momento era considerado uma "sentença de morte" ao atacar diretamente o sistema imunológico da pessoa infectada. Graças à aceleração das mudanças tecnológicas, Kurzweil enfatiza que:

> O ritmo da mudança é exponencial, não linear. Portanto, as coisas serão muito diferentes daqui a cinquenta anos. Isso é maravilhoso. Demorou 15 anos para sequenciarmos o HIV, mas sequenciamos o vírus da SARS em 31 dias.
>
> Estamos dobrando a capacidade dos computadores a cada ano pelo mesmo custo. Em 25 anos, eles serão um bilhão de vezes mais poderosos do que hoje. Ao mesmo tempo estamos reduzindo o tamanho de toda a tecnologia, eletrônica e mecânica, em um fator de cem por década, ou seja, reduzindo-o 100 mil vezes em 25 anos.

Demorou anos para que o HIV fosse identificado, passaram mais anos até que se sequenciasse o vírus, e ainda mais anos para que os primeiros tratamentos fossem desenvolvidos. As primeiras terapias contra o HIV custavam milhões de dólares por ano, depois se generalizaram rapidamente e baixaram para milhares de dólares, e depois para centenas de dólares por ano. Em países como a Índia há tratamentos genéricos por apenas dezenas de dólares contra o HIV. É possível que em poucos anos tenhamos à disposição terapias de apenas alguns dólares e depois consigamos uma cura definitiva. Hoje o HIV é uma doença crônica controlável, como a diabetes.

Devemos tentar fazer o mesmo com o envelhecimento: transformá-lo em uma doença crônica controlável, e mais tarde, curá-lo definitivamente. Graças aos avanços exponenciais, é até mesmo possível que possamos curar o envelhecimento antes de que se torne uma doença crônica.

É fundamental começar os testes em humanos para as tecnologias de rejuvenescimento que se mostraram úteis em outros animais. Esse é um dos objetivos do novo Projeto 21 (*Project 21*, em inglês) da Fundação de Pesquisa SENS:

> Podemos colocar um fim nas doenças relacionadas ao envelhecimento. O fardo social e econômico das doenças relacionadas à idade está aumentando drasticamente. Para um número crescente de pessoas de idade avançada, o atendimento médico se reduz com excessiva frequência ao controle de crises na sala de emergência, a tratamentos dolorosamente severos para doenças como o câncer ou a cuidados paliativos. Não há por que ser assim.

Para curar o envelhecimento devemos focar os investimentos nas causas e assim evitar os gastos com os sintomas. Em uma entrevista, o biogerontologista inglês Aubrey de Grey comentou que 90% das mortes e pelo menos 80% dos custos médicos nos Estados Unidos devem-se ao envelhecimento. Entretanto, dedica-se uma ínfima quantidade de recursos contra ele, e é pouco o que podem fazer por si mesmas fundações como a Fundação de Pesquisa SENS se não contarem com mais apoio público ou privado. Para exemplificar, comparemos os seguintes orçamentos referentes aos Estados Unidos:

> Institutos Nacionais de Saúde ~ US$ 30 bilhões.
> Instituto Nacional de Envelhecimento: ~ US$ 1 bilhão.
> Divisão de Biologia do Envelhecimento: ~ US$ 150 milhões.
> Fundação de Pesquisa SENS: ~ US$ 5 milhões.

Novamente, lembremos que o gasto médico mundial é da ordem de US$ 7 trilhões por ano, todo ano, e continua subindo. Lamentavelmente, quase todo o gasto é destinado aos últimos anos da vida, e sem muito sucesso, pois no final os pacientes morrem do mesmo jeito, muitas vezes em condições trágicas.

Temos que repensar todo o sistema de saúde e investir no começo, não gastar no final. Como diz o ditado: "é melhor prevenir do que remediar".

Para avançar na direção correta também devemos mudar nossa própria mentalidade e aceitar a morte como um terrível inimigo, o maior inimigo de toda a humanidade, mas um inimigo que podemos vencer. Se abandonarmos o pavor da morte e agirmos com o cérebro e o coração, chegaremos à morte da morte.

CAPÍTULO 6
O PAVOR DA MORTE

*A figura da morte, independentemente do traje
que estiver usando, é horrível.*
MIGUEL DE CERVANTES, 1617

O homem teme a morte porque ama a vida.
FIÓDOR DOSTOIÉVSKI, 1880

Todas as grandes verdades começam como blasfêmias.
GEORGE BERNARD SHAW, 1919

*Não acredito em uma vida após a morte, mas vou levar uma trouxa de roupa
íntima. Não tenho medo da morte, só não quero estar ali quando acontecer.*
WOODY ALLEN, 1971-5

A tecnologia está se acelerando. Portanto, as terapias para o rejuvenescimento vão avançar a passos gigantescos. As ondas de melhoras das quais desfrutou a sociedade por causa da Revolução Industrial — o crescimento da economia, a melhora educacional, o aumento da mobilidade, a melhora da saúde, o aumento das oportunidades — continuarão ocorrendo em um ritmo ainda mais rápido do que antes. Em múltiplos setores tecnológicos convergentes, cada vez mais gente quer e pode fazer parte de atividades de pesquisa e desenvolvimento, uma enorme rede de trabalho que se expande por todo o mundo:

- *Universidades e outras instituições estão formando, mais do que nunca em toda a história, engenheiros, cientistas, designers, analistas, empreendedores e outros agentes de mudança.*

- *O acesso a material educacional on-line de alta qualidade, frequentemente gratuito, significa que estes tecnólogos em amadurecimento começam de um ponto de partida muito mais avançado que o de seus predecessores há apenas alguns anos.*

- *Aqueles que estão nas etapas avançadas de sua vida profissional são capazes de se incorporar a novos campos férteis; pode ser que no começo só o façam "dando uma olhada" em seu tempo livre, sobretudo no caso dos que tiverem parado de trabalhar ou que tenham deixado de ser profissionalmente imprescindíveis mas que ainda possuam muitas capacidades úteis.*

- *As conexões entre pesquisadores através da multidão de canais de comunicação on-line como wikis, bases de dados, links de IA e outros similares, tornam possível que pesquisadores brilhantes possam encontrar rapidamente linhas de análise mais promissoras que sejam realizadas em qualquer parte do mundo.*

- *O aumento da importância do software de código aberto e de distribuição gratuita incentiva uma maior participação.*

Este efeito positivo nas redes de trabalho baseado na colaboração de mais pessoas, com melhor formação, melhor conectadas e que enriqueçam as soluções às quais outros chegaram, faz com que, se os outros parâmetros se mantiverem estáveis, o ritmo de melhora tecnológica continue acelerando sem parar. É possível que os rápidos avanços das últimas décadas com as TIC (tecnologias de informação e comunicação), *smartphones*, impressão 3D, engenharia genética, escaneamento do cérebro, etc., correspondam a iguais (ou maiores) avanços em numerosos campos nas próximas décadas. É especialmente relevante o fato de que este padrão também seja aplicável à inovação dos tratamentos médicos, sobretudo no que se refere à inovação para terapias de rejuvenescimento ou engenharia de rejuvenescimento.

Por outro lado, ainda existem muitos obstáculos importantes que dificultam o progresso médico, entre eles os empecilhos legais e outros exemplos de complexidade e inércia sistêmica. Entretanto, também há um número sem precedentes de pessoas muito bem formadas e capazes que já estão explorando possíveis soluções e alternativas para estes empecilhos. Guiadas pela ideia de "dividir para conquistar", trabalham na melhora de ferramentas, módulos de teste, metodologias, vias regulatórias alternativas, análise de grandes bases de dados mediante IA e muitas outras coisas. Podem criativamente produzir sobre as contribuições dos demais, e quando alcançarem resultados, poderão unir seus esforços aos de grandes empresas para dar a suas ideias o impulso adicional que precisarem.

Os primeiros sinais de sucesso da engenharia de rejuvenescimento já são encontrados em muitos lugares. Já não se pode desprezá-la (como costumavam fazer certos críticos) como se se tratasse de medicina milagreira ou de poções mágicas. Um mundo de interessantes avanços aguarda ser descoberto mediante pesquisa e desenvolvimento. Algumas destas linhas de pesquisa acabarão sendo infrutíferas, mas não há razão para se acreditar que este campo em seu conjunto esteja destinado ao fracasso.

Pelo contrário; existem poderosas razões econômicas para seguir-se adiante com o trabalho. Se o contexto não mudar, as pessoas que se beneficiarem da engenharia do rejuvenescimento contribuirão mais para a economia e o crescimento global do capital social. A sociedade em seu conjunto tem muitas razões econômicas para acelerar o investimento na engenharia de rejuvenescimento.

Se há boas razões financeiras para alguma coisa ser feita, a sociedade tem que ser capaz de entrar em acordo e dizer: "sim, vamos fazê-lo". Porém, isso claramente não é o que acontece em relação à engenharia de rejuvenescimento. Chegou a hora de ir mais a fundo até chegar às raízes dessa oposição.

Uma variedade de objeções

As pessoas costumam se opor por diferentes razões, mas algumas das objeções mais citadas são:

- *Como a engenharia de rejuvenescimento propõe tratar as doenças incuráveis?*
- *Princípios físicos como a entropia não tornam impossível a engenharia de rejuvenescimento?*
- *O programa da engenharia de rejuvenescimento não é tão intrinsecamente complicado a ponto de precisar de séculos de trabalho?*
- *Por acaso não existem limitações naturais à quantidade de tempo que nós, os humanos, podemos viver?*
- *A engenharia de rejuvenescimento não desencadearia uma terrível explosão demográfica?*
- *As pessoas mais longevas não serão um freio às necessárias mudanças sociais?*
- *Se não houver envelhecimento e morte, que motivação terão as pessoas para encarar novos desafios?*
- *Os ricos não vão se aproveitar de forma desproporcional da engenharia de rejuvenescimento?*

- *Não é algo egocêntrico perseguir o sucesso da engenharia de rejuvenescimento?*

Diante de todas essas perguntas e outras similares, em todos os casos, os engenheiros de rejuvenescimento têm boas respostas, baseadas em evidências científicas e princípios morais. Entretanto, essas respostas, por si mesmas, parecem insuficientes na hora de mudar a mentalidade dos críticos e céticos. Há algo mais profundo nesse ceticismo.

Para entender o que acontece, devemos distinguir entre *motivações subjacentes* e *raciocínios propícios*. O psicólogo estadunidense Jonathan Haidt expõe em *A conquista da felicidade* a poderosa metáfora do elefante e do cavaleiro: a mente consciente é uma espécie de cavaleiro montado em um poderoso elefante, o subconsciente. Haidt desenvolve esta analogia no primeiro capítulo de seu livro:

> Por que as pessoas continuam fazendo bobagens? Por que não se controlam e assim deixam de fazer o que sabem que é prejudicial a elas? No meu caso, sou capaz de resistir facilmente à tentação das sobremesas do cardápio. Mas se a sobremesa já está na mesa, não consigo resistir. Posso decidir me concentrar numa tarefa e não parar de fazê-la até terminá-la, mas de repente estou fazendo uma visita à cozinha e perdendo tempo de diferentes maneiras. Posso tomar a decisão de acordar às seis da manhã e escrever, mas, depois de desligar o alarme, as repetidas ordens que dou a mim mesmo para levantar da cama não surtem nenhum efeito.
>
> Comecei a perceber o alcance da minha incapacidade de enfrentar os compromissos quando me vi diante de decisões vitais muito importantes. Eu sabia exatamente o que tinha que fazer, e entretanto, mesmo quando eu dizia a meus amigos que o faria, no fundo uma parte de mim sabia que eu não ia fazer aquilo. Sentimentos de culpa, cobiça ou medo se impunham à razão.
>
> As teorias atuais sobre escolha racional e processamento da informação não explicam satisfatoriamente a fraqueza da von-

tade. Porém, as antigas metáforas sobre o controle dos animais funcionam perfeitamente. A imagem que fiz de mim mesmo, quando percebi e fiquei surpreso com a minha fraqueza, foi a de um cavaleiro montado nas costas de um elefante. Tenho as rédeas nas mãos, e ao puxá-las de uma ou de outra maneira posso dizer ao elefante que vire, que ande ou que pare. Posso comandar as coisas, mas só quando o elefante não tiver vontade própria. Se o elefante quiser fazer alguma coisa, não posso fazer nada para evitar que o faça.

O cavaleiro pode achar que tem o controle, mas frequentemente o elefante tem sua própria opinião, sobretudo no que se refere a gostos e moralidade. Em tais casos, a mente consciente age mais como um advogado do que como um condutor. Como diz Haidt a seguir:

> O julgamento moral é como o julgamento estético. Quando você vê um quadro, costuma saber instantânea e automaticamente se gosta dele. Se alguém pede para você justificar sua opinião, você fica na dúvida. Na verdade, você não sabe por que algo parece bonito, mas seu módulo interpretativo (o cavaleiro) é muito bom na hora de inventar razões. Você procura uma opinião plausível para gostar do quadro e se agarra à primeira razão que fizer sentido (talvez algo vago sobre a cor ou a luz, ou sobre o reflexo do pintor no reluzente nariz do palhaço). Os argumentos morais são muito parecidos: duas pessoas têm ideias muito enraizadas sobre uma questão, seus sentimentos vêm em primeiro lugar e criam razões na hora para poder lançá-las uma na outra. Quando você refuta o argumento de alguém, essa pessoa costuma mudar de opinião e dizer que concorda com você? É evidente que não, pois o argumento que você desfez não era a causa de sua opinião, mas algo posterior à formação dessa opinião.
>
> Se você prestar atenção aos argumentos morais, às vezes ouve-se coisas surpreendentes: aí está o elefante pegando as rédeas e guiando o cavaleiro. É o elefante quem decide o que está certo ou errado, o que é bonito ou feio. Os sentimentos viscerais,

as intuições e os julgamentos precipitados ocorrem o tempo todo e automaticamente...mas só o cavaleiro pode concatenar as frases e criar argumentos que possam ser expressos diante de outras pessoas. Nos argumentos morais, o cavaleiro é mais do que um mero assessor do elefante; o cavaleiro transforma-se num advogado que luta na corte da opinião pública para persuadir os demais de que o elefante tem razão.

Haidt escreveria mais à frente *A mente moralista*, baseado na metáfora do cavaleiro e do elefante, com a ideia de propor um princípio fundamental da psicologia moral: primeiro produzem-se as intuições e depois vem o raciocínio estratégico:

As intuições morais surgem automaticamente e quase instantaneamente, muito antes de que o raciocínio moral tenha a oportunidade de emergir, e são essas primeiras intuições as que tendem a dirigir nossos raciocínios posteriores. Se você acha que o raciocínio moral é algo que realizamos para encontrar a verdade, ficará constantemente frustrado pelo quão parvas, obtusas e ilógicas as pessoas ficam quando não concordam com você. Mas se o raciocínio moral for considerado uma capacidade que nós, os humanos, desenvolvemos para justificar nossos interesses sociais — para justificar nossas próprias ações e defender os grupos aos quais pertencemos — as coisas farão muito mais sentido. Preste atenção às intuições e não leve os argumentos morais dos demais ao pé da letra. Na sua maioria são construções a posteriori feitas na hora, concebidas com o interesse de alcançar um ou mais objetivos estratégicos.

O que nos indica a metáfora central é que *a mente está dividida, como um cavaleiro em cima de um elefante, e que o trabalho do cavaleiro é servir o elefante*. O cavaleiro é nossa razão consciente, o fluxo de palavras e imagens que percorrem o cenário de nossa percepção consciente. O elefante são os outros 99% dos processos, aqueles que ocorrem fora da percepção consciente mas que realmente determinam a maior parte de nosso comportamento.

O maior desafio que a engenharia de rejuvenescimento enfrenta não é o conjunto de raciocínios propícios que os críticos expressam como razões para se opor ao projeto. Pelo contrário; é na motivação subjacente que se precisa trabalhar urgentemente, pois é a ela que dirigem-se as críticas, frequentemente sem que os críticos estejam conscientes disso. Não é com o cavaleiro que temos que discutir; o melhor é encontrar uma maneira de convencer o elefante.

A morte e o pavor

Um fato fundamental que ocorre com os animais é que podem ficar apavorados. Quando estão diante de uma ameaça real de morte, o metabolismo dos animais se acelera. As glândulas produzem os hormônios da adrenalina e do cortisol, que aceleram o coração, dilatam as pupilas dos olhos para obter mais informação sobre o perigo à espreita, e incrementam o fluxo sanguíneo aos músculos e aos pulmões para se preparar para uma ação violenta. Os animais estão preparados para lutar ou fugir. Para que a máxima quantidade possível de energia esteja disponível para uma ação urgente necessária à sobrevivência, os outros processos corporais, incluída a digestão de alimentos, tornam-se mais lentos. Reduz-se a visão periférica, para que o animal possa se concentrar melhor na ameaça imediata. Também ocorre uma perda de audição.

O pavor é um estado de vital importância quando os animais enfrentam uma ameaça mortal iminente. Nesse estado, o corpo fica otimizado para sobreviver ao desafio. Entretanto, esse estado está longe de estar otimizado para a existência a longo prazo. Pelo contrário, se alguém entra em pânico, a atenção se reduz, os padrões de pensamento ficam mais estreitos, a digestão fica prejudicada e o corpo pode ser vítima de convulsões e tremores. É possível que a emanação descontrolada do conteúdo da bexiga e do esfíncter ocorra pelo benefício de afugentar e causar nojo em possíveis agressores, mas não contribui para uma vida social sadia.

A capacidade humana de prever com clareza a morte, ou seja, antes de se encontrar diante de um perigo iminente, representa um problema para a gestão do subsistema corporal que controla a sensação de pavor. Se o pensamento referente à morte torna-se dominante, os processos normais tornam-se também impossíveis de serem realizados. Para piorar, outro aspecto da psicologia animal é que o pavor é contagioso: se dentro de um grupo um animal detectar um predador próximo, o grupo inteiro pode reagir de forma rápida e decidida. Da mesma forma, se um humano for vítima de pânico, o estado de ânimo do grupo pode contagiar-se rapidamente, mesmo se não houver uma causa objetiva para tal pânico.

Portanto, a gestão do pavor é um assunto essencial nas sociedades humanas. É assim desde a pré-história, quando nós, os humanos, começamos a adquirir as capacidades de consciência, planejamento e reflexão introspectiva. Ao observar o aumento da fragilidade de indivíduos do grupo que, no passado, tinham uma condição física estupenda e saudável, os primeiros humanos devem ter se sentido impactados pela ideia de que um declínio similar esperava por eles e todos que amavam e apreciavam. Em outras palavras, o pavor mortal passou de ser um estado conjuntural necessário para a sobrevivência individual a algo que podia surgir na mente a qualquer momento, sem necessidade de uma ameaça externa, algo que pode nos tornar vítima do pânico e nos paralisar.

E mais: a previsão consciente da morte por causa de ameaças como os predadores ou grupos rivais de humanos fez com que, em condições normais, desenvolvêssemos uma profunda aversão ao risco. Comportamentos que reduzem o risco a curto prazo, como se manter escondido nas profundezas de uma caverna, provavelmente não sejam os mais indicados para propiciar o progresso do grupo a longo prazo.

Por essa razão, podemos especular fundamentadamente que os grupos de humanos que tiveram sucesso na sobrevivência foram aqueles que desenvolveram ferramentas sociais e psicológicas que permitiram a eles administrar o pavor diante da perspectiva da morte, um pavor que, caso contrário, inabilitaria o grupo inteiro. De várias maneiras, estas ferramentas se contrapunham ao temor representado pela ameaça da morte. Entre estas ferramentas estão a mitologia, o tribalismo, a religião, os transes extáticos e o *aparente* contato com os espíritos. Em tempos mais recentes, estas ferramentas também incorporaram tradições culturais e padrões de pensamento que ofereciam e prometiam diversos tipos de transcendência após a morte física através da sobrevivência de nosso legado ou de um grupo mais amplo do qual fazemos parte. Estes padrões de pensamento estão unidos a elementos pertencentes a nossa filosofia social, ou seja, à maneira pela qual concebemos quem somos, que papel temos em nossa sociedade e como nossa sociedade se encaixa em um cosmos mais amplo.

Assim, nossa filosofia social proporciona um elemento importante de estabilidade mental contra o sempre à espreita medo da morte. Porém, isso significa que qualquer coisa que questionar nossa filosofia social, qualquer coisa que sugerir que ela contém defeitos importantes, é em si mesma uma ameaça a nosso bem-estar mental. Ao perceber isso, nosso elefante interior pode ficar louco e nos empurrar para todos os tipos de comportamentos irracionais, comportamentos que então nosso advogado/cavaleiro se apressa em racionalizar. Esta teoria foi popularizada pelo filósofo estadunidense Ernest Becker em seu livro A *negação da morte* (Prêmio Pulitzer de 1973).

Mais além da negação da morte

No início de A *negação da morte*, Becker escreve:

> A perspectiva da morte, disse o Dr. Johnson, faz com que a mente se concentre de uma forma extraordinária. A tese principal deste livro é que, além disso, consegue muitas outras coisas: a ideia da morte, o medo que ela desperta, obceca os seres humanos mais do que qualquer outra coisa; é um impulso primário

da atividade humana, uma atividade construída sobretudo para evitar a fatalidade da morte, para superá-la negando de alguma forma que seja o destino final do homem.

Sam Keen, redator colaborador da revista *Psychology Today*, escreveu o prólogo de *A negação da morte*, onde descreve a filosofia de Becker como "um tecido trançado a partir de quatro fios". A tese de Becker acaba sendo extremamente robusta. Faz parte de um punhado de ideias que tentam demonstrar que a história humana foi moldada por forças que frequentemente preferimos ignorar:

- *Galileu afirmou que a Terra não é o centro do Universo, e sim mais um pequeno planeta.*
- *Darwin mostrou que nós, os humanos, não descendemos de deuses, mas de outros símios inferiores.*
- *Marx enfatizou o papel da luta de classes e da alienação social.*
- *Freud trouxe à tona a questão da sexualidade reprimida e dos complexos formados nas épocas iniciais.*
- *Becker explicou nossa inclinação a negar a realidade da morte.*

Assim como ocorre com todas as grandes teorias desse tipo, a teoria de Becker desperta críticas que perguntam: onde estão as provas? Infelizmente, nem Becker foi capaz de responder satisfatoriamente a essas críticas, pois morreu de câncer de cólon antes de que fosse publicado *A negação da morte*. Sam Keen incluiu em seu prólogo um relato comovente de seu primeiro encontro com um Becker que já estava muito perto da morte:

As primeiras palavras que me disse Ernest Becker quando entrei em seu quarto no hospital foram: "Você está me vendo nos meus últimos momentos. Isso é uma prova para tudo o que escrevi sobre a morte. Estou diante da oportunidade de mostrar como morremos, como reagimos. Se morremos de forma digna e corajosa, quais pensamentos vêm à nossa mente, como se aceita a própria morte..."

Embora fosse a primeira vez que nos víamos e conversávamos, Ernest e eu não demoramos para iniciar uma conversa profunda. A proximidade de sua morte e as estritas limitações de sua energia dissiparam qualquer intenção de conversar sobre temas vazios. Falamos da morte encarando a morte, da maldade em presença do câncer. No fim do dia, Ernest não tinha mais forças, de modo que o tempo tinha acabado. Durante alguns minutos, resisti enfaticamente a me despedir, pois dizer "adeus" pela última vez é duro e ambos sabíamos que ele não viveria para ver nossa conversa impressa. Um copo de papelão com vinho medicinal no criado-mudo serviu de piedoso ritual de despedida. Bebemos juntos o vinho e fui embora.

Outros pesquisadores acrescentaram às palavras de Becker resultados empíricos que reforçam sua teoria, evidências que provêm de um campo às vezes chamado de "psicologia existencial experimental". Os psicólogos sociais estadunidenses Jeff Greenberg, Tom Pyszczynski e Sheldon Solomon resumiram exaustivamente este novo trabalho no livro de 2015 *O verme no coração*.

A frase que forma o título do livro provém de um fragmento tirado de *As variedades da experiência religiosa: um estudo sobre a natureza humana*, escrito em 1902 pelo filósofo William James. Os autores elogiam esse fragmento e comentam:

> Já existem provas convincentes de que, como sugeriu William James um século atrás, a morte é na verdade o verme no coração da condição humana. A consciência de que nós, humanos, estamos destinados a morrer tem um efeito profundo e penetrante em nossos pensamentos, sentimentos e comportamentos, assim como em quase todos os âmbitos da vida humana, estejamos conscientes disso ou não.

Ao longo da história humana, o pavor da morte condicionou o desenvolvimento da arte, religião, linguagem, economia e ciência. Fez com que fossem erguidas as pirâmides do Egito, e que fossem destruídas as Torres Gêmeas de Manhattan. Alimentou conflitos no mundo inteiro. Em um nível mais pessoal, o reconhecimento de nossa própria mortalidade leva-nos a desejar carros luxuosos, a bronzear-nos até até nos tornarmos uma crosta insalubre, a estourar o limite de nossos cartões de crédito, a brigarmos com alguém que consideramos inimigo, a lutar pela fama (por mais efêmera que seja e mesmo que implique beber urina de boi no programa *Survivor* na televisão).

A teoria da gestão do pavor

Greenberg, Pyszczynski e Solomon cunharam a sigla TMT como abreviatura, em inglês, de Teoria da Administração do Pavor, com base nas ideias de Ernest Becker. A página de internet da Fundação Ernest Becker descreve a TMT da seguinte forma:

> A TMT afirma que, embora os humanos compartilhem uma predisposição biológica com todas as formas de vida em relação à autopreservação para favorecer a reprodução, somos os únicos que temos a capacidade de pensar simbolicamente, o que propicia a autoconsciência e a capacidade de refletir sobre o passado e pensar sobre o futuro. Isso gera a tomada de consciência sobre a inevitabilidade da morte e sobre o fato de que ela pode nos acontecer a qualquer momento por razões que não podem ser previstas nem controladas.
>
> A tomada de consciência da morte pode produzir um pavor debilitante que é "administrado" pelo desenvolvimento e conservação das cosmovisões culturais: crenças que nós, os humanos, construímos para nós mesmos sobre a realidade e que compartilhamos com outros para minimizar o pavor existencial atribuindo significado e valor às coisas. As culturas sustentam que a vida tem sentido criando um relato sobre a origem do universo, normas para se fazer a coisa certa e a afirmação da imortalidade

daqueles que se comportarem de acordo com os ditames culturais. A imortalidade literal é conseguida mediante almas, paraísos, outras vidas e reencarnações associadas a todas as principais religiões. A imortalidade simbólica é obtida fazendo-se parte de uma grande nação, ganhando-se grandes fortunas, através de conquistas importantes e deixando descendência.

O equilíbrio psicológico também faz com que os indivíduos precisem perceber a si mesmos como pessoas valiosas em um mundo dotado de significado; algo que se consegue através de papéis sociais com padrões de conquistas e comportamentos associados. A autoestima é o sentimento de importância pessoal que surge ao alcançar-se ou superar-se esses padrões.

A página de internet da Fundação também resume três linhas de resultados empíricos que apoiam a TMT:

1. A função amortecedora da ansiedade realizada pela autoestima foi demonstrada por estudos nos quais uma autoestima momentaneamente elevada teve como resultado um diagnóstico menos intenso de ansiedade e de agitação psicológica.

2. A ênfase na morte conseguida pedindo-se às pessoas para que se imaginem morrendo (ou mostrando-lhes imagens de mortos, entrevistando-as diante de uma funerária ou expondo-as subliminarmente à palavra "morto" ou "morte") intensifica seus esforços em defender suas cosmovisões culturais, uma vez que isso aumenta suas reações positivas em relação a seus semelhantes e suas reações negativas em relação aos diferentes.

3. A pesquisa confirma a função existencial das cosmovisões culturais e da autoestima, pois demonstra que os pensamentos não conscientes sobre a morte alcançam mais facilmente a mente quando crenças culturais importantes ou a autoestima se veem ameaçadas.

A TMT gerou estudos empíricos (mais de 500 até o momento) que examinaram diferentes formas de comportamento social em humanos, inclusive agressões, estereótipos, necessidade de estrutura e significado, depressão e psicopatologias, preferências políticas, criatividade, sexualidade, apego romântico e interpessoal, autoconsciência, cognição inconsciente, martírio, religião, identificação com um grupo, desgosto, relações de natureza humana, saúde física, o quanto se assumem riscos e julgamentos legais.

Existem raízes profundas que explicam a oposição que tantos mostram diante da ideia de estender a expectativa de vida saudável. As pessoas costumam construir raciocínios intelectuais para justificar sua oposição. Por exemplo, alguns se perguntam: como a humanidade lidaria com as dezenas de milhões de idosos resmungões? Mas estas racionalizações não são o que realmente molda a posição daqueles contrários ao prolongamento da vida.

Sua oposição à extensão da expectativa de vida saudável provém daquilo que poderíamos chamar de fé. Pyszczynski explicou essa atitude em uma conferência na Fundação de Pesquisa SENS em Cambridge, no Reino Unido: "Compreender o paradoxo da oposição à extensão radical da expectativa de vida humana: medo da morte, cosmovisões culturais e ilusão de objetividade".

O paradoxo da oposição à extensão da expectativa de vida

Aqui está o "paradoxo" ao qual Pyszczynski se refere no título de sua palestra: ninguém quer morrer, mas muitas pessoas se opõem à extensão radical da expectativa de vida humana mediante a reversão do processo de envelhecimento. A explicação que Pyszczynski oferece defende que aquilo que faz com que as pessoas se oponham à ideia de viver vidas mais longas e saudáveis é a ativação de um arraigado "sistema de amortecimento da ansiedade", uma mistura de cultura e filosofia. Em sua origem, este sistema de amortecimento da ansiedade foi uma resposta adaptativa diante do perturbador fato de ser inalcançável algo que desejamos com todas as nossas forças — uma expectativa de vida saudável indefinidamente longa.

Durante toda a nossa história e até o dia de hoje, o desejo de desfrutar de expectativas de vida saudáveis indefinidamente longas foi algo em profunda contradição com tudo aquilo que nos cerca. A morte parecia inevitável. Para reduzir o risco de que essa constatação nos paralisasse, desenvolvemos racionalizações e técnicas que nos impedissem de pensar de forma contraproducente sobre nossa própria finitude e mortalidade. É aí onde emerge a inércia básica de nossa cultura criando e sustentando nosso complexo sistema de amortecimento da ansiedade. Ao suprir uma importante necessidade social, interiorizamos profundamente estes aspectos de nossa cultura.

Nossa cultura opera frequentemente abaixo do nível da consciência. Numerosas crenças ocultas nos comandam sem que sejamos conscientes das causas e dos efeitos que acarretam. Nestas crenças encontramos consolo, sobretudo quando "outros como nós» também abraçam estas crenças, já que isso nos proporciona uma sensação de aprovação social. Esta fé (a crença apesar da ausência de uma razão suficiente) nos ajuda a manter a sensatez e mantém a coesão social, mesmo que, como indivíduos, provoque-nos uma maior fraqueza e, por fim, a morte.

Para sermos claros, a "fé" como se descreve aqui, ou seja, como algo intrínseco ao paradigma que nos leva a aceitar o envelhecimento, pode ou não fazer com que alguém acredite em uma "vida após a morte" a nível sobrenatural, como se descreve em muitas religiões. Entretanto, em todos os casos a fé acarreta a crença de que o bom cidadão deve aceitar a morte quando chegar sua hora, dado que a sociedade não poderia funcionar adequadamente se ignorasse este princípio, e que o significado fundamental da vida é indissociável do florescimento a longo prazo da sociedade ou da tradição à qual se pertença.

No caso das novas ideias confrontarem esta fé, os crentes costumam se sentir obrigados a criticar tais ideias sem parar para analisá-las. Buscam preservar o núcleo de sua cultura e de sua fé, já que esta molda os alicerces que dão sentido a sua vida. Combatem as novas ideias mesmo se representarem uma melhor resposta para seu desejo ancestral de viver uma vida saudável indefinidamente longa. Como alguns dizem: "mais vale um mal conhecido que um bem desconhecido". De forma paradoxal, é seu medo da morte o que faz essas pessoas se ofenderem diante de ideias contrárias. Estas ideias geram dinâmicas de alienação, mesmo que as pessoas não sejam conscientes disso. Sua fé debilita a nossos olhos sua racionalidade.

Outra boa metáfora sugerida por Pyszczynski é a que nos convida a ver nosso sistema de amortecimento da ansiedade como um sistema imunológico psicológico que busca destruir ideias externas que poderiam nos gerar ansiedade mental. Assim como nosso sistema imunológico físico, nosso sistema imunológico psicológico às vezes funciona mal e ataca coisas que melhorariam nossa saúde.

Aubrey de Grey também escreveu sobre isso. No segundo capítulo de *O fim do envelhecimento*, ele afirma o seguinte:

> Há uma razão bem simples pela qual tantas pessoas defendem tanto o envelhecimento — uma razão que agora é inválida, mas que até pouco tempo atrás era completamente razoável. Até há pouco tempo, ninguém havia tido uma ideia coerente sobre como vencer o envelhecimento e, portanto, ele era de fato inevitável. E quando alguém se vê em presença de um destino tão horrível quanto o envelhecimento e sobre o qual ninguém pode fazer nada para evitá-lo, tanto em si mesmo quanto nos outros, faz muito mais sentido *psicologicamente* tirar isso dos pensamentos — ou "fazer as pazes com o assunto", pode-se dizer — do que gastar sua miseravelmente curta vida preocupando-se com isso. O fato de que para manter esse estado de espírito deve-se abandonar toda aparência de racionalidade nesse assunto — e,

inevitavelmente, usar táticas de conversa embaraçosamente irracionais para apoiar esta irracionalidade — é um pequeno preço a pagar.

Nesse texto, de Grey refere-se ao "transe pró-envelhecimento" baseando-se no que ele descreve como "a profundidade da irracionalidade exibida por tantas pessoas". Outros autores referem-se ao mesmo fenômeno mediante o conceito de "mortismo". A página de internet *Fight Aging!* publicou o que denominou "Perguntas frequentes antimortistas". Nós preferimos usar termos como «paradigma de aceitação do envelhecimento» por sua menor carga pejorativa, o que pode ajudar a baixar o nível de tensão de uma discussão em si já bastante acalorada.

Como enfrentar o elefante

Retomemos o excelente conselho de Jonathan Haidt a respeito da mudança de direção do elefante representando nossas inclinações subconscientes. Se percebermos que essas inclinações não são racionais, como é o caso da aceitação do paradigma do envelhecimento, o que podemos fazer para mudá-las? A seguir citamos um trecho de "A regra do elefante", capítulo incluído em *A mente moralista*:

> O elefante é muito mais poderoso que o cavaleiro, mas não é um ditador com poderes absolutos. Quando é que o elefante segue a razão? A melhor maneira de mudar nossa forma de pensar sobre questões morais é interagir com os demais. É muito difícil encontrar provas que refutem nossas próprias crenças, mas são os demais que compensam essa fraqueza, da mesma forma que para nós é muito mais fácil encontrar erros nas crenças alheias. Quando as discussões são hostis, as chances de mudança são escassas. O elefante se afasta do oponente e o cavaleiro tenta rebater os ataques do oponente de forma frenética. Porém, se o que houver for afeto, admiração ou desejo de contentar o outro,

o elefante se inclina e o cavaleiro tenta encontrar a verdade que existe nos argumentos do outro. É possível que frequentemente o elefante não mude sua direção em resposta às objeções expressas por seu próprio cavaleiro, mas será facilmente atraído pela mera presença de elefantes amigáveis ou por bons argumentos lançados pelos cavaleiros desses elefantes amigáveis.

Em circunstâncias normais, o cavaleiro segue o elefante, da mesma forma que um advogado segue as instruções procedentes de um cliente. Mas se você obrigar a que ambos se sentem e conversem por alguns minutos, o elefante se abrirá ao conselho do cavaleiro e a argumentos procedentes de fontes externas. Em primeiro lugar vêm as intuições, e em circunstâncias normais nos fazem implementar raciocínios estratégicos do ponto de vista social, mas há maneiras de fazer com que esta relação se pareça a uma rua com mais de duas direções.

O elefante (os processos automáticos) representa o lugar onde se desenvolve a maior parte da ação tratada pela psicologia moral. Os raciocínios são importantes, evidentemente, sobretudo na relação entre pessoas e quando esses raciocínios desencadeiam novas intuições. Os elefantes mandam, mas não são tontos nem despóticos. As intuições podem ser moldadas pela razão, sobretudo quando os raciocínios fazem parte de uma conversa amistosa ou de um livro, um filme ou uma notícia emotiva.

Isso nos proporciona três maneiras de fazer com que o elefante mude de opinião sobre um assunto tão controverso quanto é, sem dúvida, a questão de se a extensão da expectativa de vida saudável é um objetivo desejável. É mais provável que as pessoas aceitem conselhos sobre questões sensíveis se tais conselhos:

1. Provierem de alguém que elas considerem "um de nós", ou seja, um amigo, alguém com uma origem demográfica similar, e não um completo estranho.
2. Vierem com o apoio de um livro, um filme ou uma notícia emotiva.

3. Forem dados em um contexto no qual o elefante sinta que suas próprias necessidades são genuinamente compreendidas e apoiadas.

A primeira destas condições coincide com um princípio bem conhecido do marketing tecnológico que diz que as empresas precisam mudar sua estratégia de vendas para "cruzar o abismo" que separa os usuários pioneiros de uma tecnologia do mercado majoritário composto por uma "maioria pioneira". O autor estadunidense Geoffrey Moore chamou a atenção em 1991 para esta ideia em *Atravessando o abismo*. Por sua vez, as ideias de Moore baseiam-se nas valiosas observações feitas por Everett Walker em seu trabalho de 1962 chamado *A difusão da inovação*. O enfoque básico pode ser resumido assim: enquanto que os pioneiros de uma nova ideia estão prontos para cumprir o papel de visionários, o acesso ao mercado em um sentido amplo está controlado por gente pragmática a quem um forte instinto aconselha "permanecer com a manada". Em geral, só adotarão uma solução (ou ideia) se virem que outros em sua "manada" já a adotaram e a defendem publicamente.

Isso tem importantes consequências. Os defensores e os discursos que tiveram sucesso na hora de conseguir formar uma comunidade inicial de seguidores em prol de uma nova causa, como é o caso do paradigma que antecipa o rejuvenescimento, costumam ter que mudar para que a corrente principal esteja disposta a se somar a essa nova causa. Por exemplo, o discurso sobre o antienvelhecimento e a imortalidade, que atraiu os seguidores pioneiros da engenharia de rejuvenescimento, pode ser contraproducente na hora de conseguir um conjunto mais amplo de seguidores. Pessoas que poderiam apoiar o dividendo da longevidade poderiam por sua vez rejeitar o discurso sobre a morte da morte.

A antropóloga australiana Mair Underwood, da Universidade de Queensland, abordou a segunda e a terceira condições mencionadas durante uma conferência da Fundação de Pesquisa SENS. Underwood fez uma reflexão geral e se perguntou: "Que tipo de informação uma comunidade precisa a respeito do prolongamento da vida? Dados extraídos de estudos sobre a reação das comunidades e uma análise de arquétipos cinematográficos".

Underwood estudou muitas das maneiras pelas quais o cinema mostra os aspirantes a engenheiros de rejuvenescimento em filmes populares como *Fonte da vida*, *A morte lhe cai bem*, *Highlander*, *Entrevista com o Vampiro*, *Vanilla Sky*, *O retrato de Dorian Gray*, etc. Estes filmes dão a entender que os engenheiros de rejuvenescimento são emocionalmente imaturos, egoístas, imprudentes, irritantes, pessoas de mente estreita e de uma forma geral desagradáveis. Os heróis destes filmes — os personagens tranquilos, racionais, admiráveis e mentalmente sãos — são aqueles que escolhem voluntariamente *não* prolongar suas vidas.

Os filmes com uma mensagem positiva sobre o prolongamento da vida são muito menos comuns. *Cocoon*, dirigido pelo ator e produtor estadunidense Ron Howard, é talvez o melhor exemplo. Não há dúvida de que uma das razões pelas quais os estereótipos negativos prevalecem nos filmes populares é que a distopia costuma vender mais que a utopia. Entretanto, os estereótipos de Hollywood extraem sua força das normas culturais preexistentes. Portanto, estes filmes refletem e reforçam pontos de vista sobre o prolongamento da vida que já estão amplamente presentes no público em geral. Estes pontos de vista negativos são:

- *O prolongamento da vida será algo chato e repetitivo.*
- *As relações ficarão prejudicadas a longo prazo.*
- *O prolongamento da vida também significa o prolongamento de doenças crônicas.*
- *O prolongamento da vida será distribuído de forma injusta.*

Para se contrapor a estes pontos de vista negativos e ajudar a sociedade a se libertar do paradigma de aceitação do envelhecimento, Underwood faz as seguintes sugestões para a comunidade de engenheiros de rejuvenescimento e pioneiros do antienvelhecimento:

1. Evitar repreender o público geral dizendo que as pessoas são "incrivelmente estúpidas" a respeito do prolongamento da vida.

2. Reforçar que a ciência do prolongamento da vida e a distribuição das tecnologias do prolongamento da vida são éticas e estão sujeitas a regulações, e é assim que devem ser consideradas.

3. Mitigar as preocupações da comunidade sobre se o prolongamento da vida é "antinatural" ou "brincar de Deus".

4. Afirmar que o prolongamento da vida propiciará um prolongamento da vida saudável.

5. Confirmar que o prolongamento da vida não implica perda de vida sexual ou de fertilidade.

6. Reafirmar que o prolongamento da vida não exacerbaria as divisões sociais e que aqueles que prolongarem suas vidas não serão um estorvo para a sociedade.

7. Criar um novo marco cultural para a compreensão do prolongamento da vida.

Em todos os momentos, tentamos seguir esses conselhos durante a redação deste livro. Devemos transmitir visões positivas sobre o tipo de sociedade que pode surgir do despertar da engenharia de rejuvenescimento: um novo marco cultural para compreender-se não só o prolongamento da vida, mas também a expansão da vida. Para avançar rumo à morte da morte, primeiro temos que deixar para trás o próprio pavor da morte.

CAPÍTULO 7

PARADIGMAS "BONS", "RUINS" E "DE ESPECIALISTAS"

Pretendo viver para sempre, ou morrer tentando.
Groucho Marx, 1960

Por que nasci, se não foi para sempre?
Eugène Ionesco, 1962

Nos debates nos quais ambas as partes têm perspectivas mentais e sociais muito enraizadas, pode ser difícil mudar opiniões. Esse é claramente o caso no debate sobre se é preciso aceitar a inevitabilidade do envelhecimento ou se, pelo contrário, é preciso abraçar a possibilidade de criar uma sociedade sem envelhecimento. Entretanto, podemos ter certa esperança — e aprender algumas lições — a partir de exemplos baseados em debates similares, também aparentemente insolúveis, mas que, no final, foram superados.

Ilusões de ótica e paradigmas mentais

Todos estamos familiarizados com as ilusões de ótica que podem ser percebidas de duas formas diferentes. Por exemplo, um desenho pode ser um pato ou um coelho, dependendo de como o olhemos. Outros desenhos podem representar um vaso ou duas caras se olhando. Inclusive, alguns desenhos, que também estão em movimento, podem ser vistos como uma bailarina girando no sentido horário ou como a mesma bailarina girando no sentido anti-horário, o que dá uma impressão estranha. Em todos estes exemplos, é impossível aceitar ambos os pontos de vista ao mesmo tempo. Nosso cérebro pode pular de uma perspectiva a outra, mas não pode captar ambas as posições ao mesmo tempo.

Algo parecido ocorre com o progresso da ciência, embora neste caso, o esforço para deslocar-se de uma perspectiva a outra possa ser ainda mais difícil. Aqui as duas perspectivas em conflito são duas teorias científicas diferentes dentro de um determinado campo do conhecimento. Por exemplo, podemos considerar o enfrentamento do século XVI entre o princípio aristotélico dominante que afirmava que os corpos tendiam ao repouso e a ideia nova defendida por Galileu de que o estado natural dos corpos era manter seu movimento em linha reta e a velocidade constante. Também podemos levar em conta o choque no século XX entre a outrora dominante teoria de que os continentes sempre estiveram fixos em seu lugar atual e a nova teoria de que a América do Sul e a África estiveram um dia unidas em um só continente e que depois esse supercontinente se dividiu e os dois continentes se afastaram.

Em pouco tempo vamos presenciar exemplos de choques entre paradigmas científicos dentro do campo da medicina. Consideremos também o conflito entre o paradigma de "aceitação do envelhecimento" e o paradigma rival de "antecipação do rejuvenescimento". Primeiro vamos estudar mais detalhadamente o intrigante e ilustrativo caso da teoria da deriva continental. A hostilidade demonstrada pelos geólogos da mentalidade dominante contra a teoria "grande demais, unificadora demais e ambiciosa demais" da deriva continental parecia naquele então mais do que justificada. Este fato deveria proporcionar uma razão aos atuais críticos do rejuvenescimento para que parem um momento para refletir antes de rejeitar essa teoria como "impossível".

A hostilidade científica dos "especialistas"

Qual criança que cresceu no século XX, ao olhar o mapa-múndi, não se perguntou sobre a similaridade que existe entre a costa da América do Sul e a da África? Seria possível que estes dois continentes gigantescos tivessem feito parte um dia de uma unidade ainda maior e que de alguma forma tivessem se separado? Com essa mesma ingenuidade se poderia sorrir ao pensar que, de forma similar, a costa leste da América do Norte encaixa mais ou menos nas costas do norte da África e da Europa. Isso é produto de uma coincidência ou indica algo mais profundo?

Os geólogos da corrente dominante até o início do século XX resistiam a aceitar a segunda possibilidade. Para eles, a Terra era algo fixo e sólido. Ideias que defendessem o contrário podiam ser sustentadas por ingênuas crianças da escola, mas segundo eles não podiam ser defendidas por cientistas sérios.

Mesmo quando acadêmicos como o meteorologista alemão Alfred Wegener (a partir de 1912) e o geólogo sul-africano Alexander du Toit (a partir de 1937) reuniram mais dados que apoiavam a ideia de que os continentes deviam ter se separado a partir de uma pré-histórica massa unificada, a ortodoxia ignorou as evidências. Wegener e du Toit apontaram as surpreendentes similaridades dos fósseis, da flora e da fauna divididos pelas bordas dos continentes que agora estavam muito separados, mas que (segundo eles) tinham que ter estado juntos em tempos passados. Além disso, mesmo os estratos geológicos nas bordas de tais continentes eram surpreendentemente coincidentes. Por exemplo, pedras em partes da Irlanda e da Escócia são muito similares às de Nova Brunswick e Terra Nova no Canadá.

Porém, Wegener era um "outsider". Concluiu seu doutorado em astronomia e dedicou-se à meteorologia (a predição das condições atmosféricas). Sua formação não era a de um especialista em geologia. Quem era ele para contradizer o pensamento convencional? De fato, sua posição como assessor na Universidade de Marburgo na Alemanha não era remunerada, e isso era considerado outro sinal de sua falta de autoridade. Os detratores de Wegener criticaram muitas coisas:

- *Recortes reproduzidos em papelão das bordas dos continentes mostravam que a suposta coincidência não era na verdade tão patente quanto era à primeira vista.*

- *A formação de Wegener como explorador do Ártico e especialista em altos voos de balão provocava chacotas que o descreviam como um "fedorento vagabundo do polo" e "difusor de doenças contagiosas".*

- *Não havia um mecanismo claro para explicar como os continentes poderiam ter se separado levando-se em conta que a Terra era considerada algo absolutamente sólido.*

Em 1926, o geólogo estadunidense Rollin Chamberlin, um "especialista ortodoxo" da Universidade de Chicago, disse aos gritos durante uma reunião da Associação Americana de Geólogos do Petróleo em Nova York que:

Se acreditássemos na hipótese de Wegener, deveríamos esquecer tudo o que aprendemos nos últimos 70 anos e começar de novo.

Na mesma reunião, o também geólogo estadunidense Chester Longwell, outro "especialista ortodoxo" da Universidade de Yale, exclamou que:

Insistimos na necessidade de comprovar com excepcional rigor esta hipótese, visto que sua aceitação significaria descartar teorias sustentadas durante tanto tempo que quase já se tornaram parte integrante de nossa ciência.

O escritor estadunidense Richard Conniff, em um artigo na revista científica *Smithsonian Magazine* intitulado "Quando a deriva continental era considerada algo pseudocientífico", escreveu que, durante décadas:

> Os geólogos mais veteranos advertiam aos recém-chegados que qualquer aparência de interesse na deriva continental condenaria suas carreiras ao fracasso.

O eminente estatístico e geofísico inglês Sir Harold Jeffreys, da Universidade de Cambridge, foi outro firme detrator da teoria da deriva continental. Em sua opinião, a deriva continental era "impossível", já que nenhuma força seria o suficientemente grande para mover as placas continentais pela superfície do globo. Não se tratava de uma conjetura vazia. Como é explicado na página de internet da Universidade Estadual da Pensilvânia dedicada à biografia de Jeffreys, ele possuía amplos cálculos que respaldavam suas opiniões:

> Seu principal problema em relação à teoria era a ideia de Wegener sobre como os continentes se moviam. Wegener afirmava que os continentes simplesmente escarvavam o solo oceânico ao se mover. Jeffreys calculou que a Terra é simplesmente rígida demais para que isso pudesse acontecer. Segundo os cálculos de Jeffreys, se a Terra fosse o suficientemente maleável para que as placas se movessem pelo solo oceânico, as montanhas cairiam sob seu próprio peso.
>
> Wegener também afirmava que os continentes se deslocaram para o oeste devido à força que as marés exercem sobre o interior do planeta. Novamente, os cálculos de Jeffreys demonstram que se a força das marés fosse tão grande, pararia a rotação da Terra em um ano. Segundo Jeffreys, a Terra era simplesmente

rígida demais para permitir qualquer movimento relevante em sua crosta.

Os detratores da deriva continental davam suas próprias opiniões sobre como, em certos casos, a flora e a fauna de continentes muito longínquos podiam apresentar similaridades impressionantes. Por exemplo, seria possível que os continentes em questão tivessem estado conectados em algum momento por finas linhas de terra, similares às que costumavam conectar o Alasca e a Sibéria através do estreito de Bering. Outro detrator mencionado anteriormente, Chester Longwell, chegou a fazer a maluca sugestão de que:

> Se a coincidência entre a América do Sul e a África não é genética, com certeza é um ardil de Satanás para fazer com que nos frustremos.

Em resumo, havia duas opiniões enfrentadas (dois paradigmas em conflito). Os dois paradigmas defrontavam-se com questões que não podiam responder de maneira plenamente satisfatória, questões de coincidência e questões de mecanismo. Nesses casos, as opiniões adotadas pelos cientistas mais importantes dependiam, pelo menos em parte, de suas filosofias de vida mais do que do significado intrínseco de qualquer evidência. A historiadora da ciência estadunidense Naomi Oreskes aponta alguns fatores que foram especialmente importantes pelo menos no caso de alguns proeminentes geólogos estadunidenses:

> Para os estadunidenses, o método científico correto era empírico, indutivo, e requeria o estudo das evidências diante de outras possibilidades de explicação. Uma boa teoria também era modesta e se mantinha apegada aos objetos de estudo... A ciência de boa qualidade era antiautoritária, como a democracia. A ciência boa era pluralista, como uma sociedade livre. Se a ciência de boa qualidade proporcionava um exemplo de bom

governo, a ciência de má qualidade o ameaçava. Aos olhos dos estadunidenses, o trabalho de Wegener era ciência de má qualidade: primeiro apresentava a teoria e depois buscava as evidências. Instalou-se rápido demais em um só marco interpretativo. Era grande demais, unificadora demais, ambiciosa demais. Em resumo, era vista como *autocrática*.

Os estadunidenses (também) rejeitavam a deriva continental pelo princípio do uniformitarismo. No começo do século XX, o princípio metodológico que usava o presente para interpretar o passado estava muito arraigado na prática da geologia histórica. Muitos acreditavam que esta era a única maneira de interpretar o passado, e que era o uniformitarismo que tinha transformado a geologia em uma ciência. Se não, que prova havia de que Deus não tinha feito a Terra, incluídos os fósseis e todo o resto, em sete dias? Mas segundo a teoria da deriva, os continentes em latitudes tropicais não tinham necessariamente que ter faunas tropicais, já que a configuração dos continentes e oceanos poderia ter mudado tudo. A teoria de Wegener fez surgir o fantasma de que o presente não era a chave para explicar o passado, ou seja, que o presente era só mais um momento na história da Terra, nem mais nem menos importante do que qualquer outro. Essa não era uma ideia fácil de ser aceita pelos estadunidenses.

As mudanças de mentalidade sobre o movimento dos continentes

O cientista inglês Geoffrey Hinton, pioneiro da aprendizagem profunda, nos dá mais um exemplo da férrea resistência diante da ideia da deriva continental. Ele nos explica o que aconteceu com seu pai, que era entomologista (especialista no estudo dos insetos):

> Meu pai foi um entomologista defensor da deriva continental. No começo da década de 1950, a deriva continental era considerada uma bobagem. Somente em meados dessa década (a de 1950) é que ganhou força. Uma pessoa chamada Alfred Wegener já a

tinha apresentado 30 ou 40 anos antes, mas não a viu triunfar. Baseava-se em uma série de ideias muito ingênuas, como que a África encaixava mais ou menos na América do Sul, de maneira que os geólogos simplesmente a desprezaram. Consideraram-na *um completo lixo e pura fantasia*.

Lembro-me de um debate muito interessante do qual meu pai participou. Tratava dos percevejos-d'água, que não podem viajar grandes distâncias nem voar. São encontrados na costa norte da Austrália e, após milhões de anos, não foram capazes de viajar de uma costa até a outra. Entretanto, na costa norte da Nova Guiné também há percevejos d'água, embora apresentem pequenas variações. A única maneira de explicar isso era que a Nova Guiné tivesse se desprendido da Austrália e tivesse dado uma volta, ou seja, que a costa norte da Nova Guiné tivesse estado grudada na costa australiana. Foi muito interessante ver a reação dos geólogos diante desse argumento, já que afirmavam que "os percevejos não podem mover continentes". Negavam-se a ver o evidente.

As descrições anteriores podem nos dar a entender que chegou-se a um impasse insolúvel no qual as pessoas que defendiam paradigmas diferentes nem sequer queriam ver as evidências que não podiam explicar. De fato, este impasse durou várias décadas. Então, por sorte, a ciência de verdade se impôs. Apesar da obstinação de certo número de cientistas "especialistas", a comunidade científica abriu-se finalmente à possibilidade de encontrar-se novas evidências importantes, até que tais evidências apareceram.

Em primeiro lugar, na década de 1950, os geólogos começaram a prestar mais atenção ao emergente campo do paleomagnetismo. Esse campo estuda a orientação do material magnético das rochas ou dos sedimentos. Pôde-se comprovar que esta orientação variava entre as rochas pré-históricas e as rochas mais recentes. Além disso, as rochas mostravam interessantes padrões de variação que foram descobertos graças à melhora das técnicas de medição. Isso fez com que os cientistas concluíssem que ou os polos magnéticos da Terra estavam em outra localização quando estas pedras se formaram, ou as pedras tinham se deslocado por grandes distâncias durante as eras. Quanto mais estudavam esses dados, mais os geólogos se convenciam da veracidade do princípio da deriva continental. Por exemplo, amostras de rochas procedentes da Índia sugeriam com clareza que a Índia tinha estado previamente ao sul do equador geográfico, embora hoje em dia esteja ao norte.

Em segundo lugar, o exame das fendas no fundo do mar, assim como o exame de profundas fumarolas termais e de vulcões submarinos, proporcionava ainda mais evidências de uma importante atividade líquida subterrânea. Isso ajudou a consolidar a ideia de que as placas continentais se separaram devido à dispersão do fundo do mar. O que convenceu muitos cientistas foi o resultado de um teste concreto. Oreskes conta-nos a história:

> Enquanto isso, os geofísicos tinham demonstrado que o campo magnético da Terra tinha invertido sua polaridade frequentemente em repetidas ocasiões. As inversões magnéticas somadas à dispersão do fundo do mar formavam uma hipótese testável... Se o fundo do mar se expandir enquanto o campo magnético terrestre se inverter, os basaltos que formam o fundo do mar registrarão estes eventos na forma de uma série de "faixas" paralelas de rochas magnetizadas normais e invertidas.
>
> Desde a Segunda Guerra Mundial, o Escritório de Pesquisa Naval dos Estados Unidos tinha estado apoiando os estudos no fundo do mar com finalidades militares, e tinham sido reunidas grandes quantidades de dados magnéticos. Cientistas estadunidenses e britânicos examinaram os dados, e em 1966 a hipótese se confirmou. Em 1967-68, as evidências da deriva continental e da expansão do solo marinho se unificaram em um só marco global.

No final, o consenso científico foi alcançado de forma relativamente rápida, já que mais e mais dados eram corroborados por modelos cada vez mais sofisticados e refinados do fundo do mar e de sua expansão. Dessa forma também foi confirmada a deriva continental, depois de quase meio século de discussões entre "especialistas" defendendo diferentes paradigmas.

Paralelamente, as enraizadas posições filosóficas que previamente haviam predisposto alguns cientistas a se opor à teoria da deriva continental (posições como a preferência por teorias "modestas" e pelo uniformitarismo diante de qualquer tipo de catastrofismo) foram perdendo apoio. Estas filosofias foram reconhecidas, na melhor das hipóteses, como guias de uso geral, mas também carentes da universalidade necessária para derrocar teorias que tinham por si mesmas uma grande capacidade explicativa e preditiva.

Lavar as mãos

Os princípios que foram aplicados no caso da deriva continental também foram aplicados no caso da desinfecção das mãos nos hospitais. Alfred Wegener foi a triste vítima no primeiro caso — pois morreu na Groenlândia em 1930 após cair no esquecimento e muito antes de que sua hipótese fosse amplamente aceita — e o médico húngaro Ignaz Semmelweis foi a vítima no segundo caso.

Semmelweis tinha reunido dados experimentais a favor da melhora das condições higiênicas nos hospitais, mas suas teorias encontraram na época muito pouca aceitação. Ele caiu em uma profunda depressão e foi confinado em uma instituição para doentes mentais na qual foi espancado pelos guardas e colocado em uma camisa de força. Morreu duas semanas depois de entrar nessa instituição, e só tinha 47 anos.

Duas décadas antes, em 1846, o jovem Semmelweis tinha sido nomeado ajudante médico no departamento de maternidade do Hospital Geral de Viena, um posto muito importante. O hospital tinha duas clínicas de maternidade, e os habitantes locais já sabiam que o índice de mortalidade em uma dessas clínicas (10% ou mais) era mais do dobro que na outra (4%). Um grande número de mulheres morria na primeira clínica devido à febre puerperal (a febre do parto) após dar à luz. Semmelweis esforçou-se muito para compreender esta disparidade no número de mortes. Por fim, percebeu que os estudantes de medicina da primeira clínica também costumavam fazer autópsias antes de visitar a sala de maternidade na qual examinavam as mulheres. Estes estudantes não trabalhavam na segunda maternidade, e essa foi uma perspicaz observação empírica de Semmelweis.

Baseando-se em suas observações, Semmelweis começou a suspeitar que algum tipo de material microscópico procedente dos mortos e transportado pelas mãos dos estudantes de medicina era a causa do alto índice de mortalidade na primeira clínica. Portanto, introduziu um rigoroso sistema de lavagem de mãos que incluía o uso de cal clorada. Esta prática eliminava das mãos dos médicos o cheiro de cadáver muito melhor que a tradicional lavagem com água e sabão. O resultado foi que o índice de mortalidade desabou e chegou a ser nulo em um ano.

Do nosso ponto de vista atual, ficamos tentados a dizer: "É óbvio!". Ficamos impressionados com o quão mal lavavam-se as mãos no passado. Entretanto, tudo isso ocorreu várias décadas antes de que Louis Pasteur popularizasse a teoria das doenças produzidas por germes. Naquela época, era amplamente aceito que as doenças propagavam-se pelo "mau ar" (miasma). De fato, a falta de conhecimento sobre os germes fez com que a ortodoxia médica da época resistisse a que o conselho de Semmelweis sobre a rigorosa lavagem das mãos fosse mais amplamente seguido.

O mesmo coro de críticas de "especialistas" que quase um século mais tarde receberia Alfred Wegener caiu sobre as ideias de Semmelweis, que foram consideradas universais demais, ou seja, com um alcance grande demais e excessivamente disruptivas. Semmelweis afirmava que uma só causa (a falta de limpeza) era responsável por grande parte das doenças hospitalares. Isso opunha-se frontalmente à doutrina médica dominante, que afirmava que cada caso de doença individual tinha suas próprias causas, e que portanto tinha que estar sujeito a pesquisa e tratamento individualizados. Jogar a culpa de tudo na falta de higiene era uma ideia concreta demais.

A prática de lavar as mãos de forma exaustiva também era algo que, aparentemente, ofendia pelo menos alguns médicos, que se sentiram insultados pela ideia de que seus cavalheirescos níveis de higiene pessoal pudessem de alguma forma não ser suficientes. Não podiam aceitar que eles pessoalmente fossem os responsáveis pelas mortes dos pacientes que examinavam.

Semmelweis perdeu seu cargo no Hospital Geral de Viena em 1848, ano em que ocorreram numerosas revoluções na Europa. O chefe do departamento era politicamente conservador, e pouco a pouco foi perdendo sua confiança em Semmelweis, já que alguns de seus irmãos estavam envolvidos ativamente no movimento a favor da independência da Hungria em relação à Áustria. Estas diferenças políticas exacerbaram um conflito pessoal que em si já era muito tenso. Semmelweis saiu do hospital e foi substituído em seu posto pelo médico austríaco Carl Braun. É significativo o fato de que Braun destruiu grande parte dos avanços conseguidos na clínica por Semmelweis. Mais tarde, Braun publicou um livro-texto que elencava as trinta causas da febre do parto. O mecanismo identificado por Semmelweis, a infecção procedente de material microscópico de cadáveres, aparecia como o número 28 da lista, um lugar muito pouco relevante. Os índices de mortalidade materna voltaram a aumentar na clínica, e a atenção quanto à higiene foi substituída pela melhora nos sistemas de ventilação, uma preferência que encaixava muito mais no paradigma dominante do miasma ("mau ar") como causador de muitas doenças.

Portanto, mesmo no hospital no qual produziu-se a identificação da melhora, o grande peso da tradição ortodoxa teve como resultado que muitas mulheres morressem posteriormente de forma desnecessária. Padrões igualmente deploráveis foram seguidos em toda a Europa até que se acumularam as evidências comprovadas a favor da teoria das doenças baseadas em germes. Esta teoria foi incorporada, entre outras, pelos cientistas John Snow, Joseph Lister e Louis Pasteur. Na década de 1880, a exaustiva lavagem antisséptica tinha se tornado uma prática padrão e o paradigma do miasma havia sido superado pela teoria dos germes.

Esta não foi a primeira (nem a última) vez em que uma prática estabelecida na profissão médica não cumpriu com o princípio fundador da profissão: *primeiro, não prejudicar*. O pensamento errôneo dos médicos "especialistas" produziu uma falta de higiene e por sua vez isso produziu uma grande quantidade de mortes desnecessárias. Este desvio do *Juramento de Hipócrates* deveu-se à falta de conhecimento (não existia a teoria das doenças baseada nos germes), mas também ao excesso de hábitos e formas de pensar adquiridos, incluindo a honra dos médicos que se consideravam limpos.

Nossa opinião é que o paradigma de *aceitação do envelhecimento* encaixa-se nesse mesmo padrão. O paradigma atual persiste em parte devido à falta de conhecimento (sobre o progresso realizado pela biotecnologia do rejuvenescimento), mas também pelo excesso de hábitos e formas de pensar adquiridos. Aqueles que estão imersos no velho paradigma tendem a ver as coisas de maneira diferente, e em concordância com suas próprias visões e interesses, evidentemente.

A resistência de "especialistas" diante das mudanças de paradigma na medicina

De Ignaz Semmelweis, costuma-se dizer que foi um pioneiro fundamental de uma área mais ampla chamada "medicina baseada em evidências". Ele testou sua hipótese sobre as causas da febre do parto modificando as práticas da equipe médica e observando as subsequentes mudanças na mortalidade. Anteriormente, suas observações tinham descartado outras causas potenciais para explicar as diferenças na mortalidade das duas clínicas (diferentes status socioeconômicos, adoção de diferentes posições físicas por parte das mães na hora de dar à luz, etc.). Quando a nova rotina antisséptica de lavar-se as mãos foi introduzida, os resultados foram drásticos.

Entretanto, como vimos, esta evidência irrefutável não chegou a ser aceita pelos "especialistas" do paradigma dominante, que viam no "mau ar" a causa mais provável das doenças. Os que apoiavam esse paradigma dominante reinterpretaram a mudanças nas taxas de mortalidade como se estas tivessem outras causas, como por exemplo a melhora na ventilação. Infelizmente, não foram realizados testes rigorosos para determinar qual dessas teorias era correta. Os princípios que hoje em dia aplicamos nos testes médicos não eram compreendidos ainda naquela época, mesmo com aquilo afirmado por Semmelweis. Entre esses encontramos:

- *Controle: os pacientes que recebem um tratamento novo são comparados com um conjunto de "controle" que não recebe tal tratamento (em seu lugar, pode ser que recebam um placebo), mas que quanto ao resto é o mais parecido possível com o primeiro grupo.*

- *Aleatorização: a distribuição de pacientes entre os dois grupos, o de controle e aquele tratado, ocorre de forma aleatória para evitar a influência de preconceitos (conscientes ou inconscientes) na seleção que possam manipular o resultado.*

- *Valor estatístico: a conformação dos testes evita confusões devido a desvios que ocorrem de forma natural de vez em quando; especialmente testes com amostras pequenas são de pouco valor.*

- *Reprodutibilidade: a repetição de testes com diferentes grupos de profissionais médicos; se os resultados obtidos se repetirem, isso significa que se trata de um tratamento confiável.*

Na verdade, o termo "medicina baseada em evidências" só tem algumas poucas décadas. O primeiro trabalho acadêmico publicado sobre o tema é apenas de 1992. O termo foi introduzido para fazer-se uma distinção diante da prática dominante da "opinião clínica", que faz referência às decisões dos médicos sobre possíveis tratamentos baseando-se em seus próprios pressentimentos e intuições. O desenvolvimento destes pressentimentos e intuições era ensinado mediante a grande experiência obtida por médicos "especialistas". Outro termo para se referir à "opinião clínica" era "a arte da medicina".

Os inconvenientes de se depender da "opinião clínica" foram destacados contundentemente no livro *Efetividade e Eficiência: reflexões casuais sobre os serviços de saúde*, escrito pelo médico escocês Archie Cochrane em 1972. Cochrane era um fervoroso crítico da maior parte do pensamento e das práticas de seus colegas médicos, e em seu livro explicou que:

- *Uma parte importante das melhorias na saúde pública deveu-se a melhorias em fatores ambientais, como por exemplo na higiene, mais do que a melhorias nos próprios tratamentos médicos.*

- *Os médicos sofrem uma grande pressão por parte de seus pacientes para que lhes sejam receitados medicamentos ou qualquer outro tipo de tratamento, e é possível que alguns tratamentos sejam receitados mesmo sem que haja evidências clínicas de sua efetividade.*

- *O fato de que alguns pacientes se recuperem após seguir um certo tratamento não demonstra sua efetividade; a recuperação pode ter sido causada por outros fatores (incluída a tendência do corpo a se recuperar por si mesmo e no seu devido tempo).*

- *Novamente, o fato de que os pacientes acreditem que ter seguido um tratamento lhes fez bem não prova a efetividade de tal tratamento.*

Cochrane apontou que, no momento em que escreveu o livro, vivia-se em uma cultura que se deixava impressionar mais pela "opinião" do que pelos "experimentos":

Parece que no público em geral e em alguns profissionais de saúde é dominante uma grande confusão quanto ao valor das opiniões, das observações e dos experimentos na hora de testar hipóteses.

Duas das mudanças mais surpreendentes no uso das palavras durante os últimos vinte anos são o ascenso da "opinião" em relação a outros tipos de evidências e a desvalorização da palavra "experimento". Não há dúvidas de que o ascenso da "opinião" tem muitas causas, mas uma das mais importantes é, tenho certeza, o papel cumprido pelos entrevistadores e produtores de televisão. Querem que tudo seja breve, dramático, branco ou preto. Qualquer discussão das evidências é descartada por ser longa demais, entediante e desinteressante. Poucas vezes vi na televisão que um entrevistador perguntasse a alguém quais evidências havia para se fazer uma declaração. Felizmente, isso não costuma ter nenhuma importância; o entrevistador só quer entreter (daí o interesse nas opiniões dos cantores pop sobre a teologia), mas quando se trata de assuntos médicos, estas questões podem ser de fato importantes.

A situação dos "experimentos" foi muito diferente. A palavra foi absorvida e corrompida pelos jornalistas, e agora "experimento" usa-se em seu sentido arcaico de "ação de tentar algo". É daí que vêm as intermináveis referências a teatro, arte, arquitetura e escolas "experimentais".

Cochrane tinha muitas coisas boas para dizer sobre a prática da medicina. Ele descreveu alguns exemplos positivos que poderiam servir como modelo para futuras gerações — por exemplo, o desenvolvimento de tratamentos eficazes contra a tuberculose, que levou a uma ampla utilização de testes controlados aleatorizados durante os anos posteriores à Segunda Guerra Mundial. Ele elogiou os médicos por estarem muito à frente de outros profissionais, como juízes e diretores de escolas, na hora de organizar testes experimentais controlados de tratamentos "terapêuticos" ou "preventivos". Além disso, como aponta Cochrane, a história da medicina está cheia de exemplos nos quais opiniões fortemente defendidas por "especialistas" acabaram sendo refutadas graças a experimentos rigorosos:

- *A amigdalotomia, sobretudo em crianças, era considerada praticamente uma panaceia e realizou-se amplamente, mas após uma revisão crítica das evidências em 1969 (em um artigo intitulado "Cirurgia ritual: circuncisão e amigdalotomia"), deixou de ser praticada tão frequentemente.*

- *O composto baseado em ouro chamado sanocrisina popularizou-se nos Estados Unidos durante a década de 1920. Era um tratamento contra a tuberculose. Em 1931, um médico publicou os resultados de um teste com 46 pacientes após o qual declarou que o medicamento era "excepcional". Entretanto, neste teste não houve pacientes em um grupo de controle; os 46 pacientes receberam o medicamento. No mesmo ano, outros médicos de Detroit testaram o medicamento em um subgrupo de 12 pacientes escolhidos aleatoriamente entre um grupo total de 24 pacientes de tuberculose. Um de cada dois pacientes recebeu uma injeção que só continha água esterilizada, mas sem ser informado disso. Nesse caso o resultado foi definitivo: os pacientes do grupo de controle, que receberam água em vez de sanocrisina, eram os que tinham mais chances de sobrevivência. A sanocrisina, anteriormente aclamada como medicamento milagroso, mostrou não sê-lo de jeito algum.*

- *O repouso na cama obrigatório era outro tratamento muito popular contra a tuberculose, até que testes realizados nas décadas de 1940 e 1950 demonstraram que era prejudicial, não benéfico. Os pacientes deitados de costas sofriam complicações adicionais derivadas da tosse. Sanatórios no mundo inteiro foram fechados após serem divulgados os resultados desse estudo.*

Por sua vez, Cochrane mostrou casos nos quais supostos conhecimentos clínicos com certeza não foram infalíveis, diferentemente do que se queria fazer crer. O médico inglês Druin Burch conta o seguinte episódio em seu livro *Tomar o remédio: uma breve história da bonita ideia da medicina e nossa dificuldade para engoli-la* de 2009:

> Os eletrocardiogramas (ECG) são registros da atividade elétrica do coração... Os cardiologistas dizem que na hora de interpretá-los eles têm habilidades que superam as de outros médicos. Cochrane pegou ECGs selecionados aleatoriamente e enviou cópias a quatro cardiologistas veteranos. Depois pediu-lhes que explicassem os registros. Comparou suas opiniões e percebeu que estes especialistas só estavam de acordo em 3% das vezes. Suas convicções quanto a ser capazes de olhar os registros e ver a "verdade" não pareciam ser justificadas. De 100 vezes, pelo menos em 97 algum deles estava interpretando algo errado.
>
> Quando Cochrane fez um teste similar com professores de odontologia, pediu-lhes que avaliassem as mesmas bocas e percebeu que havia somente uma coisa em que suas capacidades de diagnóstico estavam sempre de acordo: o número de dentes.

Em 1993, após sua morte em 1988, o sobrenome Cochrane foi incorporado ao nome da organização recém fundada Colaboração Cochrane em Londres. Esta iniciativa de pesquisa colaborativa descreve seu trabalho da seguinte maneira:

> A Cochrane existe para melhorar as decisões tomadas pelos sistemas de saúde.
>
> Durante os últimos 20 anos, a Cochrane ajudou a transformar a maneira pela qual se tomam decisões a respeito da saúde.

Reunimos e resumimos as melhores evidências procedentes das pesquisas para ajudar você a tomar decisões informadas sobre os tratamentos a seguir.

A Cochrane está a serviço de qualquer pessoa que esteja interessada em usar informações de alta qualidade para tomar decisões que afetam a saúde. Independentemente de você ser um médico ou uma enfermeira, um paciente ou um cuidador, ou um pesquisador ou um financiador, as evidências mostradas pela Cochrane são uma poderosa ferramenta para melhorar seu conhecimento e sua tomada de decisões no que se refere à saúde.

Os colaboradores da Cochrane — 37 mil pessoas de mais de 130 países — trabalham conjuntamente para produzir informação confiável e acessível referente à saúde que seja independente do patrocínio comercial e que não esteja sujeita a conflitos de interesse.

A Colaboração Cochrane, que tenta promover a ideia de uma medicina baseada em evidências, defendida por Archie Cochrane e por outros, é reconhecida hoje em dia como uma organização que realiza uma tarefa extremamente importante. Por exemplo, as *Revisões da Cochrane (Cochrane Reviews)* têm sido baixadas de sua página na internet em um ritmo de uma a cada três segundos. Entre os acessos mais populares do momento encontramos revisões sobre as evidências em temas como:

- *Acupuntura para combater a cefaleia tensional.*
- *Modelos de acompanhamento dirigidos por doulas em comparação com outros modelos no cuidado de mulheres grávidas.*
- *Intervenções para prevenir as quedas de idosos em sua vizinhança.*
- *Vacinas para prevenir a gripe em adultos saudáveis.*

Estas são áreas nas quais a "opinião clínica" intuitiva é muito útil se for complementada com um cuidadoso estudo das evidências experimentais, evidências que costumam contrariar as expectativas dos "especialistas".

Se não se conhecer a história, é difícil de imaginar o grau de hostilidade que despertou o conceito de medicina baseada em evidências antes de ser amplamente aceito. As primeiras críticas à "opinião clínica" encontraram uma ampla oposição:

- *Os profissionais mais veteranos da medicina, os "especialistas", temiam que seu conhecimento tácito arduamente conquistado fosse menos valorizado pela tendência à objetividade da medicina baseada em evidências.*

- *Esses mesmos profissionais costumavam insistir em que os pacientes deviam ser tratados de forma individualizada, em vez de ser confinados a um pequeno número de estereótipos descritos em recentes livros-texto médicos.*

As sangrias dos médicos "especialistas"

Agora analisemos um último exemplo revelador sobre as crenças de "especialistas" médicos do passado. As sangrias — a extração de sangue do corpo de um paciente, frequentemente com o uso de sanguessugas — foram amplamente defendidas como tratamento médico durante mais de 2 mil anos. Eram recomendadas para uma grande variedade de problemas médicos, entre os quais estavam acne, asma, diabetes, gota, herpes, pneumonia, escorbuto, varíola e tuberculose. Entre os primeiros defensores dessa prática estão os médicos gregos Hipócrates de Cós (460-370 a.C.) e Galeno de Pérgamo (129-200 d.C.), dois dos médicos mais famosos de toda a história. Distribuídos entre os séculos em que se realizou, esta prática também teve importantes críticos — como o médico inglês William Harvey, que descobriu as vias de circulação do sangue por todo o corpo durante a década de 1620 — mas ainda assim continuou a ser usada durante mais séculos. Por exemplo, o hematologista inglês Duncan P. Thomas escreveu um artigo em 2014 para a *Revista do Colégio Real de Médicos de Edimburgo* em que aponta:

> O fervor com o qual os médicos de tempos passados realizavam as sangrias é, se analisarmos da perspectiva de hoje em dia, extraordinário. Guy Patin (1601-1672), decano da Faculdade de Medicina de Paris, sangrou sua mulher 12 vezes devido a uma "fluxão" no peito, 20 vezes seu filho por febres contínuas e 7 vezes ele mesmo por um "esfriamento da cabeça". Carlos II (1630-1685) foi sangrado após um derrame, e o general George Washington (1732-1799), afetado por uma infecção severa de garganta, foi sangrado 4 vezes em questão de poucas horas. Estima-se que a quantidade de sangue tirada dele foi de 2,3 a 4,3 litros. Apesar de sua força, não pôde suportar os esforços sem sentido de seus médicos e aparentemente o tratamento apressou sua morte.

Thomas continua com a menção ao caso de Benjamin Rush:

> Benjamin Rush (1746-1813), um eminente médico estadunidense, que inclusive assinou a *Declaração de Independência*, estava convencido de que a sangria de seus pacientes era o melhor dos tratamentos. Durante a epidemia de febre amarela da Filadélfia em 1793, Rush sangrou e purgou seus pacientes.
> A estratégia seguida por Rush é uma útil lembrança dos perigos que existem na crença sincera no valor dos métodos tradicionais, e evidencia a necessidade de avaliações críticas e baseadas em evidências de todas as formas de tratamento.

As evidências sistemáticas quanto ao efeito das sangrias começaram a ser reunidas no século XIX. O médico francês Pierre Charles Alexandre Louis analisou em 1828 os dados procedentes de 77 pacientes de pneumonia, que mostravam que as sangrias, na melhor das hipóteses, tinham exercido efeitos muito escassos nas perspectivas de recuperação dos pacientes.

Entretanto, muitos médicos deixaram seus resultados de lado e preferiram se basear no que *achavam* que estava confirmado por sua própria experiência pessoal. Dessa forma, continuaram confiando na importância das veneráveis tradições que vinham desde Hipócrates e Galeno.

Na segunda metade do século XIX, o médico inglês John Hughes Bennett, da Universidade de Edimburgo, analisou mais dados que tratavam dos índices de sobrevivência de hospitais estadunidenses e britânicos. Ele apontou que, por exemplo, durante um período de 18 anos, no Hospital Real de Edimburgo, dos 105 casos de pneumonia típica tratados por ele mesmo sem recorrer a sangrias, nenhum dos pacientes morreu. Diferentemente, pelo menos um terço dos pacientes que receberam sangrias sob o tratamento de outros médicos do hospital acabou morrendo. Apesar destes dados, Hughes Bennett enfrentou ferozes críticas procedentes de sua própria profissão. Thomas comenta a respeito:

> Da perspectiva de hoje em dia, talvez o aspecto mais surpreendente do trabalho pioneiro de Louis e Hughes Bennett foi o quão lentamente a profissão médica aceitou as poderosas evidências, especialmente em relação ao tratamento da pneumonia. Hughes Bennett tentou introduzir uma estratégia com maior rigor científico para identificar e tratar a doença. Esta estratégia envolvia tanto as observações realizadas em laboratório quanto a análise estatística dos resultados. Entretanto, sua estratégia entrou em conflito com a dos médicos mais tradicionais, que continuavam confiando em sua própria experiência, baseada exclusivamente na observação clínica. Apesar de crescer o ceticismo a respeito do tratamento, a controvérsia sobre as sangrias continuou durante toda a segunda metade do século XIX e sobreviveu durante as primeiras décadas do século XX.

Em seu artigo de 2010 para o *Jornal Médico da Columbia Britânica*, o médico Gerry Greenstone reflete sobre esta questão perguntando-se por que continuaram sendo feitas sangrias durante tanto tempo, até meados do século XX:

> Temos que nos perguntar por que a prática das sangrias persistiu por tanto tempo, especialmente quando, através de descobertas feitas por Vesalius e Harvey nos séculos XVI e XVII, ficaram evidentes os graves erros na anatomia e fisiologia de Galeno. Entretanto, como I. H. Kerridge e M. Lowe afirmaram, "o fato das sangrias terem perdurado por tanto tempo não é uma anomalia intelectual, mas o resultado da interação dinâmica de pressões sociais, econômicas e intelectuais, um processo que segue determinando a prática médica".

Graças a nosso conhecimento atual de fisiopatologia, podemos ficar tentados a rir de tais métodos terapêuticos. Mas o que será que pensarão os médicos daqui a 100 anos de nossas práticas médicas atuais? Pode ser que se assustem com nosso uso excessivo de antibióticos, nossa tendência polifarmacológica e o quão grosseiros são os tratamentos como a radiação e a quimioterapia.

Esqueçamos a parte de "daqui a 100 anos". Nossa opinião é que provavelmente daqui a 10 ou 20 anos, os médicos "especialistas" olharão para os dias de hoje e ficarão atônitos com o fato de que o processo de envelhecimento recebia tão pouca atenção, e de que a biotecnologia do rejuvenescimento era apenas um interesse minoritário.

Porém, como vimos, os paradigmas provocam efeitos muito profundos. A frase de Kerridge e Lowe citada anteriormente descreve com outras palavras o mesmo sentimento: as práticas médicas dos "especialistas" surgem "da interação dinâmica de pressões sociais, econômicas e intelectuais".

Todo mundo pode errar, e não apenas os especialistas, evidentemente. Para fechar ironicamente este capítulo, recordemos a profunda reflexão da rainha da beleza estadunidense Heather Whitestone, que foi Miss Alabama em 1994 e depois

Miss Estados Unidos em 1995, quando lhe perguntaram durante um concurso de beleza se ela gostaria de viver para sempre:

> Eu não viveria para sempre, porque não deveríamos viver para sempre, porque se fôssemos viver para sempre, viveríamos para sempre, mas não podemos viver para sempre, e é por isso que eu não viveria para sempre.

CAPÍTULO 8
PLANO B: A CRIOPRESERVAÇÃO

Ser criopreservado depois da morte é a segunda pior
coisa que poderia acontecer com você.
A pior coisa seria morrer sem ser criopreservado.
BEN BEST, 2005

Se a criônica fosse uma enganação, teria uma comercialização
muito melhor e seria muito mais popular.
ELIEZER YUDKOWSKY, 2009

Segundo nossas estimativas, os primeiros tratamentos biotecnológicos para o rejuvenescimento humano serão comercializados na década de 2020, e serão seguidos na década de 2030 pelos tratamentos nanotecnológicos, até chegar-se a controlar e reverter o envelhecimento em 2045. Até esse momento, infelizmente, as pessoas vão continuar morrendo. Para todos os que viveram no passado e para grande parte dos que estão atualmente vivos, as tecnologias de rejuvenescimento estão chegando tarde demais, seja porque envelheceram e pereceram durante este século ou em algum dos muitos séculos precedentes, seja porque, apesar de continuarem vivos, é provável que morram antes das terapias de rejuvenescimento efetivas estarem disponíveis e generalizadas. De qualquer modo, pertencem à era AR: a era Antes do Rejuvenescimento, cujo ano será 2045.

Entretanto, dentro da ampla gama de futuras tecnologias para o rejuvenescimento, alguns pesquisadores se atrevem a sugerir que pode haver esperança para aqueles pertencentes à era AR. Estas ideias formam um conjunto de alternativas e complementos radicais para os métodos que analisamos neste livro, os quais constituem o Plano A rumo à imortalidade.

A ponte rumo à eternidade

Como mencionamos anteriormente, uma expectativa de vida indefinida será possível em poucas décadas, mas o que podemos fazer até lá? A triste verdade é que as pessoas continuarão morrendo durante os próximos anos, e a única forma que conhecemos hoje para se conservar relativamente bem é através da criopreservação. Poderíamos dizer que a criopreservação é algo parecido com um Plano B da expectativa de vida indefinida até que chegue o Plano A.

A era moderna da criopreservação humana, ou simplesmente a era criônica, começou em 1962 quando o estadunidense Robert Ettinger, um conceituado físico, publicou *A perspectiva da imortalidade*, onde afirmou que "congelar" (na verdade, criopreservar) pacientes é a forma de esperar a chegada de futuras tecnologias médicas muito mais avançadas que curem as doenças atuais, inclusive o envelhecimento. Embora a criopreservação de um ser humano possa parecer fatal, Ettinger argumentou que o que parece ser fatal hoje pode ser reversível no futuro. Aplica-se o mesmo argumento ao processo da morte em si, ou seja, as primeiras etapas da morte clínica podem ser reversíveis no futuro. Combinando estas ideias, Ettinger sugeriu que o congelamento de pessoas recém falecidas pode ser uma forma de salvar vidas. Baseando-se nessas ideias,

Ettinger e outros quatro colegas fundaram em 1976 o *Cryonics Institute* em Detroit, Michigan (EUA). A primeira paciente foi a própria mãe de Ettinger, que foi criopreservada em 1977. Seu corpo conserva-se congelado à temperatura de liquefação do nitrogênio (-196 °C).

Enquanto isso, na Califórnia (EUA), Fred e Linda Chamberlain fundaram outra instituição de criopreservação em 1972 com o nome de *Alcor Life Extension Foundation* (originalmente, e até 1977, chamada *Alcor Society for Solid State Hypothermia*). Seu primeiro paciente foi, em 1976, o pai de Fred Chamberlain, que se submeteu a uma neuropreservação na qual só foi criopreservada a cabeça. A Alcor acabou transferindo-se em 1993 a Scottsdale, Arizona (EUA), longe da sísmica Califórnia, e seu atual presidente é o filósofo e futurista inglês Max More, que explica:

> A ciência da criônica é um ramo da medicina de emergência atual e no futuro pode oferecer à humanidade outra oportunidade de viver, após a tecnologia ter avançado o suficiente para reviver os pacientes criopreservados na Alcor.

Muitos pacientes decidem congelar apenas a cabeça. Alguns o fazem por razões financeiras; outros acreditam que a identidade humana e a memória armazenam-se no cérebro, e que portanto não é necessário criopreservar o corpo inteiro, que, além do mais, poderá ser reconstruído por meio de diversas tecnologias.

O *Cryonics Institute* faz somente criopreservações totais, enquanto que a Alcor faz tanto neuropreservações quanto criopreservações completas. Hoje em dia, o *Cryonics Institute* ultrapassou a marca de 150 pacientes criopreservados e mais de mil membros, enquanto que a Alcor tem um número similar de pacientes (dos quais cerca de 3/4 são neuropacientes) e de membros. Todo mês são incorporados novos pacientes e membros aos dois principais centros de criopreservação dos Estados Unidos. Ambas as instituições conservam também muitas amostras congeladas de DNA, tecidos, animais domésticos e de outros tipos sob criopreservação. O *Cryonics Institute* cobra entre US$ 28 mil e US$ 35 mil (o que não inclui os custos de EET: Espera/Estabilização/Transporte — *Standby/Stabilization/ Transport*, em inglês, com a sigla *SST*) para criopreservações de corpo completo. Quanto à Alcor, ela cobra US$ 80 mil para neuropreservações e US$ 200 mil para criopreservações de corpo completo (incluídos os elevados custos de EET).

Dado que o número de pacientes e afiliados ainda é relativamente pequeno, o *Cryonics Institute* e a Alcor eram praticamente as duas únicas organizações de criopreservação no mundo até 2005, quando foi fundada a KrioRus, nos arredores de Moscou. Atualmente há também pequenos grupos na Alemanha, Argentina, Austrália, Canadá e China, além dos estados da Flórida e do Óregon, nos EUA, que têm previsto criar ou já criaram novas instalações para a criopreservação humana.

Como funciona a criônica?

Até agora, ninguém reviveu após ter sido criopreservado, mas isso também se deve a que ainda não sabemos como curar os problemas de saúde que causaram a doença terminal que o paciente sofreu. Entretanto, graças aos avanços tecnológicos exponenciais, é muito provável que sejamos capazes de reanimar os pacientes nas próximas décadas. O futurista estadunidense Ray Kurzweil menciona a década de 2040 para as primeiras reanimações de pacientes criopreservados, primeiramente ocorrendo com os últimos a se submeter a tal técnica — que deverão ter sido criopreservados com melhores tecnologias — e depois com os primeiros pacientes.

A prova de conceito é que já foi realizada a criopreservação com diferentes células vivas, tecidos e pequenos organismos. Os minúsculos ursos d'água (tardígrados) são organismos multicelulares microscópicos que podem sobreviver se for substituída a maior parte de sua água interna pelo açúcar trealose, que evita a cristalização das membranas celulares. Vários vertebrados também toleram o congelamento, e existem organismos que sobrevivem ao inverno através de congelamento sólido e interrompendo suas funções vitais. Algumas espécies de rãs, tartarugas, salamandras, cobras e lagartos podem sobreviver ao congelamento e se recuperar completamente depois de passar o inverno em climas frios. Algumas espécies de bactérias, fungos, plantas, peixes, insetos e anfíbios que vivem perto dos polos desenvolveram crioprotetores que lhes permitem sobreviver em condições de congelamento.

O cientista britânico James Lovelock, conhecido por propor a hipótese de Gaia sobre a vida na Terra, foi talvez a primeira pessoa que tentou congelar e reanimar animais. Em 1955, Lovelock congelou alguns ratos a 0 °C e depois reanimou-os de forma bem-sucedida usando a diatermia de micro-ondas. Recentemente, a DARPA, a Agência de Projetos de Pesquisa Avançada de Defesa dos EUA, começou a financiar pesquisas sobre animação suspensa, que é basicamente "desligar" o coração e o cérebro para poder oferecer mais à frente o tratamento adequado a determinados pacientes, algo que pode ser considerado um passo rumo à criopreservação dos seres humanos.

Óvulos, espermatozoides e até embriões são criopreservados hoje em dia para serem reanimados no futuro. Foram utilizados óvulos e esperma congelados em reprodução animal, e também foram criopreservados embriões humanos que posteriormente se desenvolveram sem problemas congênitos nem de nenhum outro tipo. Além disso, atualmente congela-se e descongela-se sangue, cordões umbilicais, medula óssea, sementes de plantas e diferentes amostras de tecido. Um dos grandes sucessos recentes da criônica foi o nascimento em 2017 de um embrião criopreservado durante quase 25 anos.

Avaliamos que as pessoas criopreservadas hoje poderão ser reanimadas no futuro mediante o uso de técnicas avançadas. Cada vez há mais literatura científica que apoia a viabilidade da criônica. Alguns renomados cientistas assinaram uma carta aberta apoiando a criônica, inclusive Aubrey de Grey e o estadunidense Marvin Minsky, considerado um dos "pais" da inteligência artificial, que foi criopreservado ao morrer em 2016:

A criônica é um esforço legítimo com fundamentos científicos que busca preservar os seres humanos, especialmente o cérebro humano, com a melhor tecnologia disponível. As futuras técnicas de reanimação poderiam implicar o reparo molecular mediante nanomedicina, computação altamente avançada, controle detalhado do crescimento celular e regeneração tecidual.

Levando-se em conta estes avanços tecnológicos, existe uma possibilidade real de que a criônica realizada nas melhores condições que podem ser alcançadas hoje em dia conserve informação neurológica suficiente para permitir a eventual restauração de uma pessoa sã.

Os direitos daqueles que escolhem a criônica são importantes e devem ser respeitados.

Em 2015, um grupo de cientistas das universidades de Liverpool, Cambridge e Oxford estabeleceu uma rede de pesquisa em criônica no Reino Unido para impulsionar e promover a pesquisa em criônica e suas aplicações, inclusive a criopreservação humana. Graças a estes avanços, a cada dia mais pessoas de todo o mundo começam a perceber que a criopreservação humana é possível, sobretudo porque a prova de conceito já está disponível. Em 2016 também foi inaugurada a Sociedade Criônica como uma associação de apoio e promoção da criônica na Espanha, Argentina e México.

Da Rússia com amor: uma visita à KrioRus

Aqueles que estão familiarizados com a criônica costumam conhecer as duas principais instalações de criopreservação dos Estados Unidos: o *Cryonics Institute*, perto de Detroit, em Michigan, e a Alcor, em Scottsdale, no Arizona. Porém, não são tantos os que sabem que em 2005 foi fundada uma nova organização nos arredores de Moscou sob a liderança do futurista russo Daniel Medvedev.

Durante um encontro com Medvedev em 2015 pudemos visitar as instalações atuais da KrioRus de Serguiev Posad, uma linda e antiga cidade cerca de 70 km a nordeste de Moscou. Serguiev Posad é conhecida por ser um destino religioso e turístico onde se encontra um dos maiores mosteiros russos, o Mosteiro da Trindade-São Sérgio, fundado por São Sérgio de Radonej no século XIV. Serguiev Posad parece um lugar muito apropriado tanto para a criopreservação quanto foi para o tradicional descanso de santos e monarcas russos. A KrioRus está crescendo rapidamente e está considerando a ideia de ampliar suas instalações ou se mudar para outro lugar também perto de Moscou, onde também poderia fundar um asilo e instalações anexas para pacientes terminais, além de instalações de criopreservação com mais capacidade de pesquisa.

O crescimento da KrioRus foi espetacular em comparação com a Alcor e o *Cryonics Institute*. Em pouco mais de uma década, a KrioRus conseguiu criopreservar meia centena de pessoas e dezenas de animais domésticos, entre eles muitos cachorros, gatos e pássaros, além de uma chinchila. O primeiro paciente da KrioRus foi Lidiya Fedorenko, em 2005, que foi criopreservada originalmente com gelo seco durante alguns meses até que o primeiro recipiente ou "criostato" ficasse pronto. A avó de Medvedev é outro dos pacientes atualmente sob neuropreservação. Como o *Cryonics Institute*, a KrioRus utiliza criostatos, que são grandes recipientes feitos de fibra de vidro/resina preenchidos com nitrogênio líquido, em vez dos frascos individuais de Dewar usados pela Alcor, que são mais caros. Todos os pacientes, os animais domésticos e os tecidos criopreservados na KrioRus estão armazenados em dois grandes criostatos especialmente projetados pela KrioRus, que adquiriu suficiente experiência para construir novos criostatos para suas novas instalações, além de haver planos para instalar um novo centro na Suíça.

A KrioRus cobra €12 mil pelas neuropreservações e €36 mil pelas criopreservações de corpo completo, sem estarem incluídos os elevados custos de Espera/Estabilização/Transporte, que variam muito segundo o local de origem do paciente. A criopreservação de animais e tecidos é mais barata, dependendo do tamanho e de outras condições especiais. Na última década, a

KrioRus conseguiu atrair pacientes não só da Rússia, mas também de outros países da Europa, como Itália, Holanda e Suíça, e de muito mais longe como Austrália, Japão e Estados Unidos. Assim como no caso da Alcor, mais da metade dos pacientes são neuropreservados. O crescimento relativamente rápido da KrioRus indica que um serviço efetivo e acessível pode ajudar a popularizar a criopreservação.

Até 2017, havia pelo menos três espanhóis criopreservados, dois na Alcor e um em um pequeno centro de recente criação na Alemanha. Além disso, há outro caso de neuropreservação na Argentina, e possivelmente haja outros casos de ibero-americanos que não são conhecidos, pois muitas pessoas e suas famílias preferem manter a privacidade, o que é algo compreensível, especialmente em relação a estes temas tão controversos.

Novamente, insistimos em que a vida apareceu para viver, não para morrer. Seguramente seremos capazes de curar o envelhecimento em meados deste século, mas é fundamental declarar guerra ao envelhecimento para que isso de fato aconteça. Enquanto isso, a criônica é o Plano B. Já existem as provas de conceito que indicam que a expectativa de vida indefinida é possível, e que a criônica é viável também. Agora precisamos de mais avanços científicos para resolver problemas técnicos, porque sabemos que é possível, e quanto antes o fizermos, melhor para a humanidade. Cada vida que se perde é uma tragédia; sem dúvida uma tragédia pessoal, além de uma perda para a sociedade em seu conjunto, mas podemos impedi-la. Enquanto não chegar a morte da morte, e enquanto avançarmos rumo a uma expectativa de vida indefinida, longa vida à criopreservação!

Uma ambulância para o futuro

A criação da ambulância foi uma das inovações mais importantes da história da medicina. Se alguém se ferir ou estiver em uma situação de emergência médica, a chegada a tempo de uma ambulância pode ser a diferença entre a vida e a morte. A pessoa pode tornar-se vítima de estar no "lugar errado", pois precisava de ajuda médica mas não estava no lugar no qual a ajuda médica estava disponível de forma imediata. Porém, uma ambulância implica a possibilidade de que essa pessoa seja trasladada a um centro com os recursos necessários para atendê-la, ou seja, um lugar com o equipamento necessário, remédios e profissionais de saúde convenientemente preparados.

Pode ser que alguns se queixem um pouco dos custos de determinados serviços de ambulância. Alguns críticos acreditam que os serviços de ambulância deveriam ser mais baratos sem que isso afetasse sua qualidade. Porém, é difícil encontrar alguém que reclame dos serviços de ambulância em si. Não se ouve ninguém dizer que se alguém sofrer uma urgência médica longe de um hospital deve conformar-se com sua falta de sorte e aceitar seu destino estoicamente. Também não se ouve ninguém chamar de egoístas ou imaturos os que pedem uma ambulância para um de seus pais que está doente, ou para um filho ou um irmão ferido. Ao contrário, a sociedade aceita de bom grado que é natural exigir um transporte rápido e seguro que nos leve de uma zona de perigo a um lugar no qual se pode tratar eficazmente uma emergência médica. Dessa forma, o doente ou o ferido tem a possibilidade de ser atendido e continuar vivo por mais algumas décadas.

Porém, analisemos agora nossa atitude em relação a alguém que está numa situação de emergência médica no "momento errado". Isso ocorre quando alguém contrai uma doença que está a ponto de tirar-lhe a vida mas que prevê-se que a ciência médica será capaz de curar em, digamos, três décadas. Como proporcionar a essa pessoa uma "ambulância para o futuro"? Suponhamos que exista pelo menos 5% de chance dessa "ambulância" funcionar. Esse mecanismo existe e é a preservação criônica a baixas temperaturas, o que permite ao paciente entrar em uma espécie de coma no qual todos os seus processos fisiológicos normais ficam suspensos. Deveríamos aceitar a possibilidade de utilizar um veículo de resgate com essas características? Ou deveríamos, pelo contrário, instar a vítima dessa crise médica a evitar pensar em tal possibilidade? Em outras palavras: deveríamos pedir à vítima para aceitar seu destino (a morte iminente) estoicamente? E se algum de seus familiares, enfrentando a possibilidade de poder conversar e interagir no futuro com a pessoa agonizante, pedisse a utilização desse tipo de serviço de ambulância, deveríamos repreendê-la por seu egoísmo e imaturidade?

Esta analogia está muito longe de ser perfeita. No caso de ambulâncias que transportam pacientes até um hospital existem inúmeros casos todos os dias nos quais a viagem acaba sendo bem-sucedida. Porém, ainda não foi realizada nenhuma viagem de décadas de um paciente humano criopreservado com suspensão corporal a baixa temperatura. São acessíveis as fotografias dos cilindros de armazenamento nos quais os pacientes foram criopreservados, em sua totalidade ou incluindo-se só a cabeça, com a esperança de que a ciência do futuro seja capaz de regenerar um corpo novo a partir do cérebro. Mas não há garantia de que a ciência médica consiga progredir até o ponto destes pacientes poderem ser animados de forma bem-sucedida.

Os argumentos contra a ideia da criopreservação humana são um reflexo dos argumentos contra o rejuvenescimento humano. Alguns críticos dizem que a criopreservação *não é possível*: os desafios técnicos de reanimar alguém que está a uma temperatura tão baixa são tremendamente complicados. O processo para diminuir a temperatura corporal até baixos níveis pode danificar o corpo de forma irreparável, apesar do uso preciso de anticongelante, crioprotetores e demais produtos químicos sofisticados. Ao fim e ao cabo, estes produtos químicos são em si mesmo toxinas e o processo de esfriamento de órgãos grandes pode gerar fraturas. Outros críticos alegam que a criogenia *nem sequer deveria ser levada em conta*, pois seria moralmente reprovável. Eles afirmam que é um mau uso de recursos valiosos, um delírio distorcido, uma enganação financeira ou coisas piores.

Nossa resposta a estas críticas, assim como nossa resposta às críticas ao rejuvenescimento, é que discordamos completamente. Em ambos os casos, acreditamos que a maioria das críticas baseiam-se em informação de má qualidade ou estão motivadas por uma forma de pensar equivocada — isso quando não se devem a outras razões frequentemente ocultas. Em ambos os casos — o rejuvenescimento e a criopreservação — aceitamos o fato de que o trabalho científico e tecnológico será difícil. Porém, não vemos razões científicas que nos levem a concluir que em nenhum dos dois casos a tarefa seja impossível. No devido tempo seremos capazes de criar soluções plenamente satisfatórias. Em ambos os casos somos testemunhas de que já está sendo desenvolvido um conjunto de procedimentos precursores que nos indicam a direção que deve ser seguida para encontrar-se uma solução viável baseada na tecnologia.

Uma área precursora da criopreservação é aquela conhecida como hipotermia terapêutica. Em 1999, a estudante norueguesa de medicina Anna Bågenholm estava esquiando fora da pista em uma descida íngreme em uma região do norte da Noruega quando caiu em um riacho montanhoso gelado. Quando o helicóptero de resgate chegou, ela tinha permanecido na água congelada por 80 minutos e sua circulação sanguínea tinha ficado interrompida durante 40 minutos, como informou um artigo da revista médica inglesa *The Lancet*: "Ressuscitação após hipotermia acidental a uma temperatura de 13,7 °C e com parada cardiorrespiratória". Em um artigo para o *The Guardian* intitulado "Entre a vida e a morte. O poder da hipotermia terapêutica", o repórter David Cox deu mais detalhes:

> No momento em que Bågenholm chegou ao Hospital Universitário do Norte da Noruega em Tromsø, seu coração estava parado há bem mais que duas horas. Sua temperatura interna era de 13,7 °C. Estava clinicamente morta em todos os sentidos.
>
> Entretanto, na Noruega há um tradicional ditado já há três décadas que diz que ninguém está morto até não estar quente e morto. Mads Gilbert é o chefe do pronto-socorro do hospital e por experiência sabia que havia uma pequena possibilidade de que o frio extremo a tivesse mantido viva.

"Durante os últimos 28 anos, houve 34 vítimas de acidentes por hipotermia com parada cardiorrespiratória que foram aquecidas mediante circulação extracorpórea e 30% delas sobreviveu", disse. "A questão fundamental é: o esfriamento ocorre antes de se sofrer a parada cardíaca ou primeiro ocorre a parada circulatória e depois o esfriamento?"

Cox prossegue com uma explicação sobre aspectos fundamentais da biologia subjacente a este processo:
Embora a queda da temperatura corporal faça com que o coração pare, também fará com que se reduza a necessidade de oxigênio do corpo e sobretudo das células cerebrais. Se os órgãos vitais tiverem sido esfriados suficientemente antes de ocorrer a parada cardíaca, posterga-se a morte inevitável das células por causa da falta de circulação, o que dá aos serviços de emergência um tempo extra para tentar salvar a vida do paciente.
"A hipotermia é fascinante porque é uma faca de dois gumes", diz Gilbert. "Por um lado, pode te proteger, mas por outro, vai te matar. Tudo depende do nível de controle da hipotermia. É provável que Anna tenha esfriado de forma suficientemente lenta mas de forma eficiente, de modo que quando seu coração parou, seu cérebro já estivesse frio, motivo pelo qual a necessidade de oxigênio das células cerebrais era nula. Uma boa RCP (reanimação cardiopulmonar) pode proporcionar entre 30% e 40% do fluxo sanguíneo para o cérebro e nesses casos isso costuma ser suficiente para manter com vida o paciente às vezes até mesmo durante sete horas enquanto tentamos reanimar o coração».

Felizmente, Bågenholm recuperou-se quase completamente. Dez anos depois, trabalhava como radiologista no hospital no qual salvaram sua vida. Bågenholm havia sofrido uma hipotermia acidental. Cada vez mais frequentemente, os médicos induzem a hipotermia de forma deliberada para ganhar tempo e realizar complexos procedimentos médicos. Em seu livro *Medicina Extrema (Extreme Medicine)*, o médico estadunidense

Kevin Fong conta a história do tratamento aplicado em Esmail Dezhbod em 2010:

> Os sintomas apresentados por Esmail Dezhbod tinham começado a preocupá-lo. Sentia uma pressão no peito que às vezes causava muita dor. Uma tomografia corporal revelou que Esmail tinha sérios problemas. Ele tinha um aneurisma na aorta torácica, um inchaço do principal afluente arterial que saía de seu coração. A artéria tinha crescido até alcançar a largura de uma lata de Coca-Cola.
> Esmail tinha uma bomba no peito que poderia explodir a qualquer momento. Em outras partes do corpo, os aneurismas costumam ter possibilidade de reparação com relativa facilidade. Porém, nessa localização, tão perto do coração, não havia uma solução fácil. A aorta torácica transporta sangue do coração para a metade superior do corpo, e fornece oxigênio ao cérebro e a outros órgãos. Para reparar o aneurisma, era necessário interromper o fluxo parando o coração. A temperaturas corporais normais, fazer isso, junto com a falta de oxigênio associada, danificaria o cérebro, o que produziria uma deficiência permanente ou a morte em três ou quatro minutos.
> O cirurgião de Esmail, o especialista em cardiologia John Elefteriades, decidiu realizar a operação em condições de profunda parada hipotérmica. Para esfriar o corpo de Esmail até somente 64,4 °F [18 °C], utilizou circulação extracorpórea. Depois, parou o coração completamente. Posteriormente, com o coração e a circulação parados, Elefteriades realizou a complicada reparação em uma corrida contra o tempo enquanto seu paciente morria na mesa de operação...

É uma operação delicada:

> Embora Elefteriades tenha muita experiência na parada hipotérmica, ele diz que em todas as ocasiões sente como se estivesse dando uma espécie de salto no escuro. Após a circulação ser interrompida, ele tem no máximo 45 minutos antes que o dano se torne

irreversível no cérebro do paciente. Sem a hipotermia induzida, o tempo com o qual contaria seria de somente 4 minutos.

O médico desenha os pontos com elegância e eficiência; todos os movimentos contam. Ele tem que cortar a seção danificada da aorta, um comprimento de cerca de seis polegadas, e depois tem que substituí-la por um enxerto artificial. Neste ponto, a atividade elétrica no cérebro de Esmail é indetectável. Não respira nem tem pulso. Física e bioquimicamente, é indistinguível de um cadáver.

Vale a pena enfatizar essa frase: "física e bioquimicamente, é indistinguível de um cadáver". Entretanto, segue sendo passível de ser revivido. Fong continua:

Após 32 minutos, a reparação está terminada. A equipe aquece o corpo esfriado de Esmail e seu coração volta rapidamente à vida, bate de forma preciosa e proporciona um fornecimento de oxigênio fresco para o cérebro pela primeira vez desde mais de meia hora atrás.

Fong conta também que visitou o paciente na unidade de tratamento intensivo no dia seguinte:

Está acordado e bem. Sua mulher está do seu lado; está transbordando de alegria ao vê-lo de volta.

Quem seria capaz de privar a esposa do paciente da oportunidade de viver um reencontro feliz com seu marido? Entretanto, os críticos da criopreservação negam aos demais a oportunidade de um reencontro igualmente feliz com seus familiares e amigos queridos após o fim da suspensão criônica. Alguns dirão que entre a hipotermia terapêutica e a criônica existe um abismo intransponível. A temperatura necessária para a criopreservação — a temperatura do nitrogênio líquido — é muito mais baixa e a escala temporal da suspensão é muito mais longa. Como resposta, continuamos pensando que existem razões poderosas para se acreditar que esse abismo acabará sendo superado.

Sem congelamento

Um segundo sinal que nos indica o caminho rumo ao sucesso da tecnologia criônica é o fato de que alguns organismos podem sobreviver a vários tipos de hibernação abaixo de zero. Por exemplo, o esquilo-terrestre do Ártico hiberna até oito meses por ano. Durante esse tempo sua temperatura cai dos 36 °C aos -3 °C e a temperatura exterior pode chegar a ser de -30 °C. A revista científica *New Scientist* informa que:

> Para evitar que o sangue se congele, os esquilos retiram dele qualquer partícula de água que possa formar cristais de água ao seu redor. Isso permite que o sangue se mantenha em estado líquido abaixo dos zero graus, um fenômeno chamado superfusão ou super-resfriamento.

Várias espécies de peixes das regiões árticas podem sobreviver na água salgada abaixo do ponto de congelamento da água doce. Parece que conseguem fazê-lo sem que seu sangue se congele com ajuda das chamadas proteínas anticongelantes (PACs). As PACs evitam a formação de cristais de gelo. Algumas espécies de insetos, bactérias e plantas também recorrem às PACs. Extraordinariamente, descobriu-se que larvas do escaravelho do Alasca chegam a sobreviver a temperaturas de -150 °C graças à adoção de um estado de vitrificação parecido com o cristal.

A espécie campeã da sobrevivência a temperaturas ultrabaixas é o tardígrado, também conhecido como "urso-d'água". Os tardígrados são muito pequenos, não alcançando os 2 mm. Do ponto de vista evolutivo, também trata-se de uma espécie ancestral presente na Terra há mais de 500 milhões de anos, desde o período Cambriano. Um artigo da *BBC Earth* descreve sua tolerância a temperaturas ainda mais baixas que as do nitrogênio líquido usado na criopreservação (-196 °C). O artigo faz referência aos experimentos realizados na década de 1920 por Gilbert Franz Rahm, um biólogo e monge beneditino alemão:

> Rahm submergiu os tardígrados em ar líquido a -200 °C durante 21 meses, em nitrogênio líquido a -253 °C durante 26 horas e em hélio líquido a -272 °C durante 8 horas. Os tardígrados voltaram à vida logo que entraram em contato com a água.

Sabemos que alguns tardígrados toleram permanecer congelados a -272,8 °C, só um pouco acima do zero absoluto. Os tardígrados conseguem resistir a um frio extremo que não ocorre de forma natural e deve ser criado no laboratório. Um frio no qual os átomos praticamente param.

O maior perigo enfrentado pelos tardígrados no frio é o gelo. Se dentro de suas moléculas forem formados cristais de gelo, estes podem quebrar moléculas cruciais como o DNA.

Alguns animais, entre os quais se encontram alguns peixes, criam proteínas anticongelantes que diminuem o ponto de congelamento de suas células, garantindo assim que não seja formado gelo. Porém, essas proteínas não parecem estar presentes nos tardígrados.

Ao contrário, parece que os tardígrados podem tolerar a formação de gelo no interior das células. Podem proteger-se eles mesmos do dano causado pelos cristais de gelo ou podem reparar esse dano.

Os tardígrados podem gerar produtos químicos conhecidos como agentes nucleantes de gelo. Estes agentes propiciam a criação de cristais de gelo fora das células e não em seu interior, o que protege as moléculas vitais. O açúcar trealose também pode proteger as células que o produzem, pois previne a formação de cristais grandes de gelo que perfurariam as membranas celulares.

Os vermes nematódeos *C. elegans*, cuja longevidade também pode ser modificada drasticamente, como já demonstraram muitos experimentos, são também interessantes ao analisar-se a criônica. Além dos experimentos bem-sucedidos de criopreservação e a posterior reanimação, é notável a preservação das lembranças nos exemplares de *C. elegans* durante o processo de suspensão criônica, mediante o qual foram levados até a temperatura do nitrogênio líquido e posteriormente reanimados. Este experimento esteve sob responsabilidade da acadêmica e futurista estadunidense Natasha Vita-More, da Universidade Advancing Technology de Tempe, Arizona (EUA), e do jovem pesquisador espanhol Daniel Barranco, da Universidade de Sevilha. Aqui está uma descrição do experimento extraída do resumo de seu artigo "A persistência da memória de longa duração em *Caenorhabditis elegans* vitrificados e reanimados", publicado em outubro de 2015 na *Rejuvenation Research*:

> É possível conservar a memória após a criopreservação? Nossa pesquisa tentou responder a esta antiga pergunta usando o verme nematódeo *Caenorhabditis elegans*, um organismo modelo bem conhecido na pesquisa biológica que propiciou descobertas revolucionárias, mas que não foi examinado no que se refere à retenção da memória após sua criopreservação. O objetivo de nosso estudo era testar a recuperação de lembranças após a vitrificação e a reanimação. Mediante um método de impressão sensorial em *C. elegans* jovens, chegamos à conclusão de que o aprendizado adquirido por meio de sinais olfativos molda o comportamento do animal e que o aprendizado se mantém na idade adulta após a vitrificação. Nosso método de pesquisa incluiu a impressão olfativa mediante o produto químico benzaldeído para a etapa de impressão sensorial olfativa na fase L1, o método de esfriamento rápido SafeSpeed para a vitrificação na fase L2, reanimação e um estudo de quimiotaxia para testar a retenção das lembranças aprendidas na idade adulta. Nossos resultados no teste de retenção da memória após a criopreservação mostram que os mecanismos que regulam a impressão olfativa (que é uma forma de memória de longa duração) em *C. elegans* não sofreram modificação alguma por causa do processo de vitrificação ou de congelamento lento.

Em "A ciência da criônica", um artigo do qual Vita-More é coautora na revista tecnológica *MIT Technology Review*, os autores contextualizam a importância desse resultado com *C. elegans*. A questão que se discute é se existe alguma possibilidade de que a memória e a consciência humanas possam sobreviver após a suspensão criônica. Vita-More e seus colegas escrevem o seguinte:

> As características moleculares e eletroquímicas do cérebro que sustentam a consciência mental estão muito longe de ser conhecidas em sua totalidade. Entretanto, as evidências de que dispomos parecem apoiar a possibilidade de que as características cerebrais que codificam as lembranças e determinam o comportamento podem ser preservadas durante e após a criopreservação.
>
> A criopreservação já está sendo utilizada em laboratórios de todo o mundo para conservar células animais, embriões humanos e alguns tecidos complexos durante períodos que chegam a ser de até três décadas. Quando uma amostra biológica é criopreservada, são adicionados produtos químicos crioprotetores como o DMSO ou o propilenoglicol, e abaixa-se a temperatura do tecido até que fique abaixo da temperatura de transição vítrea (que costuma ser de -120 °C). A essas temperaturas, as atividades moleculares tornam-se mais lentas em mais de 13 ordens de grandeza, o que é algo similar a parar o tempo biológico.
>
> Embora ninguém conheça em sua totalidade todos os detalhes da fisiologia das células, praticamente qualquer tipo de célula pode ser criopreservado com sucesso mediante estas técnicas. Da mesma forma, as bases neurológicas da memória, do comportamento e das demais características da identidade pessoal são impressionantemente complexas. A compreensão desta complexidade é um problema em grande parte independente da possibilidade de preservá-la.

A seguir, Vita-More e seus colegas destacam as evidências procedentes de *C. elegans* que indicam que as lembranças podem sobreviver à criopreservação:

> Durante décadas, os *C. elegans* foram criopreservados a temperaturas do nitrogênio líquido e depois trazidos novamente à vida. Este ano, mediante uma análise das lembranças associadas a impressões olfativas de longa duração, um de nós publicou descobertas que indicavam que os *C. elegans* retêm comportamentos aprendidos antes da criopreservação. Além disso, demonstrou-se que a potenciação de longa duração dos neurônios, um dos mecanismos da memória, mantém-se intacta no tecido cerebral de um coelho após a criopreservação.
>
> Reverter a criopreservação de órgãos humanos grandes, como corações ou rins, é mais difícil do que preservar células, mas esta é uma área de pesquisa muito ativa que pode propiciar grandes benefícios à saúde pública, pois aumentaria consideravelmente a oferta de órgãos para transplantes. Os pesquisadores progrediram muito nessa área. Conseguiram criopreservar e posteriormente transplantar com sucesso ovários de ovelhas e membros de ratos, e já são recuperados rins de coelhos após serem resfriados até -45 °C de forma rotineira. Os esforços para melhorar estas tecnologias apoiam indiretamente a ideia de que o cérebro, assim como qualquer outro órgão, pode ser criopreservado adequadamente mediante os métodos atuais ou outros métodos em desenvolvimento.

Devemos levar em conta que os crionicistas ou criopreservacionistas deixam muito claro que os métodos de preservação que utilizam devem ser chamados de "vitrificação" e não de "congelamento". A diferença pode ser explicada de forma muito clara mediante gráficos simples fáceis de serem compreendidos, disponíveis na página de internet da Alcor. A principal conclusão é que:

Como não é criado gelo, a vitrificação pode solidificar tecidos sem danificá-los a nível estrutural.

Levando-se isso em conta, é (quase) chocante que muitos críticos de renome contra a criônica tentem desacreditar todo o conceito mostrando teatralmente o dano estrutural infligido a frutas e verduras (como morangos ou cenouras) quando são congeladas e depois descongeladas. Os críticos chegam quase ao deboche: *como podem os crionicistas ou criopreservacionistas ser tão tontos?* Nós ficamos tentados a debochar deles: *como podem estes críticos ter um entendimento tão equivocado sobre questões tão básicas?* Desconhecem estes críticos o sucesso da criopreservação de embriões humanos (fundamental nos tratamentos de fertilização in vitro)? Não ouviram falar da vitrificação do rim de um coelho realizada em 2002 pelo cientista estadunidense Greg Fahy e seus colegas da 21st Century Medicine? O rim foi esfriado até os -122 °C e depois descongelado para ser transplantado como órgão funcional em outro coelho.

Como pudemos analisar em outros casos, há coisas que vão mais além do debate racional. Trata-se de outro exemplo do abismo que separa dois paradigmas. As pressões exercidas por um estado psicológico adverso fazem com que para alguns observadores seja difícil levar a sério a possibilidade da criopreservação. A possibilidade da criônica funcionar implica uma grande ameaça para o marco das ideias em que muitas pessoas se fecharam. Esse marco diz que "as pessoas normais aceitam a inevitabilidade do envelhecimento e da morte, e não devem se rebelar contra tal conclusão". Portanto, as pessoas que cresceram confortavelmente dentro desta conclusão veem legitimidade em atacar-se a cosmovisão da criônica. Isso pode explicar por que repetem tão alegremente objeções técnicas, econômicas ou sociológicas como se fossem papagaios. Francamente, estas objeções não resistem a nenhum exame rigoroso. Como explica o filósofo britânico Max More:

Olharemos para trás em 50 ou 100 anos a partir de agora, balançaremos a cabeça e diremos: "O que estavam pensando as pessoas? Em vez de criopreservá-las, enterravam ou colocavam em um forno pessoas quase viáveis, que eram apenas disfuncionais." Acho que veremos isso então da mesma forma que hoje vemos a escravidão, a violência contra as mulheres e os sacrifícios humanos, e diremos: "que loucura, que tragédia".

A chegada ao auge da criônica e outras tecnologias futuras

Sobre a criônica poderia ser dito muito mais e de vários pontos de vista. Leva bastante tempo analisar todas as objeções e mal-entendidos que foram gerados sobre ela. Para ter acesso a uma introdução interessante ao tema, recomendamos o detalhado artigo de março de 2016 escrito na publicação digital *Wait But Why* do blogueiro estadunidense Tim Urban com o título "Por que a criônica faz sentido".

Este excelente artigo inclui indicações sobre muitos outros aspectos relacionados à criônica. Talvez os leitores também apreciem as variadas perspectivas que contém o volume *Preservar mentes, preservar vidas*, disponível gratuitamente na página de internet da Alcor.

Nossa intenção é agora fazer alguns breves comentários finais sobre a criônica e sobre por que pensamos não somente que ela é viável mas que também vai avançar muito nos próximos anos:

- *Os custos econômicos da preservação criônica, do armazenamento a longo prazo e (se tudo correr bem) de uma eventual reanimação já podem ser incluídos nas apólices de seguro de vida.*

- *Os custos econômicos derivados da criopreservação de um só paciente poderiam cair várias ordens de grandeza se o número de pacientes crescesse significativamente; é o conhecido princípio das "economias de escala".*

- *Enquanto o paradigma da "aceitação do envelhecimento" continuar sendo majoritário, grande parte das pessoas sofrerá uma forte pressão social e psicológica contra a pesquisa criônica, e portanto, terá rejeição a assinar contratos de criopreservação. Entretanto, à medida que este paradigma for retrocedendo (como pensamos que ocorrerá) devido à crescente publicidade que alcançarão os avanços em rejuvenescimento, além dos próprios avanços em criopreservação, um número crescente de pessoas se abrirá à possibilidade da criônica.*

- *O interesse crescente no assunto também fará com que mais pessoas realizem pesquisas para melhorar a criônica. Isto incluirá melhoras na tecnologia, na engenharia, nas redes de apoio, nos modelos de negócio, nos marcos organizacionais e nos métodos para comunicar estes avanços a um público mais amplo. Por sua vez, as inovações que ocorrerão aumentarão a atratividade da criônica.*

- *À medida que figuras relevantes procedentes de campos como o entretenimento, os negócios, a academia e as artes apoiarem esta ideia, será aberto o caminho para que o público em geral sinta-se confortável e admita sentir-se identificado como crionicista ou criopreservacionista.*

Porém, a criônica está longe de ser a única ideia mediante a qual as pessoas podem ser transportadas (pode-se dizer assim) por esta ambulância temporal da presente era AR (Antes do Rejuvenescimento) até a próxima era DR (Depois do Rejuvenescimento). O que de fato é uma certeza é que a criônica continuará expandindo-se pelo mundo, especialmente agora que estamos tão perto de reverter o envelhecimento. Estamos diante da última geração de mortais e da primeira de imortais, e as pessoas não vão querer morrer e serem queimadas ou enterradas quando souberem que existem alternativas, embora ainda com baixa probabilidade de sucesso, para serem reanimadas no futuro.

A criopreservação é a principal "alternativa radical" que mencionamos aqui, mas não é a única possibilidade que o futuro nos oferecerá. O que motiva a criopreservação é a possibilidade de que, em algum momento, a medicina tenha avançado o suficiente para que estejam disponíveis terapias de rejuvenescimento extremamente potentes. A aplicação destas terapias futuras curaria os pacientes daquilo que estivesse a ponto de acabar com suas vidas antes de serem suspensos através da criônica. Em princípio, a aplicação dessas terapias devolveria aos pacientes um excelente estado de saúde. Até isso ocorrer, acreditamos que será relativamente barato mantê-los em uma cápsula cheia de nitrogênio líquido indefinidamente.

Os cientistas também estão realizando experimentos para conservar o cérebro de outras formas. Acreditamos que o fundamental é preservar a estrutura das sinapses no momento em que a pessoa morre. Também é possível que possamos ler o conteúdo das conexões cerebrais com outros métodos e tecnologias, inclusive antes da pessoa morrer. Já existem aparelhos que capturam a informação de mais de 500 neurônios a nível individual, número que continuará aumentando em um ritmo exponencial.

Do ponto de vista informático e computacional, estamos só começando a compreender a complexidade do cérebro humano. Nosso cérebro, que contém quase cem bilhões de neurônios, é a estrutura mais complexa do universo conhecido até o momento. Mesmo assim, há cientistas trabalhando na criação de cérebros artificiais e eles estimam que em duas ou três décadas poderemos criar estruturas mais complexas que o cérebro humano. Graças à Lei de Retornos Acelerados de Kurzweil (e à anterior Lei de Moore), que indica o crescimento exponencial da capacidade dos computadores, é possível que uma inteligência artificial passe no Teste de Turing em 2029 e alcance a "singularidade tecnológica" em 2045. Quando esse momento chegar, será impossível diferenciar uma inteligência artificial de uma inteligência humana. Então, será também possível colocar todos os conhecimentos, lembranças, experiências e sentimentos em computadores ou na internet (na "nuvem"), que aliás terão uma memória expansível e superior à memória humana.

A memória artificial, além disso, também melhorará e crescerá, assim como a capacidade e a velocidade de processamento da inteligência artificial. Tudo será parte de um processo acelerado de melhora da inteligência humana graças à contínua evolução tecnológica. A humanidade está apenas começando a percorrer o fascinante caminho da evolução biológica à evolução tecnológica, uma nova evolução consciente e inteligente. Segundo Kurzweil, um quilo de "computrônio" (a hipotética unidade máxima de computação da matéria) tem a capacidade teórica de processar cerca de 5×10^{50} operações por segundo, algo que adquire sua verdadeira dimensão se o compararmos com um cérebro humano que pode processar entre 10^{17} e 10^{19} operações por segundo (de acordo com diferentes estimativas). Dessa forma, ainda temos um potencial de desenvolvimento enorme, de várias ordens de grandeza, para continuar aumentando a inteligência humana e, mais tarde, a pós-humana, passando dos cérebros biológicos convencionais aos cérebros pós-biológicos incrementados. Tudo isso faz parte das ideias do prolongamento e da expansão da vida. Kurzweil conclui da seguinte forma seu livro *Como criar uma mente*:

> Nosso destino é acordar o Universo para que depois decida inteligentemente qual será seu futuro infundindo-lhe inteligência humana em sua forma não biológica.

CAPÍTULO 9
O FUTURO DEPENDE DE NÓS

O rápido progresso da verdadeira ciência faz com que às vezes eu lamente ter nascido cedo demais. É impossível imaginar o nível de desenvolvimento que alcançará em milhares de anos o poder do homem sobre a matéria. (...) Todas as doenças poderão ser prevenidas ou curadas através de métodos seguros (sem excetuar-se o envelhecimento), e nossas vidas serão prolongadas à vontade, até mais além do padrão pré-diluviano.
Benjamin Franklin, 1780

Esse não é o final. Não é nem sequer o começo do final. Mas talvez seja o final do começo.
Winston Churchill, 1942

Queremos viver para sempre, e estamos perto de consegui-lo.
Bill Clinton, 1999

Não tenho nenhuma intenção de morrer.
Sergey Brin, 2017

A ideia do rejuvenescimento progrediu muito durante as últimas três décadas graças aos avanços científicos. Hoje em dia, o envelhecimento é muito melhor compreendido que em tempos passados. E mais: como tentamos mostrar nos capítulos anteriores, há muitas razões para se prever uma aceleração do progresso durante as próximas duas ou três décadas. Este progresso deve incluir a criação de terapias práticas baseadas na bioengenharia que tirem cada vez mais proveito de nosso conhecimento teórico. É realista pensar que nos aguardam cenários nos quais, aproximadamente em 2045, viveremos em uma sociedade muito mais avançada onde as terríveis doenças associadas ao envelhecimento terão se tornado casos excepcionais, como hoje em dia são a pólio ou a varíola.

Entretanto, também nos aguardam muitas incertezas. Estas incógnitas não são meros detalhes, e vão desde saber qual medicamento acabará tendo o maior impacto a curto prazo sobre a expectativa de vida saudável, até a descoberta do algoritmo de IA que nos proporcionará a informação mais valiosa sobre as modificações genéticas. Estas dúvidas são fundamentais, já que estão relacionadas a problemas que poderiam colocar em perigo o projeto da engenharia do rejuvenescimento em seu conjunto.

Chegou o momento de fixar a atenção naqueles que poderiam ser os obstáculos mais importantes no caminho rumo à abolição do envelhecimento. Levando em conta todas as questões sobre o potencial que propicia a engenharia do rejuvenescimento, analisaremos agora algumas das mais difíceis de responder.

Complicações excepcionalmente grandes quanto à engenharia?

Às vezes os problemas acabam sendo muito mais difíceis de serem resolvidos do que tínhamos esperado. Pensemos por exemplo na fusão nuclear, pois continua-se dizendo que a fusão nuclear será conseguida em trinta anos. Um artigo recente do divulgador científico estadunidense Nathaniel Scharping na revista *Discover* intitulado "Por que sempre faltam 30 anos para se conseguir a fusão nuclear" resume a experiência da indústria da fusão nuclear:

> A fusão nuclear é considerada há muito tempo o "Santo Graal" da pesquisa sobre energia. Representa uma fonte quase ilimitada de energia limpa, segura e autossustentável. Desde o primeiro momento em que, na década de 1920, o físico britânico Arthur Eddington teorizou sobre sua existência, a fusão nuclear cativou a imaginação tanto de cientistas quanto de escritores de ficção científica.
>
> Em si mesma, a fusão é um conceito simples. Faz-se com que dois isótopos de hidrogênio colidam a uma grande velocidade. Os dois átomos vencem sua repulsão natural e se fundem, o que produz uma reação que libera enormes quantidades de energia.
>
> Porém, grandes resultados implicam investimentos igualmente grandes, e durante décadas temos lutado contra o problema da ativação e manutenção do combustível de hidrogênio quando este alcança temperaturas superiores aos 150 milhões de graus Fahrenheit [83 milhões de graus Celsius].
>
> Os avanços mais recentes foram produzidos na Alemanha, onde o reator Wendelstein 7-X anunciou há pouco que tinha realizado com sucesso um teste no qual quase foram alcançados os 180 milhões de graus [100 milhões de graus Celsius], e na China, onde o reator EAST manteve um plasma de fusão durante 102 segundos, embora a temperaturas mais baixas.
>
> Apesar destes passos na direção correta, os pesquisadores vêm dizendo há décadas que continuamos estando a trinta anos de conseguir um reator de fusão. Mesmo à medida que os cientistas dão passos rumo a alcançar seu Santo Graal, fica cada vez mais evidente que nem sequer sabemos o que é que não sabemos.

O problema é que cada passo adiante parece gerar novas questões que são tão difíceis de resolver quanto as anteriores, ou seja, cada resposta gera novas perguntas:

Os experimentos dos reatores Wendelstein 7-X e EAST foram qualificados como "avanços", uma palavra que frequentemente é aplicada aos experimentos de fusão. Independentemente do quão empolgantes possam ser esses experimentos, se os compararmos com a magnitude do problema não são mais do que "passinhos de bebê". É óbvio que serão necessários mais deles, e na verdade mais de uma dúzia de tais "avanços", para se conseguir a fusão.

"Não acredito que estejamos em condições de saber o que temos que fazer para superar esse limiar", disse Mark Herrmann, diretor da NIF (National Ignition Facility, ou Instalação Nacional de Ignição, em português), na Califórnia. "Ainda estamos descobrindo os detalhes científicos. Pode ser que tenhamos eliminado alguns impedimentos, mas quando conseguirmos fazer isso com todos, estarão esperando por nós mais coisas ocultas? Quase seguramente assim será, e não sabemos o quão difícil será resolvê-las".

É possível que uma série de problemas similares de dificuldade crescente aguarde o projeto da engenharia do rejuvenescimento? Pode ser que cada novo ajuste da biologia humana que melhore certos aspectos da longevidade saudável acarrete seus próprios inconvenientes. Talvez consigamos reforçar o sistema imunológico mas à custa dele atacar células que o corpo precisa para seu funcionamento normal, assim como ocorre com a diabetes tipo 1, que pode dever-se a um sistema imunológico agressivo demais que destrói ilhotas celulares no pâncreas que, se não fossem atacadas, produziriam insulina. Além disso, uma intervenção adicional da engenharia para evitar esse efeito secundário indesejado poderia por sua vez gerar ainda mais complicações. Da mesma forma, o alongamento dos telômeros poderia aumentar a incidência de câncer. Embora seja improvável, é possível.

Uma razão para duvidar-se de que uma estagnação tão profunda aguarde a engenharia do rejuvenescimento é que conhecemos animais — inclusive alguns que apresentam envelhecimento nulo — que têm expectativas de vida muito maiores que os humanos. Entretanto, em princípio, é possível que as características únicas dos humanos possam de alguma maneira dificultar o progresso da engenharia que nos proporcionaria um envelhecimento nulo. De uma maneira que ainda não compreendemos, poderia acontecer da engenharia do rejuvenescimento ter o mesmo destino da fusão nuclear e sua concretização se atrasar permanentemente.

Afinal de contas, às vezes um problema que é fácil de enunciar requer enormes capacidades de processamento para ser resolvido. O problema matemático conhecido como último teorema de Fermat é um bom exemplo disso. O teorema foi enunciado nas margens da cópia de um livro-texto escrito pelo matemático francês Pierre de Fermat em 1637. É muito curto: "a equação an + bn = cn não tem solução dentro dos números inteiros positivos se n for um número inteiro maior do que 2». Porém, o conjunto da comunidade de matemáticos levou 358 anos para demonstrar o teorema. A demonstração do matemático inglês Andrew Wiles ocupou mais de 120 páginas quando foi publicada em dois artigos em *Annals of Mathematics* em 1995, incluídas quase 10 páginas de referências a artigos matemáticos anteriores. Com certeza, este longo período de séculos deixaria Fermat surpreso; de fato, Fermat estava convencido de ter chegado a uma demonstração do teorema que, entretanto, era longa demais para caber nas margens do livro.

Apesar das comparações que possam ser feitas entre a fusão nuclear e o último teorema de Fermat, acreditamos que é improvável que nos aguardem barreiras de engenharia intransponíveis no caminho da engenharia do rejuvenescimento. Não há uma técnica de engenharia única para ser desenvolvida. Na verdade, é ao contrário; são numerosas as diferentes intervenções baseadas na engenharia do rejuvenescimento que devem ser levadas em conta.

Além disso, o lento progresso da fusão nuclear pode dever-se a fatores que não são estritamente dificuldades técnicas. Em seu artigo na *Discover*, Scharping afirma que o projeto da fusão não contou com suficiente financiamento e que está sofrendo atrasos devido a dificuldades políticas no campo da cooperação internacional, o que é "mais do que um problema científico":

> Em última instância, a questão pode ser reduzida a financiamento. Múltiplas fontes disseram estar convencidas de que suas pesquisas poderiam avançar mais rapidamente se recebessem mais apoio. Certamente, os desafios quanto ao financiamento não são algo novo na pesquisa científica, mas a fusão nuclear é um campo particularmente difícil devido a que nele o financiamento deve abranger gerações inteiras. Apesar dos benefícios potenciais serem evidentes, já que resolveriam questões relacionadas à escassez de energia e à mudança climática, tão importantes hoje em dia, ainda está longe o momento no qual veremos recompensados os esforços de pesquisa no campo da fusão.

A busca de benefícios imediatos para nossos investimentos frustra a pesquisa sobre fusão, diz Laban Coblentz, chefe de comunicação do reator de fusão ITER, na França.

"Queremos que os técnicos de futebol proporcionem conquistas em dois anos, e caso contrário são despedidos. Nossos políticos têm dois, quatro ou seis anos ou são despedidos. Em geral, o tempo para gerar-se benefícios após um investimento é curto demais", afirmou. "De forma que, quando alguém diz que conseguirá algo em 10 anos, a coisa se complica."

Nos Estados Unidos, a pesquisa em fusão recebe menos de US$ 600 milhões de financiamento por ano, incluindo as contribuições feitas ao ITER. É uma soma relativamente pequena se comparada aos US$ 3 bilhões que o Departamento de Energia pediu para pesquisas em energia em 2013. Além disso, a pesquisa global em energia representa 8% do total dos fundos que os Estados Unidos destinam anualmente à pesquisa.

"Se comparamos estas cifras destinadas a orçamentos de energia com o que se gasta no Departamento de Defesa, podemos ver o quão pequenas são as cifras destinadas a energia", diz Thomas Pedersen, chefe de divisão no Instituto Max Planck de Física do Plasma. "Se você nos comparar com outros projetos de pesquisa, somos muito caros, mas se nos comparar com o que se destina à produção de petróleo ou moinhos de vento, ou com os subsídios que recebem as energias renováveis, recebemos muitíssimo menos."

Scharping chega à conclusão de que o progresso na fusão nuclear se reduz a uma questão de vontade política:

Sempre faltam 30 anos para se chegar à fusão.
Entretanto, já há algum tempo pode-se vislumbrar a linha de chegada, uma montanha que parece se afastar a cada passo adiante que damos. O que é escuro é o caminho, bloqueado por obstáculos que não são só tecnológicos, mas também políticos e econômicos. Coblentz, (Hutch) Neilson e (Duarte) Borba disseram não ter dúvidas da viabilidade da fusão. Entretanto, o momento em que a conseguiremos é algo que depende muito de quanto a desejemos.
É possível que Lev Artsimovich, cientista soviético e "pai do Tokamak", tenha sido quem melhor resumiu a questão:
"A fusão será conseguida quando a sociedade precisar dela".

A respeito disso, convém comparar a fusão com a engenharia do rejuvenescimento:

- *Os desafios de engenharia são muito complicados em ambos os casos, mas seguramente não são intransponíveis.*

- *O progresso na resolução destes desafios dependerá de uma extensa colaboração internacional que conte com um grande apoio a nível político.*

- *A velocidade com a qual se crie e apoie esta ampla colaboração internacional dependerá por sua vez do nível de exigência de uma solução por parte da opinião pública.*

Podemos especular com a ideia de que se a sobrevivência da espécie humana tivesse dependido da demonstração do último teorema de Fermat, tal demonstração teria sido conseguida muito antes. Uma mentalidade de "cerco em tempos de guerra" pode fazer milagres, *desde que exista uma infraestrutura adequada para sustentar a colaboração entre mentes brilhantes.*

Falhas do mercado?

A necessidade de regulamentações eficazes e, de um ponto de vista mais geral, de um controle público bem informado sobre o desenvolvimento tecnológico fica evidente a partir de uma série de observações. O que elas têm em comum é o convencimento de que um mercado econômico liberalizado, deixado à sua própria sorte, costuma produzir resultados que estão muito distantes de serem otimizados (na verdade, podem ser desastrosos).

Um exemplo é o costume das empresas farmacêuticas de não dar prioridade ao desenvolvimento de medicamentos para doenças que só afetam as populações de baixa renda. Em 2003 foi criada a organização Iniciativa Medicamentos para Doenças Negligenciadas (DNDi, na sigla em inglês) com o objetivo de abordar esta questão. A página de internet da DNDi nos proporciona algumas informações incontroversas sobre estas "doenças negligenciadas":

- *Malária: mata uma criança por minuto na África subsaariana (cerca de 1.300 crianças por dia).*

- HIV *em crianças: mais de 2,6 milhões de menores de 15 anos têm* HIV, *sobretudo na África subsaariana, e 410 deles morrem a cada dia.*

- *Filariose: 120 milhões de pessoas estão afetadas pela elefantíase e 25 milhões pela oncocercose.*

- *Doença do sono: é endêmica em 36 países africanos, com 21 milhões de pessoas em risco de contraí-la.*

- *Leishmaniose: persiste em uma centena de países, com 350 milhões de pessoas no mundo em risco de contraí-la.*
- *Doença de Chagas: é endêmica em 21 países da América Latina, onde mata mais pessoas que a malária.*

Em resumo, segundo a DNDi:

> As doenças negligenciadas continuam sendo uma importante causa de morte nos países em desenvolvimento. Entretanto, dos 850 produtos terapêuticos novos aprovados entre 2000 e 2011, só 4% (e só 1% de todas as Novas Entidades Químicas, ou NEQ, aprovadas) foram idealizados para lutar contra doenças negligenciadas, embora estas doenças representem 11% dos casos de doença a nível global.

Esta situação não é surpreendente se observarmos as restrições aos acionistas sob as quais operam as empresas farmacêuticas. Por exemplo, no início de 2014, o escritor estadunidense Glyn Moody descreveu a política seguida pela gigante farmacêutica Bayer. O artigo intitulava-se "Diretor executivo da Bayer: Desenvolvemos medicamentos para ocidentais ricos, não para índios pobres", e citava o diretor executivo da Bayer, Marijn Dekkers, no enunciado deste princípio:

> "Não desenvolvemos esta medicina para índios. Desenvolvemos esta medicina para pacientes ocidentais que podem pagar por ela".

Esta política corresponde à orientação absoluta para o lucro de certas empresas, que atuam para satisfazer os desejos de seus acionistas e maximizar seus benefícios. Esta é a razão pela qual a DNDi defende um "modelo alternativo", com a seguinte estratégia:

> Melhorar a qualidade de vida e a saúde das pessoas que padecem de doenças negligenciadas através de um modelo alternativo

de desenvolvimento de medicamentos para estas doenças e mediante a garantia do acesso equitativo a métodos médicos novos e confiáveis.

Neste modelo sem fins lucrativos e dirigido pelo setor público, colaboram inúmeros agentes para chamar a atenção sobre a necessidade de pesquisar e desenvolver novos medicamentos destinados àquelas doenças negligenciadas que ficam fora do âmbito da P&D comercial. Ao abordar as necessidades destes pacientes, também fomenta-se a responsabilidade e a liderança do setor público.

Após explicitar os impactantes comentários do empresário holandês-estadunidense Dekkers, Moody aponta também outros objetivos mais nobres das empresas farmacêuticas. Ele faz referência a este comentário do empresário estadunidense George Merck de 1950:

"Tentamos não esquecer nunca que a medicina é para as pessoas. Não para gerar lucros. Os lucros são uma consequência, e se não esquecermos disso nunca deixarão de ser produzidos. Quanto mais ao pé da letra seguimos esta premissa, maiores foram os lucros..."

"(...) Não podemos nos afastar e dizer que conseguimos nosso objetivo após inventar um novo medicamento ou um novo tratamento para curar doenças até esse momento incuráveis, quando inventamos uma nova forma de ajudar aqueles que sofrem de desnutrição ou ao gerar dietas equilibradas em escala mundial. Não descansaremos até que se encontre a maneira, graças a nossa ajuda, de que todo mundo tenha acesso a nossas melhores conquistas".

O que é que determina que os estreitos incentivos financeiros do mercado sejam o que dirija o comportamento das empresas dotadas da tecnologia (que seguramente só elas possuem) capaz de gerar importantes melhoras no ser humano? Temos que considerar outros fatores, e não apenas os incentivos econômicos.

Mesmo no que diz respeito a seus próprios parâmetros (a promoção de vendas e a acumulação de riqueza), os mercados liberalizados podem fracassar. As razões a favor de uma supervisão eficaz e de uma regulação dos mercados estão muito bem explicadas no livro de 2009 *Como os mercados quebram: a lógica das catástrofes econômicas*, escrito pelo jornalista estadunidense John Cassidy, da *The New Yorker*.

O livro contém uma investigação radical mas convincente sobre o que Cassidy qualifica como "economia utópica", sobre a qual depois ele vai acrescentando camada após camada de crítica incisiva. Em si, o livro proporciona um guia útil sobre a história do pensamento econômico que cobre desde Adam Smith até Friedrich Hayek, passando por Milton Friedman, John Maynard Keynes, Arthur Pigou e Hyman Minsky, entre outros.

A tese fundamental do livro é que os mercados costumam fracassar, e que às vezes o fazem de forma estrepitosa; portanto, certo grau de supervisão e intervenção governamental é fundamental e necessário para evitar catástrofes. Este tema não é novo, mas muita gente tem resistência a ele, e o livro de Cassidy tem o mérito de organizar os argumentos a favor de sua tese de uma maneira muito detalhada.

Da forma que Cassidy a descreve, a "economia utópica" é a opinião generalizada de que na economia de mercado, se for permitido aos indivíduos e aos diferentes agentes econômicos perseguir seus próprios interesses, inevitavelmente serão gerados resultados que serão bons para a economia em seu conjunto. O livro começa com oito capítulos que de forma clara explicam a história do pensamento do ponto de vista da economia utópica. Nesses oito capítulos, o autor aponta casos nos quais os próprios defensores do livre mercado indicam a necessidade de intervenção e controles públicos. A seguir, Cassidy dedica outros oito capítulos para analisar a história das críticas que foram feitas à economia utópica. Esta parte do livro intitula-se "Economia baseada na realidade" e trata de questões como:

- *A teoria dos jogos ("o dilema do prisioneiro").*

- A *economia comportamental (teorizada pelos psicólogos Daniel Kahneman e Amos Tversky), que inclui a miopia diante do desastre.*
- *Os problemas derivados dos dejetos e das externalidades (como a poluição), que só podem ser abordados em todo seu alcance mediante a ação coletiva centralizada.*
- *As desvantagens derivadas da informação oculta e o fracasso da "sinalização de preços".*
- *As perdas de competitividade que ocorrem quando na economia são produzidas situações monopolísticas.*
- *Erros nas medidas de gestão do risco bancário que subestimam drasticamente as consequências que têm os períodos de crise nos quais não se pode levar a cabo uma política de "business as usual", ou seja, "não está acontecendo nada".*
- *Ineficiências na estrutura de gratificações assimétricas.*
- *A psicologia perversa que se esconde por trás dos investimentos que geram bolhas econômicas.*

Todos esses fatores impedem os mercados de encontrar soluções otimizadas. Como resumo, Cassidy faz uma lista das quatro "quimeras" da economia utópica:

- A *quimera da harmonia: diz que os mercados sempre geram bons resultados.*
- A *quimera da estabilidade: diz que a economia de livre mercado é robusta.*
- A *quimera da previsibilidade: diz que a distribuição dos benefícios pode ser prevista.*
- A *quimera do "Homo economicus": diz que os indivíduos são racionais e agem com base em informações perfeitas.*

Estas quimeras seguem permeando grande parte do pensamento econômico. Elas também estão por trás do otimismo que leva alguns a dizer que a tecnologia, sem a intervenção governamental, será capaz de resolver as dificuldades sociais, o terrorismo, a vigilância ilegal, a devastação do meio ambiente, as mudanças extremas nas condições climáticas, as ameaças que provêm de novos patógenos e os custos crescentes derivados das doenças da velhice.

A história recente da união de forças entre os mercados liberalizados e a tecnologia inovadora foi um importante fator de progresso. Entretanto, precisam de supervisão e regulação eficazes para alcançar seu máximo potencial. Sem essa supervisão e regulação, podem levar a humanidade a uma nova época de escuridão em vez de a uma era de abundância sustentável e longevidade saudável para todos.

Maneiras equivocadas de fazer o bem?

Para os leitores que acharem que a discussão política atravessou sua zona de conforto, agora a análise se afasta da política e entra em uma área que podemos chamar de "filosófica".

Uma das maiores ameaças que se apresentam para o projeto da engenharia do rejuvenescimento é a prevalência da confusão mental sobre qual tipo de ação merece nosso reconhecimento. As pessoas podem desejar se comportar de forma admirável mas podem acabar fazendo mais mal do que bem. Tornando-se vítimas da pressão social e psicológica exercida sobre elas, podem ficar presas, consciente ou inconscientemente, no paradigma da aceitação do envelhecimento. Suas filosofias pessoais farão com que se comportem de tal forma que causam dano, tanto a elas mesmas quanto às outras pessoas. Em outras palavras, às vezes a "cura" pode ser pior que a doença. Muito pior!

Concretamente, se as pessoas estiverem convencidas de que é louvável aceitar o envelhecimento atual e a proximidade da morte como "a ordem natural das coisas", tenderão a se opor a medidas que permitiriam um drástico aumento de suas expectativas de vida. Consciente ou inconscientemente, se equivocarão e verão essas medidas como algo de certa forma injusto, desequilibrado, exagerado, mesquinho, egoísta ou até mesmo infantil.

As pessoas presas nessa mentalidade prefeririam que a sociedade investisse seu tempo e esforços em projetos que aceitassem o envelhecimento como algo irreversível. Sendo assim, apoiariam projetos para ajudar os idosos a se integrar na comunidade, a pagarem tarifas de transporte mais baixas ou a terem melhores instalações assistenciais. Outros projetos com os quais também estariam dispostas a colaborar seriam aqueles que permitissem que as pessoas vivessem até a velhice e que não morressem por culpa de acidentes ou de doenças em sua juventude ou na meia-idade. Também seriam partidárias de apoiar a extensão da educação a pessoas de todas as idades. Veriam todos estes projetos como formas admiráveis e aceitáveis de se fazer o bem. Entretanto, permaneceriam cegas diante da possibilidade de encontrar *melhores maneiras de fazer o bem.*

Fazer melhor o bem é o nome do livro escrito em 2015 pelo filósofo escocês William MacAskill, que com 28 anos tornou-se um dos professores mais jovens da Universidade de Oxford. O livro tem o subtítulo *O altruísmo eficiente e como você pode fazer a diferença*. Em sua página na internet, MacAskill apresenta o livro da seguinte forma:

> Você quer fazer do mundo um lugar melhor? É possível que, com a intenção de fazer o bem, você compre coisas produzidas eticamente, faça doações para projetos de caridade ou seja voluntário em seu tempo livre. Porém, com que frequência você é consciente do impacto real de suas ações?
>
> Em meu livro sustento que há muitas maneiras de contribuir que têm um efeito muito pequeno, mas que, se em vez disso, dirigíssemos nossos esforços concentrando-nos nas causas mais eficientes, teríamos um enorme potencial de fazer do mundo um lugar melhor.

Aprender a integrar corretamente estas e outras questões éticas na hora de tomar decisões é um desafio importante e exigente. Porém, inevitavelmente concluímos que estamos fracassando na hora de abordar um problema mais básico, mais óbvio e mais importante: a opção de ajudar mais em vez de menos pessoas no sentido de gerar melhorias de saúde de maior alcance.

Alguns consideram que este tipo de cálculo frio é um tanto perturbador. De certa maneira, pode parecer desumanizado. Entretanto, os defensores do chamado "altruísmo eficiente" insistem que quando não se leva em conta este tipo de consideração, deixamos de utilizar todo nosso potencial para melhorar a condição humana. Se nosso verdadeiro objetivo for fazer o máximo bem possível e não só sentir-nos melhor através de gestos que fazemos com o objetivo de melhorar a condição humana, temos que ser capazes de repensar nossas prioridades.

Este tipo de reposicionamento deve implicar a possibilidade de que, graças à abolição do envelhecimento, a extensão da expectativa de vida saudável possa se tornar *uma intervenção com um custo-benefício ainda melhor*, já que o aumento de "anos de vida corrigidos pela incapacidade" (AVCI, ou DALY em sua sigla em inglês) graças a terapias de rejuvenescimento bem-sucedidas seria realmente significativo.

Aubrey de Grey defendeu uma tese similar em Oxford durante sua apresentação "O custo-benefício da pesquisa sobre o antienvelhecimento":

- *Se realmente quisermos evitar mortes, temos que prestar atenção ao fator responsável por aproximadamente dois terços das mortes em todo o mundo. Esse fator é o envelhecimento (esclareçamos que essa cifra inclui todas as mortes derivadas de doenças relacionadas ao envelhecimento — mortes que não ocorreriam se não houvesse envelhecimento).*

- *Esta alta proporção (que no mundo industrializado supera os 90%) faz com que o envelhecimento seja "sem dúvida o problema mais grave do mundo".*

- *A importância da abolição do envelhecimento é ainda maior se também levarmos em conta os muitos anos que duram a deterioração funcional e o aumento da incapacitação que precedem as mortes por envelhecimento.*

- *Os tratamentos que atrasarem o envelhecimento propiciarão o benefício que está incluído em atrasar a fragilidade e o início das doenças do envelhecimento; os tratamentos que, além disso, repararem o dano corporal e celular causado pelo envelhecimento terão o potencial de prevenir indefinidamente a fragilidade e as doenças do envelhecimento (portanto, melhorarão ainda mais as medições em AVCI).*

- *Os custos necessários para se conseguir avanços significativos no alcance de terapias de rejuvenescimento não têm por que ser enormes; um orçamento de cerca de US$ 50 milhões anuais durante 5 ou 10 anos poderia bastar para fazer com que as terapias baseadas na engenharia do envelhecimento proposta pelas SENS pudessem ser aplicadas em ratos de meia-idade com consequências decisivas.*

- *Quando se conseguir aumentar com terapias de rejuvenescimento a expectativa de vida saudável em 50% de ratos de meia-idade que anteriormente não tiverem recebido nenhum tratamento especial, numerosas fontes de financiamento rapidamente irão ao encontro do projeto: governos, empresas e filantropos compreenderão e reconhecerão o grande potencial que estas terapias teriam em humanos.*

Segundo de Grey, é urgente realizar uma defesa inteligente quanto aos recursos que a pesquisa precisa a curto prazo. Quando se demonstrar claramente que foi conseguido um sólido rejuvenescimento em ratos, ocorrerá uma mudança em grande escala na mentalidade geral. Esta defesa inteligente a curto prazo pode ganhar impulso se conseguir que um maior número de pessoas pare para refletir de forma imparcial e que adote os métodos conceituais do "altruísmo eficiente". Entretanto, ainda há muito trabalho pela frente, além de uma grande quantidade de campanhas de marketing eficazes até que seja superada a tão arraigada apatia da "aceitação do envelhecimento" na opinião pública atual.

Apatia da opinião pública?

Em termos gerais, há duas estratégias possíveis para superar a apatia e mudar o mundo. Ou você muda o mundo diretamente, ou você muda a mentalidade das pessoas sobre a importância de mudar o mundo (de maneira que uma dessas pessoas seja a que mude o mundo). Em outras palavras, ou você se envolve fazendo coisas, ou fala sobre o quão bom seria se as pessoas fizessem determinadas coisas.

A primeira estratégia requer entrar em ação. A segunda implica ter ideias. A primeira estratégia pode ser adotada por engenheiros, empreendedores, projetistas, etc. A segunda estratégia está ao alcance, em princípio, de todo mundo (todo mundo que puder fazer uso da palavra para expressar a importância de uma ideia).

Em nosso caso, somos partidários das duas estratégias, mas somos conscientes da imensa quantidade de críticas que a segunda recebeu. Na era das mensagens instantâneas, em que uma multidão de pessoas pode apertar um botão de "curtir" na internet sem ter tirado ainda o pijama ou sem sair do sofá, entrou na moda criticar o chamado "cliquetivismo", também chamado de forma menos sucinta de "ativismo de sofá". A crítica do autor bielo-russo e estadunidense Evgeny Morozov sobre esta prática é demolidora. Ele expressou-a no artigo "O mundo feliz do cliquetivismo", transmitido pela rádio pública estadunidense NPR:

> O termo "cliquetivismo" descreve muito bem o ativismo on-line para sentir-se bem consigo mesmo, mas cujo impacto político ou social é nulo. Aqueles que participam de campanhas de cliquetivismo acreditam que é possível conseguir um impacto

importante no mundo sem fazer algo que vá além de entrar em um grupo de Facebook. Você se lembra daquela petição on-line que você assinou e enviou a toda a sua lista de contatos? Com certeza foi um ato de cliquetivismo.

O cliquetivismo é o ativismo ideal para uma geração de preguiçosos: para que se preocupar em ir a protestos e se arriscar a ser preso, agredido pela polícia ou mesmo torturado quando se pode causar o mesmo alarde fazendo campanhas no espaço virtual? Dada a obsessão dos meios de comunicação por tudo o que é digital, desde a escrita de blogs até as redes sociais de trabalho, passando pelo Twitter, cada clique do mouse recebe quase sempre atenção imediata dos meios de comunicação, desde que esteja motivado por uma causa nobre. Essa atenção não se traduz sempre em campanhas eficientes, já que a eficiência nesse caso é secundária...

O que é realmente importante é saber se a simples capacidade de exercer a opção do cliquetivismo será capaz de fazer com que aqueles que no passado enfrentaram o sistema mediante manifestações, pasquins e organizações operárias aceitarão o Facebook como substituto dessa presença pessoal e acabarão por entrar em um dos inúmeros grupos on-line. Se isso ocorrer, as ferramentas de libertação digital tão badaladas só terão contribuído para nos afastar do objetivo de democratizar e construir uma sociedade civil global.

Contrariamente a esta crítica tão dura, acreditamos que o ativismo on-line cumpre um papel muito importante na batalha para atrair a atenção da opinião pública quanto às grandes oportunidades que oferece a engenharia do rejuvenescimento e sobre os riscos de um mau uso das tecnologias que a possibilitariam. Por exemplo, as redes sociais tiveram um grande impacto nas mudanças de governo em vários países do Oriente Médio e de outros lugares do mundo durante a última década.

Mais além das redes sociais, os meios mais tradicionais, como a imprensa, o rádio e a televisão, seguem sendo importantes. Outras formas de comunicação, como o cinema, a música e a arte, são igualmente fundamentais. Os livros e as palestras, a poesia e a arte. Até mesmo os vídeos do YouTube podem ajudar a mobilizar as pessoas, como é o caso do excelente vídeo "Por que envelhecer? Deveríamos acabar com o envelhecimento para sempre?", que durante seus quatro primeiros meses foi visto por mais de quatro milhões de pessoas. Esta cifra está muito longe dos 4,6 bilhões de vezes que foi visto durante seu primeiro ano no YouTube o clipe da música "Despacito", mas é melhor do que nada.

É fundamental também viralizar as ideias do antienvelhecimento e do rejuvenescimento, incluindo tanto o prolongamento quanto a expansão da vida humana. O ideal seria criar memes que ajudassem a viralizar as ideias do novo paradigma da juventude indefinida sem doenças, pois o benefício seria incalculável para todo mundo, sem discriminação.

Outra forma de comunicar que vale a pena mencionar para reduzir a apatia é, por exemplo, algo como o fantástico relato curto do filósofo sueco Nick Bostrom, professor da Universidade de Oxford. Já mencionamos e elogiamos *A fábula do dragão tirano*, escrita em 2005. Essa fábula estabelece a analogia entre o paradigma da aceitação do envelhecimento e o paradigma da aceitação das exigências de um dragão gigante aos cidadãos de um país durante séculos:

> O dragão exigia da humanidade um tributo horripilante: para satisfazer seu apetite desmedido, a cada dia, quando o sol se punha, dez mil homens e mulheres tinham que ser entregues na base da montanha onde ele vivia. Às vezes o dragão devorava esses coitados logo que chegavam; às vezes os confinava na montanha, onde definhavam durante meses ou anos antes de serem finalmente devorados...

O filósofo inglês Max More, presidente da Alcor, é outro visionário com um toque de imaginação. Sua *Carta à Mãe Natureza* começa da seguinte forma:

Querida Mãe Natureza:

Desculpe atrapalhar você, mas nós, os seres humanos, seus rebentos, temos algumas coisas para lhe dizer (talvez você pudesse contar ao Pai, já que nunca o vemos). Queremos lhe agradecer pelas maravilhosas qualidades que você nos propiciou mediante sua lenta mas enorme e extensa inteligência. Você nos elevou de simples substâncias químicas autorreplicantes a mamíferos compostos por trilhões de células. Você nos deu carta-branca sobre o planeta. Concedeu-nos uma expectativa de vida mais longa que a da maioria dos animais. Dotou-nos de um cérebro complexo que nos permite conhecer a linguagem, raciocinar, prever, investigar e criar. Deu-nos a capacidade de compreender a nós mesmos, assim como de sentir empatia por outros.

Mãe Natureza, estamos sinceramente agradecidos pelo que você fez por nós. Sem dúvida, você fez o melhor que pôde. Entretanto, com todo o respeito, temos que lhe dizer que em muitos aspectos você fez um mau trabalho no que diz respeito à constituição humana. Você nos fez vulneráveis à doença e à deterioração. Obriga-nos a envelhecer e morrer justo quando começamos a ser sábios. Você proporcionou muito pouco no que se refere ao alcance de nossa percepção sobre nossos processos somáticos, cognitivos e emocionais. Deixou-nos de lado e deu os sentidos mais avançados a outros animais. Fez com que só fôssemos funcionais sob estritas condições ambientais. Dotou-nos de uma memória limitada, um controle ruim sobre nossos impulsos, e de tendências tribais e xenófobas. E além disso, esqueceu-se de nos dar o manual de instruções sobre nós mesmos!

O que você fez de nós é algo glorioso, e ao mesmo tempo profundamente defeituoso. Já há 100 mil anos parece que você perdeu o interesse em que continuássemos evoluindo. Ou talvez você tenha ficado na expectativa, esperando que fôssemos nós mesmos os que déssemos o passo seguinte. De qualquer modo, chegamos ao final de nossa infância.

Acreditamos que chegou o momento de modificar a constituição humana.

Não o fazemos de forma descuidada, cometendo loucuras, nem de forma desrespeitosa, mas com cautela, com inteligência e em busca da excelência. Tentamos fazer com que você se sinta orgulhosa de nós. Durante as próximas décadas, levaremos a cabo uma série de mudanças em nossa própria constituição. Realizaremos estas mudanças com as ferramentas da biotecnologia e nos guiaremos pelo pensamento crítico e criativo. Concretamente, expressamos nossa intenção de realizar as seguintes sete emendas na constituição humana:

Emenda 1: Não vamos continuar tolerando a tirania do envelhecimento e da morte. Mediante mudanças genéticas, manipulações celulares, órgãos sintéticos e qualquer outro meio necessário, adquiriremos uma vitalidade duradoura e eliminaremos nossa data de validade. Cada um de nós decidirá por si mesmo a duração de sua vida.

Reservamo-nos o direito de realizar novas modificações de forma coletiva e individual. Em vez de buscar um estado de perfeição final, seguiremos buscando novas formas de excelência de acordo com nossos próprios valores e segundo o que a tecnologia permitir.

Ass.: Seus ambiciosos descendentes humanos.

Se for realizada corretamente, a confluência dos seguintes fatores pode ajudar a produzir uma mudança sísmica na mentalidade pública, e fazer com que esta deixe de estar presa pela "aceitação do envelhecimento" e passe a ser receptiva, e depois completamente favorável, à "antecipação do rejuvenescimento": vídeos curtos, potentes blogs on-line, poemas comoventes, animações chamativas, rimas humorísticas, piadas inteligentes, atuações dramáticas, arte conceitual, romances curtos, hinos estrondosos, cantos, slogans e memes evocadores com fotos atrativas associadas a citações memoráveis. Tudo isso pode ajudar a acabar com a apatia da opinião pública, por mais ridícula e ínfima que possa parecer cada ação.

Se o cliquetivismo identificar e ressaltar as melhores contribuições dentre as muitas que são feitas, de forma que estas contribuições recebam uma maior atenção e ao mesmo tempo acelerem o enfraquecimento dos bastiões que o paradigma da aceitação do envelhecimento ainda tem, aplaudiremos o cliquetivismo. Quando a mentalidade tiver mudado, as ações ocorrerão. Só quando os alicerces estiverem colocados é que as novas ideias poderão se expandir rapidamente.

Evidentemente, o difícil é saber qual é o momento adequado para uma ideia específica. Se alguém gritar repetidamente que "o lobo está chegando" com muita antecipação, perderá credibilidade (e audiência). Mas achamos que há motivos mais do que suficientes para dizer-se que nossa era, nosso período de vida, é o momento adequado para consolidar a ideia de que podemos e devemos abolir o envelhecimento. Esta ideia está respaldada por inúmeras observações que temos feito, e que podemos resumir novamente:

- *Exemplos de animais que apresentam envelhecimento nulo.*

- *Manipulações genéticas que podem aumentar a expectativa de vida, assim como a expectativa de vida saudável, de forma muito significativa.*

- *Possibilidades fascinantes que procedem das terapias com células-tronco.*

- *Possibilidades revolucionárias graças a técnicas de edição genética como a CRISPR.*

- *A maior viabilidade de nanointervenções, como a nanocirurgia e os nanorrobôs.*

- *As primeiras indicações de que podem ser criados órgãos sintéticos.*

- *Projetos de pesquisa que se centram em cada uma das principais causas que foram identificadas para o envelhecimento.*
- *Resultados encorajadores quanto a novas formas de tratar o câncer, assim como outras doenças do envelhecimento.*
- *Resultados promissores procedentes da análise de Big Data realizada por inteligências artificiais cada vez mais poderosas.*
- *Modelos financeiros que demonstram os enormes benefícios econômicos gerados pelo dividendo da longevidade.*
- *Exemplos procedentes de outros campos tecnológicos que estão vivenciando um inesperado e rápido avanço.*
- *Exemplos procedentes de outros projetos de caráter ativista que estão conseguindo rápidas mudanças de mentalidade na sociedade.*

Estas observações formam o marco para que a ideia da abolição do envelhecimento possa florescer, mas ainda é necessário realizar a tarefa de realmente defender essa ideia:

- *Encontrando melhores e mais efetivas maneiras de expressar-se a ideia diante de audiências diversas.*
- *Analisando as objeções que possam surgir diante da ideia, e encontrando as respostas adequadas a estas objeções.*
- *Estando atentos às circunstâncias que estão por trás das objeções legítimas das pessoas, ou que fazem com que as pessoas ignorem a ideia, com o objetivo de avançar o máximo possível na transformação dessas circunstâncias.*

Se recuarmos em nossas ações, a ideia pode esmorecer e acabar sendo só de interesse de uma pequena minoria. Nesse caso, o paradigma de aceitação do envelhecimento seguirá predominando. Além do mais, os investimentos, tanto públicos quanto privados, serão direcionados a outras áreas que não serão a engenharia do rejuvenescimento. As travas regulatórias persistirão e bloquearão os esforços daqueles inovadores que quiserem desenvolver e aplicar terapias de rejuvenescimento. Dessa forma, cerca de 100 mil pessoas por dia continuarão morrendo por causa das doenças associadas ao envelhecimento (doenças que são preveníveis).

A abolição da escravidão no passado e do envelhecimento no futuro

A abolição da escravidão é muito provavelmente um dos fatos mais importantes da história humana, e podemos fazer uma analogia com a abolição do envelhecimento no futuro. O veterano historiador estadunidense de Yale David Brion Davis escreveu o magistral livro *A servidão desumana: auge e queda da escravidão no novo mundo*, sobre o qual faz este comentário o também historiador Donald Yerxa, da Universidade de Boston:

> Após receber centenas de petições contrárias à escravidão e após debater a questão durante anos, o parlamento britânico aprovou a *Abolição da Lei do Comércio de Escravos* em março de 1807. A partir de 1º de maio de 1807, nenhum escravista poderia partir legalmente de um porto britânico. Após as Guerras Napoleônicas, o sentimento abolicionista dos britânicos cresceu, e o parlamento sofreu uma grande pressão pública a favor da emancipação gradual de todos os escravos britânicos. Em agosto de 1833, o parlamento aprovou a *Proclamação de Emancipação*, que permitiu a emancipação gradual dos escravos em todo o Império Britânico. Os abolicionistas de ambos os lados do Atlântico celebraram isso como sendo uma das maiores conquistas humanitárias da história. De fato, o importante historiador irlandês W. E. H. Lecky é famoso por afirmar em 1869 que "a incansável, modesta e não elogiada cruzada da Inglaterra contra a escravi-

dão pode ser contemplada como uma das três ou quatro ações completamente virtuosas registradas na história das nações".

Entretanto, como o eminente historiador David Brion Davis aponta em sua brilhante síntese da escravidão no Novo Mundo, o abolicionismo britânico é "controverso, complexo e inclusive desconcertante". Ocasionou um importante debate historiográfico que durou 60 anos. A questão fundamental que se debatia era a maneira de relatar os motivos dos abolicionistas e a onda de apoio popular a favor da causa antiescravista. Davis sugere que para os historiadores é difícil aceitar que algo economicamente tão relevante quanto o comércio de escravos pudesse ser abolido baseando-se sobretudo em razões religiosas e humanitárias. Afinal de contas, em 1805 "a economia colonial baseada nas plantações", informa-nos, "era responsável por aproximadamente um quinto do comércio total da Grã-Bretanha". Proeminentes abolicionistas como William Wilberforce, Thomas Clarkson e Thomas Fowell Buxton utilizaram argumentos cristãos para combater essa "servidão desumana", embora seguramente houve fatores materiais que também tiveram um papel importante. Derramou-se grande quantidade de tinta para explicar-se a relação entre o antiescravismo, o capitalismo e a ideologia de livre mercado. A conclusão da pesquisa levada a cabo é que o impulso antiescravista ia contra os interesses econômicos, tanto tangíveis quanto intangíveis, da Grã-Bretanha.

Então, como explicar o sucesso de um movimento humanitário a favor de reformas que poderiam ter sido interpretadas como a antessala de um desastre econômico? Davis chega à conclusão de que, embora seja importante levar em conta a complexa interação entre os fatores econômicos, políticos e ideológicos, também devemos reconhecer a importância do ponto de vista moral que "conseguiu transcender os estreitos interesses egoístas e realizar uma verdadeira reforma".

A análise de Davis deixa claro que:

- *A abolição da escravidão certamente não era inevitável nem estava predeterminada.*

- *Havia fortes argumentos contra a abolição da escravidão, expressos por pessoas inteligentes e devotas tanto nos Estados Unidos quanto no Reino Unido, e esses argumentos tinham a ver com o bem-estar econômico, entre muitos outros fatores.*

- *Os argumentos dos abolicionistas estavam enraizados em uma concepção que defendia uma melhora na forma de ser de todos os seres humanos, rumo a uma forma de ser que eliminava a cruel servidão e subjugação imposta pelo comércio de escravos, e que no devido tempo permitiria que milhões de pessoas pudessem desenvolver seu potencial de uma maneira plena.*

- *A causa da abolição da escravidão foi em grande parte defendida pelo ativismo público, entre o que se incluem panfletos, palestras, petições e reuniões municipais.*

Depois de emergir no século XVIII e de ganhar impulso à medida que avançava o século XIX, a abolição da escravidão acabou se transformando em uma ideia madura à qual tinha chegado sua hora (graças a corajosos, inteligentes e persistentes ativistas, tanto homens quanto mulheres, com uma profunda convicção). Na Espanha, a escravidão foi abolida em 1837, sem incluir as colônias, onde persistiu esta servidão desumana até 1886 em Cuba. A Guerra Civil dos Estados Unidos teve muito a ver com a escravidão, que foi finalmente eliminada em todos os estados pelo presidente Abraham Lincoln em 1865. Assim, pouco a pouco, a escravidão foi desaparecendo em todo o mundo, até que finalmente foi abolida por último em alguns emirados árabes durante a década de 1960, ou seja, mais de um século e meio depois do Reino Unido proibi-la.

Com origens diferentes no final do século XX, e após ganhar impulso à medida que avança o século XXI, a abolição do envelhecimento pode se transformar da mesma forma em uma ideia à qual chegou seu momento. Trata-se de uma ideia sobre um futuro infinitamente melhor para a humanidade, um futuro que permitirá que *bilhões* de pessoas possam desenvolver seu enorme potencial. Entretanto, além de implicar uma engenharia excelente (a criação de terapias de rejuvenescimento confiáveis e acessíveis), este projeto também requererá um ativismo corajoso, inteligente e persistente para mudar a opinião pública, e que esta deixe de se mostrar hostil (ou apática) a respeito da engenharia do rejuvenescimento e passe a apoiá-la em todos os aspectos.

Um ruído distorce o sinal?

Nosso aplauso ao ativismo a favor da engenharia do rejuvenescimento não é para apoiar *qualquer* tipo de retórica presente na rede ou nos livros que aparentemente defenda estas ideias. Muito longe disso. Na verdade, grande parte do que se diz para apoiar a engenharia do rejuvenescimento provavelmente seja contraproducente:

- *Afirmações apressadas e injustificadas sobre a efetividade de certos tipos de produtos e terapias.*

- *Distorções das descobertas realizadas a partir de certos experimentos cujo objetivo é chamar a atenção do mercado quanto a produtos comerciais em desenvolvimento.*

- *Tediosas repetições de toscas simplificações relativas a princípios mais complexos que tentam confundir as pessoas.*

- *Acusações agressivas quanto à validade ou a motivação de pesquisadores fundamentais que na verdade seguem os processos estabelecidos pela ciência com todo o rigor.*

- *Afirmações que são falsas, mas que apesar disso seguem sendo repetidas por causa da ingenuidade ou da indolência de pessoas que têm boas intenções mas estão mal informadas.*

- *Pessoas que são incentivadas a seguir tratamentos que na verdade são perigosos.*

As consequências que acompanham este tipo de deturpações podem gerar reações contrárias:

- *Para proteger os pacientes da manipulação e de possíveis danos, os legisladores podem impor regulações mais estritas que, como dano colateral, freiem inovações positivas, fazendo, além disso, com que os provedores de tais inovações sejam vistos como "vendedores de fumaça".*

- *Acadêmicos de grande capacidade podem se afastar deste campo de pesquisa para evitar danos à reputação.*

- *Os pesquisadores podem acabar desperdiçando seu tempo em trabalhos já realizados por outros, mas cujos resultados não tenham chegado a seu conhecimento (ou seja, cabe a possibilidade de que se perca informação devido ao ruído de fundo que se produz nas comunicações de má qualidade).*

- *A opinião pública pode se cansar de ouvir que as terapias da engenharia do rejuvenescimento estão a ponto de chegar, e portanto decidir que este campo de pesquisa é suspeito e mero papo-furado.*

- *Possíveis fontes de financiamento podem se afastar deste campo e dirigir-se a projetos totalmente diferentes.*

Por estas razões, a "comunidade" da engenharia do rejuvenescimento tem que fazer um grande esforço para melhorar sua própria gestão do conhecimento. Os novos entusiastas devem ser bem-vindos, mas rapidamente têm que ser informados quanto ao estado atual das coisas. Estas pessoas devem ter acesso a conhecimento sobre:

- As mudanças no estilo de vida *que, se adotadas, proporcionam às pessoas de mais idade mais chances de chegarem vivas e saudáveis às terapias da Segunda Ponte.*

- As *melhores explicações realizadas pela comunidade, além de* planos de ação *críveis quanto ao progresso que pode ser realizado nos próximos anos na engenharia do rejuvenescimento.*
- *Os pontos fortes e fracos das diferentes* teorias do envelhecimento.
- *Os* tratamentos e terapias *que estão sendo desenvolvidos ou que estão sendo propostos.*
- A história *deste campo em seu conjunto (com o objetivo de evitar repetições desnecessárias de erros cometidos no passado).*
- A *dimensão* política, social, psicológica *e* filosófica *da engenharia do rejuvenescimento.*
- *Os* projetos *que precisam de apoio ativo e que são considerados por pessoas de confiança da comunidade merecedores desse apoio comum.*
- *Os diferentes tipos de* memes *que, em um determinado momento, são mais efetivos na hora de captar novos apoios e de responder às críticas.*
- *As capacidades que são* escassas *dentro da comunidade e a melhor maneira de fazer com que diferentes tipos de capacidades sejam utilizadas em favor dos objetivos da engenharia do rejuvenescimento.*
- *As áreas nas quais existem* legítimas *diferenças de opinião e quanto aos métodos propostos para que a comunidade possa resolver tais diferenças.*
- *Os* riscos *que a comunidade enfrenta e a* maneira *de reduzir esses riscos.*

Evidentemente, este livro tenta cobrir muitos dos temas anteriores. Entretanto, a engenharia do rejuvenescimento é um campo que está mudando aceleradamente. Parte do que está escrito nestas páginas ficará defasado ou estará incompleto no momento em que você estiver lendo. Para obter informações mais atualizadas e detalhadas, acesse regularmente a página comunitária de internet que acompanha este livro: www.AMorteDaMorte.org.

Não pensamos que todo novo entusiasta da engenharia do rejuvenescimento deve estar obrigado a digerir enormes quantidades de informação antes de que se lhe permita falar em um ambiente público. O melhor conhecimento comunitário sobre a engenharia do rejuvenescimento tem que ser estratificado, fácil de pesquisar e atrativo. Desta maneira, quando alguém se sentir o suficientemente capacitado e motivado para tratar publicamente de um tema específico, deve poder ter acesso rapidamente à melhor informação da comunidade sobre esse tema. Além disso, essa pessoa também deve poder encontrar colegas que a incentivem e a assessorem cordialmente, pessoas com as quais possa discutir qualquer tema relacionado a estes assuntos. Qualquer novo conhecimento surgido destas conversas deve ser publicado na rede, de forma que a base de conhecimento se amplie, se atualize e melhore. Consequentemente, o projeto da engenharia do rejuvenescimento poderá seguir avançando.

Como realmente fazer a diferença?

Neste capítulo verificamos alguns dos riscos mais graves que o projeto da engenharia do rejuvenescimento enfrenta. O projeto pode empacar devido a enormes desafios técnicos que talvez sejam mais difíceis de superar que o previsto pelos engenheiros do rejuvenescimento. Pessoas que poderiam se tornar importantes promotoras do projeto poderiam afastar-se dele devido a palavras e/ou textos lamentáveis, o que acarretaria uma perda de conhecimentos e de recursos financeiros muito necessários.

Além disso, outros tipos de apoios latentes poderiam deixar de se materializar devido ao predomínio da apatia na opinião pública, na qual o paradigma da aceitação do envelhecimento continua sendo o dominante. Porém, certos simpatizantes podem acabar sendo uma trava para o projeto se em vez de ajudar, se dedicarem a aumentar a confusão.

Os políticos conservadores poderiam levantar enormes barreiras que impedissem a pesquisa necessária para criar e implementar tratamentos de rejuvenescimento. Riscos existenciais como uma mudança climática descontrolada, patógenos altamente virulentos ou o acesso de terroristas a horríveis armas de destruição em massa poderiam nos levar a uma nova e terrível época de escuridão.

Também indicamos as ações que podem realizar os partidários da engenharia do rejuvenescimento para fazer frente a estes riscos, assim como para favorecer as forças positivas que existem junto a eles. Cada leitor deve considerar quais ações são as que melhor se adaptam a suas características.

Estas ações variam de pessoa para pessoa. Entretanto, pensamos que os seguintes seis tipos de ações serão os mais importantes:

1. Temos que reforçar nossos vínculos com as comunidades que estão trabalhando pelo menos em algum aspecto do projeto da engenharia do rejuvenescimento. Devemos saber quais comunidades poderiam nos ajudar e motivar, e por sua vez saber como nós poderíamos ajudar e motivar outros. Os laços entre redes de trabalho que forem gerados desta maneira nos tornarão mais fortes na hora de enfrentarmos as dificuldades que se aproximam.

2. Devemos melhorar nosso conhecimento sobre diferentes aspectos da engenharia do rejuvenescimento: a ciência, os planos de ação, a história, a filosofia, as personalidades, as plataformas, as empresas, os tratamentos, as questões que continuam em aberto, etc. Mediante uma melhor compreensão destes assuntos, poderemos ver mais claramente quais contribuições podemos realizar,

e onde podemos ajudar outros na hora de tomar decisões similares por si mesmos. Em alguns casos, podemos ajudar a documentar uma melhor compreensão sobre temas específicos criando ou editando bases de conhecimento ou wikis.

3. Muitos de nós poderíamos nos dedicar, de uma ou outra forma, ao marketing para promover estas ideias. Poderíamos trabalhar para criar e distribuir diferentes mensagens de promoção, apresentações, vídeos, páginas de internet, artigos, livros, etc. Seria bom que identificássemos os diferentes tipos de audiências e que graças a nós a compreensão destas questões ocupasse um lugar mais relevante na opinião pública. Também seria muito positivo melhorar nossas relações com formadores de opinião, potenciais promotores da engenharia do rejuvenescimento. Também poderíamos desenvolver nossas próprias habilidades políticas para melhorar nossa capacidade de influenciar outras pessoas, estabelecer alianças, negociar coalizões e criar esboços de textos legislativos em linguagem política.

4. Vários de nós poderiam **financiar** projetos que considerássemos particularmente importantes. Para isso teríamos que fazer parte de iniciativas para arrecadar fundos ou poderíamos doar parte de nosso patrimônio pessoal. Também poderíamos nos dedicar a outras coisas com o objetivo de ganhar mais dinheiro e poder realizar doações maiores aos projetos nos quais estamos mais interessados.

5. Alguns de nós poderiam levar a cabo pesquisas inovadoras em qualquer um dos campos da engenharia do rejuvenescimento que ainda há para explorar. Isso poderia envolver cursos de formação ou levar à criação de empresas comerciais de P&D. Isto também poderia

ser integrado em atividades descentralizadas do tipo "ciência cidadã".

6. Por último, mas não por isso menos importante, poderíamos melhorar nossa eficácia pessoal, ou seja, nossa capacidade de fazer as coisas darem certo. Após termos percebido a importância histórica do presente em que vivemos, um período no qual a sociedade humana pode dar uma guinada para melhor ou para pior, devemos encontrar a maneira de evitar a inação e distrações que nos levem a uma cotidianidade "na qual nada está acontecendo".

Em vez de sermos meros observadores interessados que se dedicam a olhar as ações mais importantes relativas ao sonho mais antigo da humanidade, e que só de vez em quando dão algum grito de incentivo, podemos nos transformar em participantes ativos para transformar esse grande sonho em realidade. Se organizarmos nossas vidas contra o inimigo comum que é o envelhecimento, todos e cada um de nós poderá fazer realmente a diferença. A diferença entre a vida e a morte!

CONCLUSÃO
CHEGOU A HORA

Nada é mais poderoso do que uma ideia cuja hora chegou.
VICTOR HUGO, 1877

*Se você acha que pode, ou se você acha que não
pode, em ambos casos você tem razão.*
HENRY FORD, 1946

E stamos vivendo tempos realmente fascinantes, tempos de mudanças exponenciais, tempos de disrupção total, um período talvez incomparável em toda a história da humanidade. Estamos entre a última geração humana mortal e a primeira geração humana imortal. Chegou a hora de declarar publicamente a morte da morte. A alternativa é muito clara: se não matarmos a morte, a morte matará todos nós.

Este é um chamado à revolução mais importante da história. Uma revolução contra o envelhecimento e a morte, o grande sonho de todos os nossos ancestrais. O envelhecimento foi e segue sendo o maior inimigo de toda a humanidade, é o inimigo comum que temos que derrotar.

Infelizmente, até agora não contávamos com a ciência e a tecnologia necessárias para vencer o envelhecimento. Pela primeira vez no longo e lento caminho da evolução biológica, desde nossas humildes origens como pequenos organismos unicelulares há bilhões de anos, podemos ver finalmente a luz no fim do túnel nesta corrida pela vida. Estamos em uma guerra contra a morte, uma guerra pela vida, e nossas armas são a ciência e a tecnologia.

Em 1861, em meio às contínuas guerras europeias do século XIX, o escritor francês Gustave Aimard expressou o seguinte pensamento em seu romance *Os transeuntes de fronteiras*:

Há algo mais poderoso que a força bruta das baionetas: a ideia cujo momento chegou e pela qual dobram os sinos.

Durante anos, este pensamento foi evoluindo. Em geral, este epigrama foi atribuído a um autor contemporâneo de Aimard muito mais conhecido, Victor Hugo, que escreveu em 1877 algo parecido em *História de um crime*:

Pode-se resistir à invasão de exércitos, mas não se pode resistir à invasão das ideias.

Fora de seu contexto de guerra, a citação anterior de Victor Hugo costuma ser parafraseada da seguinte forma:

Nada é mais poderoso do que uma ideia cuja hora chegou.

Chegou a hora de passar da teoria à prática na luta contra o envelhecimento e a favor do rejuvenescimento. É nosso dever moral e nossa responsabilidade ética acabar com a principal causa de sofrimento no mundo. Chegou a hora de declarar a morte da morte.

Em todo o mundo estão surgindo grupos conscientes de que este ansiado momento chegou; temos a tecnologia e o dever moral. Inclusive, estão nascendo partidos políticos cujo objetivo explícito é lutar contra o envelhecimento, como já ocorreu formalmente na Alemanha, nos Estados Unidos e na Rússia. Não se deve subestimar o ativismo, nem os ativistas, mesmo se forem grupos pequenos. São justamente esses indivíduos conscientes e comprometidos, como disse a antropóloga estadunidense Margaret Mead, que transformam a humanidade:

> Nunca duvide que um pequeno grupo de pessoas reflexivas e comprometidas possa mudar o mundo. Na verdade, é isso o que sempre aconteceu.

Outra importante referência histórica nos leva a recordar o momento em que o presidente estadunidense John Fitzgerald Kennedy lançou seu grande desafio em 1961 de colocar um ser humano na Lua em apenas uma década. O desafio era enorme, mas o objetivo foi cumprido em 1969, ou seja, dois anos antes do esperado no melhor dos cenários considerados, embora parecesse impossível no início. Retomemos outra famosa frase de Kennedy, mas troquemos as palavras "Estados Unidos" e "estadunidenses" por "imortalidade" e "imortalistas":

> E assim, meus compatriotas imortalistas, não perguntem o que a "imortalidade" pode fazer por vocês, perguntem o que vocês podem fazer pela "imortalidade".

Embora repitamos que as expressões "longevidade indefinida" e "prolongamento indefinido da vida" são mais precisas, todo mundo capta rapidamente a ideia da imortalidade (ou, ao menos, da amortalidade). Agora devemos considerar estas reflexões para criar um grande projeto mundial contra o inimigo comum de toda a humanidade. Por que não unir todo o planeta em um Projeto de Juventude Indefinida?

Precisamos contar com um projeto abrangente que una toda a humanidade com base na experiência prévia de outros sucessos anteriores como o Projeto Manhattan, o Plano Marshall, o Projeto Apolo, o Projeto Genoma Humano, a Estação Espacial Internacional, o Projeto Cérebro Humano, o reator internacional ITER, o projeto CERN, e tantos outros grandes projetos multimilionários que mudaram e seguem mudando o mundo.

Vivemos tempos incríveis; estamos presenciando a convergência de cientistas, investidores, grandes corporações e pequenas startups trabalhando diretamente em temas de envelhecimento e rejuvenescimento humano. Temos a ciência, temos o dinheiro, e temos a responsabilidade ética de acabar com a principal causa de sofrimento humano. Pela primeira vez na história, podemos fazê-lo, e devemos fazê-lo, sendo nosso imperativo histórico: alcançar o primeiro e grande sonho de toda a humanidade.

Arriscando-nos a ficar repetitivos, insistimos em que não devemos esquecer que a cada dia, dia após dia, em todo o mundo morrem cerca de 100 mil pessoas inocentes devido a doenças relacionadas ao envelhecimento. Entre os próximos podem estar vocês, ou um dos seus entes queridos. Podemos evitar isso, devemos evitar isso, e quanto antes melhor. Mas precisamos da sua ajuda, pois é uma luta de todos contra a morte. Um sozinho não consegue; todos juntos podemos conseguir.

O biólogo evolucionista inglês J. B. S. Haldane descreveu como é a evolução típica dos processos de mudança, das grandes revoluções, começando em nossas próprias mentes:

Suponho que o processo de aceitação passará pelas quatro etapas habituais:

1. Isso é uma besteira que não serve para nada.

2. É interessante, mas está errado.

3. Está certo, mas não tem importância.

4. Eu sempre disse isso.

Essa é uma revolução pela sua vida, pela minha vida, pela vida de cada um de nós. Temos diante de nós uma possibilidade única e uma grande missão histórica a cumprir. Em vista da dimensão deste projeto grandioso, o maior erro que podemos cometer é abandonar a corrida antes de começá-la. As oportunidades de uma longa e produtiva vida com juventude são muito maiores que os riscos.

O futuro começa hoje. O futuro começa aqui. O futuro começa com nós mesmos. O futuro começa com você hoje. Se não for você, quem? Se não for agora, quando? Se não for aqui, onde? Una-se à revolução contra o envelhecimento e a morte! Morte à morte!

POSFÁCIO DA EDIÇÃO EM PORTUGUÊS

"Todo o nosso conhecimento começa com os sentidos, prossegue então para o entendimento e termina com a razão. Não há nada maior que a razão."
IMMANUEL KANT

Ao chegar até aqui, caro leitor, é bem provável que você esteja completamente convencido de que o envelhecimento é um problema multifatorial e complexo, que deve ser tratado (ou pelo menos considerado) de forma sistemática e interdisciplinar. Você ainda pode ter dúvidas se a longevidade ilimitada é realmente a solução, se é possível ou se será atingida em um futuro próximo. Isso é normal, pois apesar de todos os argumentos colocados por Cordeiro e Wood, essas ainda são questões em pleno debate. Por solidificar a problemática com argumentos tão claros e elicitar de forma tão contundente a discussão sobre a necessidade de buscarmos soluções urgentes e ambiciosas para o maior problema atual da humanidade, o envelhecimento, considero "A morte da morte" uma leitura essencial.

Dúvidas e questionamentos fazem parte do processo de descoberta e do progresso, e são o cerne do método científico. Como dizia o filósofo da ciência Karl Popper "Se uma teoria parecer a você a única possível, tome isso como um sinal de que você não compreendeu nem a teoria nem o problema que ela pretende resolver." Seguindo ainda o conceito de falseabilidade de Popper, uma hipótese só pode ser temporariamente considerada verdadeira enquanto ela não pode ser refutada por uma observação que a contradiz. Assim, como as evidências biológicas demonstram que o envelhecimento não é uma condição sine qua non para a vida na Terra, mesmo que questionável, o fim do envelhecimento ainda segue sendo uma possibilidade.

Ainda, como afirma Thomas Kuhn no seu livro "A Estrutura das Revoluções Científicas", uma teoria é considerada inválida quando novas evidências passam a refutá-la e quando uma teoria alternativa passa a substituir a teoria anterior com status de paradigma. Ou seja, para que a longevidade ilimitada substitua o envelhecimento inevitável como paradigma é necessário que a comunidade científica refute a incondicionalidade do envelhecimento humano e que sejam apresentadas claras evidências de que um indivíduo possa ter seu envelhecimento interrompido. Talvez estejamos vivenciando uma revolução científica de Kuhn neste momento. Em 2016, em uma publicação no prestigioso periódico científico Nature, Jan Vijg e seus colegas do Albert Einstein College of Medicine nos EUA sugeriram que há um limite para o tempo de vida de seres humanos, e que esse limite é de cerca de 115 anos de idade (ref). Esse artigo, porém, vem sofrendo críticas em relação a análise estatística utilizada, e alguns estão convencidos de que o limite da longevidade humana proposto por Vijg não é real. De fato, num estudo mais recente com centenários italianos, publicado no igualmente notório periódico Science, Elisabetta Barbi da Universidade Sapienza de Roma e colaboradores de outras instituições mostraram que, surpreendentemente, o risco de morte deixa de aumentar com o tempo quando indivíduos atingem a idade de 105 anos (ref). O aumento progressivo do risco de morte é o que caracteriza o processo de envelhecimento. Dessa forma, eliminar esse aumento significa, na prática, que o envelhecimento para de acontecer após uma determinada idade. De acordo com o estudo, ao atingir 105 anos, a chance de morte permanece fixa em cerca de 50% por ano. Ou seja, é como se a cada ano jogássemos uma moeda para o alto e escolhêssemos um lado da moeda para permanecermos vivos. Apesar da chance de 50% de morte ser alta, se formos realmente sortudos, poderemos viver por muitos anos. Acima de tudo, esses dados indicam que em um determinado momento o balanço entre dano e reparo se estabiliza, preservando as funções vitais da forma em que estão. A pergunta que fica é: se é possível atingir essa estabilidade e mitigar o processo de envelhecimento aos 105 anos, por que não podemos tentar fazer isso aos 25? Claro, como todo estudo científico, o trabalho de Barbi e colaboradores está sujeito a críticas e precisa ser reproduzido por outros grupos de pesquisa, mas a princípio esse é um estudo que confirma a possibilidade de extinção do envelhecimento na população humana.

Mas é possível que alcancemos o fim do envelhecimento durante a própria vida do indivíduo por meio de técnicas de manipulação genética, farmacológica, nutricional ou quaisquer que sejam? Se sim, quando chegaremos lá? Podemos estar falando de décadas, como acreditam Cordeiro e Wood, ou muito mais. O avanço científico na área acontece de forma exponencial, exemplos de prolongamento da vida são cada vez mais rotineiros em modelos experimentais, cada vez mais cientistas se interessam pelo tema do envelhecimento e o financiamento em pesquisa nesse campo vem aumentado, porém é difícil prever quanto tempo demorará para mitigarmos o envelhecimento humano, se é que isso será possível um dia. O estado da arte indica que o prolongamento da vida pode não ser um problema tão grande para a humanidade, porém o rejuvenescimento é um desafio ainda a ser vencido por completo. Cordeiro e Wood apostam em tecnologias que repararão o dano acumulado pelo envelhecimento, como a nanotecnologia. A nanotecnologia pode ser uma ferramenta útil, mas a ideia da utilização de "nanorrobôs autônomos" ou estruturas sofisticadas e programáveis em nano-escala ainda é ficção científica. Além disso, apesar de entendermos quais são os principais danos causados pelo envelhecimento, ainda não sabemos como corrigi-los de forma específica e personalizada.

A boa notícia vem de avanços recentes em estratégias genéticas ou farmacológicas para matar células senescentes, os chamados senolíticos. Essas estratégias mostraram-se promissoras na extensão do tempo de vida de modelos progeroides (isto é, camundongos que envelhecem mais rapidamente por problemas genéticos) ou no tratamento de doenças associadas ao envelhecimento em modelos experimentais de Alzheimer's ou de doenças metabólicas. É bem possível que, num futuro próximo, eliminar células senescentes seja suficiente para equilibrar a balança entre reparo e dano, interrompendo o processo de envelhecimento. Isso se, no processo de eliminar células senescentes ou o dano causado pelo envelhecimento outros problemas não forem criados que limitem a própria vida. Por exemplo, qual seria o impacto para a cognição e o aprendizado se eliminássemos neurônios danificados ou reprogramássemos esses neurônios para funcionarem como se fossem jovens? Será que a história de vida das células do nosso sistema nervoso não se confunde com as nossas próprias experiências cognitivas? Será que o rejuvenescimento do cérebro fará com que nós deixemos de sermos nós mesmos?

Apesar das dúvidas, não há como negar que é nossa responsabilidade ética e civil abordar o problema do envelhecimento populacional com o máximo dos recursos possíveis. Como Cordeiro e Wood bem colocam, investir em estratégias para retardar e reverter o envelhecimento pode gerar dividendos financeiros e evitar que países inteiros entrem em colapso. Países em desenvolvimento como o Brasil são ainda mais vulneráveis, já que o crescimento da população idosa nesses países acontece de forma galopante sem que o Estado, a economia, a previdência e os sistemas de saúde estejam preparados para isso. Nesse contexto, ignorar o envelhecimento populacional e não investir em maneiras de lidar com o problema pode levar o

Brasil a uma longa era de dependência tecnológica e financeira. Se precisarmos comprar lá fora o bilhete para a longevidade, é óbvio que vamos comprar. Se tivermos que comprar um produto importado mais barato só por que outros países têm uma mão de obra mais qualificada, experiente e saudável enquanto nós sofremos com o custo social do envelhecimento, nós compraremos. E ficaremos progressivamente mais velhos, pobres, dependentes e infelizes por causa disso.

Marcelo A. Mori
Pesquisador principal do Laboratório de Biologia do Envelhecimento e chefe do Departamento de Bioquímica e Biologia Tecidual da Universidade Estadual de Campinas.

POSFÁCIO DA PRIMEIRA EDIÇÃO EM ESPANHOL

Um entendimento finito não pode compreender o infinito.
BARUCH ESPINOZA

A *morte da morte* é um livro que merece ser lido — espero que assim tenha feito o leitor — com vontade, um amplo senso crítico e um pouco de cuidado. Não é um livro suave, nem fácil. É um livro engajado e nesta época estes livros são um alimento intelectual necessário. Vivemos na era da complexidade e da incerteza, e encontrar pessoas como José Luis Cordeiro e David Wood, que asseguram, «com toda a certeza», que em um determinado momento da história chegaremos à imortalidade biológica, não é certamente algo pouco importante. Esse é um tema fascinante que abre todas as «caixas de Pandora» imagináveis, sejam elas políticas, econômicas, sociológicas, religiosas, éticas ou culturais.

A imortalidade — ou a longevidade indefinida, como preferem os autores — coloca-nos em contato com os dois conceitos mais inacessíveis para a humanidade: o infinito e o eterno, que não são, como poderia parecer, simplesmente distância e tempo. Penetrar nesse duplo abismo requererá uma mente radicalmente diferente daquela com a qual costumamos operar, que se baseia na simples ideia de que tudo tem um começo e um final. Se agora descobrirmos que isso não é verdadeiro, teremos que aceitar a ideia de Michel Foucault de que estamos em uma época na qual antes de pensar, temos que pensar se podemos pensar de forma diferente da qual pensamos, e uma das razões disso, segundo ele mesmo, é que "todo o pensamento moderno está permeado pela ideia de pensar o impossível".

Cordeiro e Wood pensaram o impossível com muita tranquilidade e estão dispostos a transformar nossas concepções básicas. É preciso agradecer-lhes com certas reservas e com inevitáveis inquietações. Eles estão nos informando sobre suas ideias já há muito tempo, e estão incessantemente acumulando argumentos a seu favor. Além disso, incluem abundantemente citações que demonstram que suas ideias são tudo menos novas. A humanidade sempre sonhou com "o elixir da eterna juventude", e alguns pensadores anteviram, já há séculos, a possibilidade da superação da morte.

Não devemos nem podemos descartar que os autores deste livro estejam certos, mas temos também a obrigação intelectual de discordar de suas previsões e afirmar, inclusive de forma categórica, que a ideia de uma vida eterna neste mundo não é passível de ser aceita. A longevidade sem dúvida seguirá crescendo com saltos geométricos, mas independentemente de quantos saltos sejam dados, acabará esgotando-se sua força, porque como dizia Marco Aurélio, "a morte faz parte do que é estabelecido pela natureza", ou como afirma Borges em uma bela milonga, "morrer é um costume que as pessoas sabem ter".

O debate está aberto e vale a pena participar dele de forma ativa — isso é o que encarecidamente nos pedem os autores. Para isso, é preciso resignar-se e deixar de lado muitas ideias convencionais, e reduzir ao mínimo o absurdo anseio de possuir toda a verdade. Nestes tempos, é preciso saber conviver bem com as dúvidas e os dilemas mais variados. Também deve-se aceitar que nesse debate é impossível avançar a partir de um só ponto de vista. É necessário que sejam compartilhadas opiniões vindas de todas as áreas e perspectivas possíveis para que o processo possa avançar.

Um comentário final. Até os dias de hoje, o ser humano soube adaptar-se com eficácia e às vezes com verdadeira excelência a todas as mudanças de qualquer tipo que foram ocorrendo ao longo da história e na essência da humanidade. No que diz respeito a sentimentos básicos, não mudou praticamente nada. O livro que estamos comentando pode nos fazer duvidar de que seguiremos nessa linha? Os autores dizem que sim, afirmando não terem nenhuma dúvida, ou seja, "com toda a certeza", uma expressão que talvez acabe significando algo menos contundente, porque essa certeza também está em questão. Porém, caro leitor, pergunte-se com toda a coragem se aceita ou não a ideia de viver sem limite de tempo, e verá como *A morte da morte* lhe ajudará a pensar e inclusive a tomar partido.

Antonio Garrigues Walker
Presidente de honra do escritório de
advogados Garrigues

APÊNDICE
CRONOLOGIA DA VIDA NA TERRA

*Existem duas possibilidades: que estejamos sós no universo,
ou que estejamos acompanhados. Ambas as possibilidades
são igualmente aterrorizantes.*
Sir Arthur C. Clarke, 1962

*Vida longa e próspera.
Live long and prosper (em inglês).
yIn nI' yISIQ 'ej yIchep (pronúncia em klingon).
dif-tor heh smusma (pronúncia em vulcano).*
Comandante Spock de Vulcano
na nave espacial USS Enterprise, 2260

Para colocar em perspectiva uma cronologia da vida em nosso pequeno planeta Terra, resumimos aqui o que consideramos ser a informação mais relevante partindo do passado e rumo ao futuro próximo. O objetivo é que se entenda melhor a evolução da vida a longo prazo, levando-se em conta também a natureza das mudanças exponenciais nesta Grande História da vida.

A Grande História (do inglês "Big History") é uma disciplina nova que permite analisar, com um enfoque multidisciplinar, a sequência dos acontecimentos através do tempo, começando com uma escala de tempo muito grande do passado distante até chegar ao presente, quando se pode constatar que há uma aceleração das mudanças, graças às tecnologias que avançam exponencialmente. Isso também é explicado pelo nosso amigo futurista Ray Kurzweil em seu best-seller "A singularidade está próxima", e por isso utilizo algumas de suas predições até o final do século XXI.

Os leitores que se interessarem estão convidados a entrar em contato conosco diretamente (através do site do livro — www.AMorteDaMorte.org) para que sigamos melhorando esta cronologia no futuro. Todos os comentários serão muito bem-vindos.

Milhões de anos atrás (Ma)

≈ 13.800 Ma Big Bang e formação do universo conhecido

≈ 12.500 Ma Formação da galáxia Via Láctea

≈ 4.600 Ma Formação do Sistema Solar

≈ 4.500 Ma Formação da Terra

≈ 4.300 Ma Primeira concentração de água na Terra

≈ 4.000 Ma Primeira vida unicelular (procariontes, ou seja, sem núcleo)

≈ 4.000 Ma Nascimento do ancestral comum LUCA (do inglês "Last Universal Common Ancestor")

≈ 3.500 Ma Aumento da concentração de oxigênio na atmosfera terrestre

≈ 3.000 Ma	Primeira fotossíntese em organismos unicelulares simples
≈ 2.000 Ma	Evolução de procariontes (sem núcleo) a eucariontes (com núcleo) unicelulares
≈ 1.500 Ma	Primeiros organismos eucariontes multicelulares
≈ 1.200 Ma	Primeira reprodução sexuada (aparecem as células germinativas e as células somáticas)
≈ 600 Ma	Primeiros animais invertebrados marinhos
≈ 540 Ma	Explosão cambriana e aparição de múltiplas espécies
≈ 520 Ma	Primeiros animais vertebrados marinhos
≈ 440 Ma	Evolução da vida marinha à vida terrestre (primeiras plantas em terra firme)
≈ 360 Ma	Primeiras plantas terrestres com sementes, primeiros caranguejos
≈ 300 Ma	Primeiros répteis
≈ 250 Ma	Primeiros dinossauros
≈ 200 Ma	Primeiros mamíferos, primeiras aves
≈ 130 Ma	Primeiras plantas angiospermas (com flores)
≈ 65 Ma	Extinção dos dinossauros e desenvolvimento dos primatas
≈ 15 Ma	A família *Hominidae* (grandes primatas) aparece
≈ 3,5 Ma	Primeiras ferramentas de pedra
≈ 2,5 Ma	O gênero *Homo* aparece
≈ 1,5 Ma	Primeiro uso do fogo
≈ 0,8 Ma	Primeiro uso de cocção

≈ 0,5 Ma   Primeiro uso de roupa

≈ 0,2 Ma   A espécie *Homo sapiens* aparece

≈ 0,1 Ma   O *Homo sapiens sapiens* sai da África e começa a colonização do planeta Terra

Milhares de anos atrás

< 40000 a.C.   Aparecem pinturas rupestres, símbolos de divindades, da fertilidade e da morte

< 20000 a.C.   Evolução de pele mais clara com emigração a regiões com menor incidência solar

< 5000 a.C.   A protoescrita neolítica aparece

< 4000 a.C.   Possível invenção da roda na Mesopotâmia

< 3500 a.C.   Os egípcios inventam os hieróglifos e os sumérios a escrita cuneiforme

< 3300 a.C.   Uso documentado de herbalismo e fitoterapia na China e no Egito

< 3000 a.C.   O papiro é inventado no Egito e as tábuas de argila na Mesopotâmia

< 2800 a.C.   O imperador Shen Nong compila um texto com as técnicas da acupuntura na China

< 2600 a.C.   O sacerdote médico Imhotep é considerado deus da medicina no Egito

< 2500 a.C.   Uso documentado da medicina ayurvédica na Índia

< 2000 a.C.   O *Código de Hamurabi* estabelece normas para o exercício da medicina na Babilônia

650 a.C.	Asurbanípal compila 800 tábuas médicas na biblioteca de Nínive
450 a.C.	Xenófanes de Cólofon examina fósseis e especula sobre a evolução da vida
420 a.C.	Hipócrates escreve os *Tratados hipocráticos* e cria o juramento hipocrático
350 a.C.	Aristóteles escreve sobre biologia evolutiva e faz uma tentativa de classificação dos animais
300 a.C.	Herófilo de Calcedônia realiza dissecções médicas em humanos
100 a.C.	Asclepíades de Bitínia importa a Roma a medicina grega e funda a Escola Metódica

Primeiro milênio d.C.

180 d.C.	O médico grego Galeno de Pérgamo estuda a conexão entre a paralisia e a medula espinhal
219 d.C.	Zhang Zhongjing publica o *Shang Han Lun* ("*Tratado sobre a Patogenia Fria e Doenças Diversas*") na China
250 d.C.	Fundação de uma escola de medicina mágica em Monte Albán, México
390 d.C.	Oribásio de Pérgamo compila *As coleções médicas* em Constantinopla
400 d.C.	O primeiro hospital cristão é fundado por Fabíola em Roma
630 d.C.	Isidoro de Sevilha compila sua grande obra *Origines*

870 d.C.	O médico persa Ali ibn Sahl Rabban al-Tabari escreve uma enciclopédia médica em árabe
910 d.C.	O médico persa Rasis identifica a diferença entre a varíola e o sarampo

1000 – 1799 d.C.

1030	Avicena escreve o *Cânone da Medicina* que será utilizado até o século XVIII
1204	O papa Inocêncio III organiza o Hospital do Espírito Santo em Roma
1403	Quarentena contra a peste negra em Veneza
1541	O médico suíço Paracelso realiza grandes avanços em medicina (cirurgia e toxicologia)
1553	O médico espanhol Miguel Servet estuda a circulação pulmonar (morre na fogueira)
1590	O microscópio é inventado nos Países Baixos e faz avançar rapidamente a medicina
1665	O cientista inglês Robert Hooke identifica as células (e populariza esse nome)
1675	O cientista holandês Anton van Leeuwenhoek dá início à microbiologia com microscópios
1774	O cientista inglês Joseph Priestley descobre o oxigênio e inicia a química moderna
1780	Benjamin Franklin escreve sobre a cura do envelhecimento e a preservação humana
1796	O médico inglês Edward Jenner desenvolve a primeira vacina eficaz contra a varíola

1798	Thomas Malthus discute a produção de alimentos e a superpopulação humana

1800 – 1899 d.C.

1804	A população mundial chega a 1 bilhão de habitantes
1804	O médico francês René Laënnec inventa o estetoscópio
1809	O cientista francês Jean-Baptiste de Lamarck propõe a primeira teoria da evolução
1818	O médico inglês James Blundell realiza a primeira transfusão exitosa de sangue
1828	O cientista alemão Christian Ehrenberg cunha a palavra bactéria ("bastão" em grego)
1842	O médico estadunidense Crawford Long realiza a primeira cirurgia com anestesia
1858	O médico alemão Rudolf Virchow publica a teoria celular
1859	O cientista inglês Charles Darwin publica em Londres *A origem das espécies*
1865	O monge austríaco Gregor Mendel descobre as leis da genética
1869	O médico suíço Friedrich Miescher identifica o DNA pela primeira vez
1870	Louis Pasteur e Robert Koch publicam a teoria microbiana das infecções
1882	O cientista francês Louis Pasteur desenvolve uma vacina contra a raiva

1890	Walther Flemming e outros descrevem a distribuição cromossômica durante a divisão celular
1892	O biólogo alemão August Weismann concebe a "imortalidade" das células germinativas
1895	O físico alemão Wilhelm Conrad Röntgen descobre os raios X e seu uso médico
1896	O físico francês Antoine Henri Becquerel descobre a radioatividade
1898	O cientista holandês Martinus Beijerinck descobre o primeiro vírus e dá início à virologia

1900 – 1959 d.C.

1905	O biólogo inglês William Bateson cunha o termo genética
1906	O cientista inglês Frederick Hopkins descreve vitaminas e doenças relacionadas
1906	O médico alemão Alois Alzheimer descreve a doença que hoje em dia leva seu nome
1906	Santiago Ramón y Cajal recebe o Prêmio Nobel por seus estudos do sistema nervoso
1911	Thomas Hunt Morgan demonstra que os genes se localizam nos cromossomos
1922	O cientista russo Aleksandr Oparin concebe a teoria sobre a origem da vida na Terra
1925	O biólogo francês Edouard Chatton cunha as palavras procarionte e eucarionte

1927	A população mundial chega a 2 bilhões de habitantes
1927	Primeiras vacinas para o tétano e a tuberculose
1928	O cientista inglês Alexander Fleming descobre a penicilina (o primeiro antibiótico)
1933	O cientista polonês Tadeus Reichstein sintetiza a primeira vitamina (a vitamina C — ácido ascórbico)
1934	Cientistas de Cornell descobrem a restrição calórica para prolongar a vida em ratos
1938	Um celacanto (considerado um "fóssil vivo") é pescado ao sul da África
1950	É criado o primeiro antibiótico sintético
1951	Começa a ser realizada inseminação artificial do gado com sêmen criopreservado
1951	Descobre-se que as células cancerosas HeLa são "biologicamente imortais"
1952	O médico estadunidense Jonas Salk desenvolve a vacina contra a poliomielite
1952	O químico estadunidense Stanley Miller faz experimentos sobre a origem da vida
1952	Os primeiros experimentos de clonagem são realizados com ovos de rãs
1953	James D. Watson e Francis Crick demonstram a estrutura de dupla hélice do DNA
1954	O médico estadunidense Joseph Murray realiza o primeiro transplante de rim humano

1958	O médico estadunidense Jack Steele cunha o termo biônica
1959	A população mundial chega a 3 bilhões de habitantes
1959	Severo Ochoa recebe o Prêmio Nobel por seu trabalho em bioquímica sobre RNA e DNA

1960 – 1999 d.C.

1961	Joan Oró faz avançar a bioquímica com teorias sobre a origem da vida
1961	O cientista estadunidense Leonard Hayflick descobre um limite para a divisão celular
1967	O acadêmico estadunidense James Bedford é o primeiro paciente criopreservado
1967	O médico sul-africano Christiaan Barnard realiza o primeiro transplante de coração humano
1972	Descobre-se que a composição do DNA de humanos e gorilas é 99% similar
1974	A população mundial chega a 4 bilhões de habitantes
1975	Diferentes cientistas descobrem finalmente os telômeros (desde 1933 vinha sendo considerada sua existência)
1978	Nasce o primeiro ser humano por inseminação artificial (Louise Brown, na Inglaterra)
1978	Células-tronco são descobertas no sangue do cordão umbilical

1980	A OMS declara oficialmente erradicada a varíola em todo o mundo
1981	Primeiras células-tronco (de ratos) desenvolvidas *in vitro*
1982	Humulin (fármaco para diabetes) é o primeiro produto biotecnológico aprovado pela FDA
1985	A bióloga australiana-estadunidense Elizabeth Blackburn identifica a enzima telomerase
1986	O HIV (vírus da imunodeficiência humana) é identificado como a causa da AIDS
1987	A população mundial chega a 5 bilhões de habitantes
1990	O Projeto Genoma Humano começa como um grande esforço de governos
1990	O primeiro tratamento genético é aprovado para um problema imunológico
1990	A FDA aprova o primeiro organismo geneticamente modificado (o tomate "Flavr Savr")
1993	A bióloga estadunidense Cynthia Kenyon aumenta em várias vezes a vida de *C. elegans*
1995	O cientista estadunidense Caleb Finch descobre a senescência nula em animais
1996	O cientista escocês Ian Wilmut clona a ovelha Dolly (primeiro mamífero clonado)
1998	Primeiras células-tronco embrionárias isoladas em jovens embriões humanos

1999	A população mundial chega a 6 bilhões de habitantes

2000 - 2019 d.C.

2001	O cientista estadunidense Craig Venter anuncia seu sequenciamento do genoma humano
2002	O primeiro vírus artificial (poliovírus) é criado completamente por cientistas
2003	O Projeto Genoma Humano termina, com participação pública e privada
2003	O cientista inglês Aubrey de Grey e colegas criam a Fundação Matusalém
2004	A epidemia de SARS é contida um ano depois de seu início (o genoma foi sequenciado em dias)
2006	O cientista japonês Shinya Yamanaka gera células-tronco pluripotentes induzidas
2008	A bióloga espanhola María Blasco anuncia que conseguiu prolongar a vida de ratos
2009	O cientista inglês Aubrey de Grey e colegas criam a Fundação de Pesquisa SENS
	O Prêmio Nobel de Fisiologia e Medicina é concedido pelo estudo de telômeros e telomerase
2010	Primeira Ponte rumo à longevidade indefinida com tecnologia atual (Ray Kurzweil)
	O cientista estadunidense Craig Venter anuncia a criação da primeira bactéria artificial

	O Prêmio Nobel de Fisiologia e Medicina é concedido pelo desenvolvimento da fertilização in vitro
2011	A população mundial chega a 7 bilhões de habitantes
	Pesquisadores franceses conseguem rejuvenescer células humanas in vitro
2012	O Prêmio Nobel de Fisiologia e Medicina é concedido pela reprogramação de células (pluripotentes)
2013	O primeiro rim de rato é produzido in vitro nos Estados Unidos
	O primeiro fígado humano é produzido com células-tronco no Japão
	A Google anuncia a criação da Calico (California Life Company) para curar o envelhecimento
2014	A IBM expande o uso de seu sistema médico inteligente chamado "Doutor Watson"
	O médico coreano-estadunidense Joon Yun cria o Prêmio Palo Alto de Longevidade
2015	Primeira vacina contra o vírus da febre hemorrágica Ebola
2016	Mark Zuckerberg, do Facebook, anuncia que é possível curar "todas as doenças"
	Cientistas da Microsoft anunciam que podem curar o câncer em 10 anos
2017	Juan Carlos Izpisúa Belmonte anuncia que conseguiu "rejuvenescer" ratos em 40%

2018	É realizado o primeiro tratamento comercial de edição genética com CRISPR
2019	Aprovação pela FDA dos primeiros tratamentos senolíticos para prolongar a vida

2020 d.C. – 2029 d.C. (algumas possibilidades)

Anos 2020	Segunda Ponte rumo à longevidade indefinida com biotecnologia (segundo Ray Kurzweil)
	Erradicação da poliomielite no mundo
	Erradicação do sarampo no mundo
	Vacina contra a malária
	Vacina contra o HIV
	Cura da maioria dos tipos de câncer
	Cura do Mal de Parkinson
	Bioimpressão 3D de órgãos humanos simples
	Clonagem comercial de órgãos humanos com células próprias
	Início de tratamentos para rejuvenescer com células-tronco e telomerase
	IA e robôs médicos complementam e suplementam os médicos humanos
	A telemedicina espalha-se pelo mundo
	Primeiras viagens tripuladas a Marte
2023	A população mundial chega a 8 bilhões de habitantes segundo a ONU

2025	Montadores moleculares (nanotecnologia) são implementados (segundo Ray Kurzweil)
2026	A população mundial chega a 8 bilhões de habitantes segundo o Departamento do Censo dos EUA
2029	É alcançada a velocidade de escape da longevidade (segundo Ray Kurzweil)
2029	Uma IA avançada passa no Teste de Turing (indistinguível por humanos)

Depois de 2030 d.C. (mais possibilidades)

Anos 2030	Terceira Ponte rumo à longevidade indefinida com nanotecnologia (segundo Ray Kurzweil)
	Cura para o mal de Alzheimer
	Erradicação da malária no mundo
	Erradicação do HIV no mundo
	Consolidação da primeira colônia humana em Marte (segundo Elon Musk)
2037	A população mundial chega a 9 bilhões de habitantes segundo a ONU
2039	Transferência mental de cérebro a cérebro torna-se possível (segundo Ray Kurzweil)
Anos 2040	Quarta Ponte rumo à longevidade indefinida e a imortalidade com IA (segundo Ray Kurzweil)
	A internet planetária conecta a Terra, a Lua, Marte e naves espaciais

2042	A população mundial chega a 9 bilhões de habitantes segundo o Departamento do Censo dos EUA
2045	Cura-se o envelhecimento e a morte torna-se opcional (segundo Ray Kurzweil)
	A Singularidade: a IA ultrapassa toda a inteligência humana (segundo Ray Kurzweil)
2049	A distinção entre a realidade e a realidade virtual se desvanece (segundo Ray Kurzweil)
Anos 2050	Robôs humanoides ganham da seleção inglesa de futebol (segundo a British Telecom)
	Primeiras reanimações de pacientes criopreservados (segundo Ray Kurzweil)
2072	Início da picotecnologia: "pico" é mil vezes menor que "nano" (segundo Ray Kurzweil)
2099	Início da femtotecnologia: "femto" é mil vezes menor que "pico" (segundo Ray Kurzweil)
	O conceito de longevidade torna-se irrelevante em um mundo de "amortalidade"

BIBLIOGRAFIA

Que pena morrer quando ainda me resta tanto para ler!
Marcelino Menéndez Pelayo, 1912

Sempre imaginei que o Paraíso seria algum tipo de biblioteca.
Jorge Luis Borges, 1960

ALBERTS, Bruce. *Molecular Biology of the Cell*. 6. ed. Garland Science, 2014.

ALEXANDER, Brian. *Rapture: A Raucous Tour of Cloning, Transhumanism, and the New Era of Immortality*. Basic Books, 2004.

ALEXANDRE, Laurent. *A morte da morte: Como a medicina biotecnológica vai transformar profundamente a humanidade*. Editora Manole, 2018.

ALIGHIERI, Dante. *The Divine Comedy*. Chartwell Books, 2008 [1321].

ANDREWS, Bill; CORNELL, Jon. *Telomere Lengthening: Curing All Disease Including Aging and Cancer*. Sierra Sciences, 2017.

ANDREWS, Bill; CORNELL, Jon. *Curing Aging: Bill Andrews on Telomere Basics*. Sierra Sciences, 2014.

ARKING, Robert. *The Biology of Aging: Observations and Principles*. Oxford University Press, 2006.

ARRISON, Sonia. *100 Plus: How the Coming Age of Longevity Will Change Everything, From Careers and Relationships to Family and Faith*. Basic Books, 2011.

ASIMOV, Isaac. *Asimov's New Guide to Science*. Penguin Books Limited, 1993.

AUSTAD, Steven N. *Why We Age: What Science Is Discovering About the Body's Journey Through Life*. John Wiley & Sons, Inc, 1997.

BAILEY, Ronald. *Liberation Biology: The Scientific and Moral Case for the Biotech Revolution*. Prometheus Books, 2005.

BANCO MUNDIAL. *Relatório sobre o Desenvolvimento Mundial*. Washington, DC: Banco Mundial, anual.

BBVA, OpenMind. *El próximo paso: La vida exponencial*. BBVA, OpenMind, 2017.

BECKER, Ernest. *The Denial of Death*. Free Press, 1973.

BLACKBURN, Elizabeth; EPEL, Elissa. *The Telomere Effect: A Revolutionary Approach to Living Younger, Healthier, Longer*. Grand Central Publishing, 2018.

BLASCO, María; SALOMONE, Mónica G. *Morir joven, a los 140: El papel de los telómeros en el envejecimiento y la historia de cómo trabajan los científicos para conseguir que vivamos más y mejor*. Paidós, 2016.

BOSTROM, Nick. *A History of Transhumanist Thought*. Journal of Evolution and Technology. Vol. 14 (1), abril de 2005.

BOVA, Ben. *Immortality: How Science is Extending Your Life Span, and Changing the World*. Avon Books, 1998.

BRODERICK, Damien. *The Last Mortal Generation: How Science Will Alter Our Lives in the 21st Century.* New Holland, 1990.

BULTERIJS, Sven; HULL, Raphaella S.; BJORK, *Victor C.*; ROY, Avi G. It is time to classify biological aging as a disease. Frontiers in Genetics. Vol. 6 (205), 2015.

CARLSON, Robert H. *Biology is Technology: The promise, peril, and new business of engineering life.* Harvard University Press, 2010.

CAVE, Stephan. *Immortality: The Quest to Live Forever and How It Drives Civilization.* Crown, 2012.

CHAISSON, Eric. *Epic of Evolution: Seven Ages of the Cosmos.* Columbia University Press, 2005.

CHURCH, George M.; REGIS, *Ed.* Regenesis: How Synthetic Biology will Reinvent Nature and Ourselves. Basic Books, 2012.

CLARKE, Arthur C. *Profiles of the Future: An Inquiry into the Limits of the Possible.* Henry Holt and Company, 1984 [1962].

COMFORT, Alex. *Ageing: The Biology of Senescence.* Routledge & Kegan Paul, 1964.

CONDORCET, Marie-Jean-Antoine-Nicolas de Caritat. *Sketch for a Historical Picture of the Progress of the Human Mind.* Greenwood Press, 1979 [1795].

CORDEIRO, José Luis et al. *(ed.).* Latinoamérica 2030: Estudio Delphi y Escenarios. Lola Books, 2014.

CORDEIRO, José Luis. *Telephones and Economic Development: A Worldwide Long-Term Comparison.* Lambert Academic Publishing, 2010.

CORDEIRO, José Luis. *El Desafío Latinoamericano... y sus Cinco Grandes Retos.* McGraw-Hill Interamericana, 2007.

COEURNELLE, Didier. *Et si on arrêtait de vieillir!* FYP *éditions*, 2013.

DANAYLOV, Nikola. *Conversations with the Future: 21 Visions for the 21st Century*. Singularity Media, Inc, 2016.

DARWIN, Charles. *The Origin of the Species*. Fine Creative Media, 2003 [1859].

DAWKINS, Richard. *O gene egoísta*. Companhia das Letras, 2007.

DE GREY, Aubrey; RAE, Michael. *O fim do envelhecimento: Os avanços que poderiam reverter o envelhecimento humano durante nossa vida*. NTZ, 2018.

DE GREY, Aubrey; AMES, Bruce N.; ANDERSEN, Julie K.; BARTKE, Andrzej; CAMPISI, Judith; HEWARD, Christopher B.; MCCARTER, Roger J. M.; STOCK, Gregory. Time to talk SENS: critiquing the immutability of human aging. Annals of the New York Academy of Sciences. Vol. 959, p. 452–462, 2002.

DE GREY, Aubrey. *The mitochondrial free radical theory of aging*. Landes Bioscience, 1999.

DE MAGALHÃES, João Pedro; CURADO, J.; CHURCH, *George M*. Meta-analysis of age-related gene expression profiles identifies common signatures of aging. Bioinformatics. Vol. 25 (7), p. 875-881, 2009.

DEEP KNOWLEDGE VENTURES. AI *for Drug Discovery, Biomarker Development and Advanced R&D*. Deep Knowledge Ventures, 2018.

DELONG, J. *Brad*. Cornucopia: The Pace of Economic Growth in the Twentieth Century. NBER Working Papers. Vol. 7602, 2000.

DIAMANDIS, Peter H.; KOTLER, *Steven*. Bold: How to Go Big, Create Wealth and Impact the World. Simon & Schuster, 2016.

DIAMANDIS, Peter H.; KOTLER, *Steven*. Abundance: The Future is Better Than You Think. Free Press, 2012.

DIAMOND, Jared M. *Guns, Germs, and Steel: The Fates of Human Societies*. W.W. Norton & Co, 1997.

DREXLER, K. *Eric*. Radical Abundance: How a Revolution in Nanotechnology Will Change Civilization. PublicAffairs, 2013.

DREXLER, K. *Eric*. Engines of Creation: The Coming Age of Nanotechnology. Anchor Books, 1987.

DYSON, Freeman J. *Infinite in All Directions*. Harper Perennial, 2004 [1984].

EHRLICH, Paul. *The Population Bomb*. Sierra Club/Ballantine Books, 1968.

EMSLEY, John. *Nature's Building Blocks: An A-Z Guide to the Elements*. Oxford University Press, 2011.

ETTINGER, Robert. *Man into Superman*. St. Martin's Press, 1972.

ETTINGER, Robert. *The Prospect of Immortality*. Doubleday, 1964.

FAHY, Gregory et al. *(ed.)*. The Future of Aging: Pathways to Human Life Extension. Springer, 2010.

FARMANFARMAIAN, Robin. *The Patient as CEO: How Technology Empowers the Healthcare Consumer*. Lioncrest Publishing, 2015.

FEYNMAN, Richard. *The Pleasure of Finding Things Out: The Best Short Works of Richard P. Feynman*. Basic Books, 2005.

FINCH, Caleb E. *Senescence, Longevity, and the Genome*. University of Chicago Press, 1990.

FOGEL, Robert William. *The Escape from Hunger and Premature Death, 1700-2100: Europe, America, and the Third World*. Cambridge University Press, 2004.

FOSSEL, Michael. *The Telomerase Revolution: The Enzyme That Holds the Key to Human Aging and Will Soon Lead to Longer, Healthier Lives*. BenBella Books, 2015.

FOSSEL, Michael. *Reversing Human Aging*. William Morrow and Company, 1996.

FUMENTO, Michael. *BioEvolution: How Biotechnology Is Changing the World*. Encounter Books, 2003.

GARCÍA ALLER, Marta. *El fin del mundo tal y como lo conocemos: Las grandes innovaciones que van a cambiar tu vida*. Planeta, 2017.

GARREAU, Joel. *Radical Evolution: The Promise and Peril of Enhancing Our Minds, Our Bodies, and What It Means to Be Human*. Doubleday, 2005.

GLENN, Jerome et al. *State of the Future 19.1*. The Millennium Project, 2018.

GOSDEN, Roger. *Cheating Time*. W. H. Freeman & Company, 1996.

GUPTA, Sanjay. *Cheating Death: The Doctors and Medical Miracles that Are Saving Lives Against All Odds*. Wellness Central, 2009.

HALAL, William E. *Technology's Promise: Expert Knowledge on the Transformation of Business and Society*. Palgrave Macmillan, 2008.

HALDANE, John Burdon Sanderson. *Daedalus or Science and the Future*. K. Paul, Trench, Trubner & Co, 1924.

HALL, Stephen S. *Merchants of Immortality: Chasing the Dream of Human Life Extension*. Houghton Mifflin Harcourt, 2003.

HALPERIN, James L. *The First Immortal*. Del Rey, Random House, 1998.

HARARI, Yuval Noah. *Homo Deus: Uma breve história do amanhã*. Companhia das Letras, 2016.

HARARI, Yuval Noah. *Sapiens: Uma breve história da humanidade*. L&PM, 2015.

HAWKING, Stephen. *The Theory of Everything: The Origin and Fate of the Universe*. New Millennium Press, 2002.

HAYFLICK, Leonard. *How and Why We Age*. Ballantine Books, 1994.

HOBBES, Thomas. *Leviathan*. Oxford World's Classics. Oxford University Press, 2008 [1651].

HUGHES, James. *Citizen Cyborg: Why Democratic Societies Must Respond to the Redesigned Human of the Future*. Westview Press, 2004.

HUXLEY, Julian. *"Transhumanism."* New Bottles for New Wine. Chatto & Windus, 1957.

IMMORTALITY INSTITUTE (ed.). La conquista científica de la muerte: Ensayos sobre expectativas de vida infinita. Libros En Red, 2004.

INTERNATIONAL MONETARY FUND. *World Economic Outlook*. International Monetary Fund, anual.

IOVIȚĂ, Anca. *La Brecha del Envejecimiento Entre las Especies*. Babelcube Inc., 2017.

JACKSON, Moss A. *I Didn't Come to Say Goodbye! Navigating the Psychology of Immortality*. D&L Press, 2016.

KAHN, Herman. *The Next 200 Years: A Scenario for America and the World*. Quill, 1976.

KAKU, Michio. *The Future of Humanity: Terraforming Mars, Interstellar Travel, Immortality, and Our Destiny Beyond Earth*. Doubleday, 2018.

KAKU, Michio. *Physics of the Future: How Science Will Shape Human Destiny and Our Daily Lives by the Year 2100*. Anchor Books, 2012.

KANUNGO, Madhu Sudan. *Genes and Aging*. Cambridge University Press, 1994.

KENNEDY, Brian K; BERGER, Shelley L; BRUNET, Anne; CAMPISI, Judith; CUERVO, Ana Maria; EPEL, Elissa S; FRANCESCHI, Claudio; LITHGOW, Gordon J; MORIMOTO, Richard I; PESSIN, Jeffrey E; RANDO, Thomas A; RICHARDSON, Arlan; SCHADT, Eric E; WYSS-CORAY, Tony; SIERRA, Felipe. *Aging: a common driver of chronic diseases and a target for novel interventions*. Cell. Vol. 159 (4): p. 709–713, 6 de novembro de 2014.

KENYON, Cynthia J. *The genetics of ageing*. Nature. Vol. 464 (7288), p. 504-512, 2010.

KUHN, Thomas S. *The Structure of Scientific Revolutions*. University of Chicago Press, 1962.

KURIAN, George T.; MOLITOR, Graham T.T. Encyclopedia of the Future. Macmillan, 1996.

KURZWEIL, Ray. *Como criar uma mente: Os segredos do pensamento humano*. Aleph, 2014.

KURZWEIL, Ray. *A singularidade está próxima: Quando os humanos transcendem a biologia*. Iluminuras, 2018.

KURZWEIL, Ray. *A era das máquinas espirituais*. Aleph, 2007.

KURZWEIL, Ray; GROSSMAN, Terry. TRANSCEND: *Nine Steps to Living Well Forever*. Rodale Books, 2009.

KURZWEIL, Ray; GROSSMAN, Terry. *A medicina da imortalidade: Viva o suficiente para viver para sempre*. Goya, 2019.

LIMA, Manuel. *The book of Trees: Visualizing Branches of Knowledge*. Princeton Architectural Press, 2014.

LONGEVITY, INTERNATIONAL. *Longevity Industry Analytical Report 1: The Business of Longevity*. Longevity.International, 2017.

LONGEVITY, INTERNATIONAL. *Longevity Industry Analytical Report 2: The Science of Longevity*. Longevity.International, 2017.

LÓPEZ-OTÍN, Carlos; BLASCO, Maria A; PARTRIDGE, Linda; SERRANO, Manuel; KROEMER, Guido. *The Hallmarks of Aging*. Cell. Vol. 153(6), p. 1194-1217, 6 de junho de 2013.

MADDISON, Angus. *Contours of the World Economy 1-2030 AD: Essays in Macro-Economic History*. Oxford University Press, 2007.

MADDISON, Angus. *Historical Statistics for the World Economy: 1-2003 AD*. OECD Development Center, 2004.

MADDISON, Angus. *The World Economy: A Millennial Perspective*. OECD Development Center, 2001.

MALTHUS, Thomas Robert. *An Essay on the Principle of Population*. Oxford World's Classics. Oxford University Press, 2008 [1798].

MARTINEZ, Daniel E. *Mortality patterns suggest lack of senescence in hydra*. Experimental Gerontology. Vol. 33 (3), p. 217-225, maio de 1998.

MARTÍNEZ-BAREA, Juan. *El mundo que viene: Descubre por qué las próximas décadas serán las más apasionantes de la historia de la humanidad*. Gestión 2000, 2014.

MEDAWAR, Peter. *An Unsolved Problem of Biology*. H. K. Lewis, 1952.

MELLON, Jim; CHALABI, Al. *Juvenescence: Investing in the Age of Longevity*. Fruitful Publications, 2017.

MILLER, Philip Lee; LIFE EXTENSION FOUNDATION. *The Life Extension Revolution: The New Science of Growing Older Without Aging*. Bantam Books, 2005.

MINSKY, Marvin. *Will robots inherit the Earth? Scientific American.* Outubro de 1994.

MINSKY, Marvin. *The Society of Mind.* Simon and Schuster, 1987.

MITTELDORF, Josh; SAGAN, Dorion. *Cracking the Aging Code: The New Science of Growing Old, and What it Means for Staying Young.* Flatiron Books, 2016.

MOORE, Geoffrey. *Crossing the Chasm: Marketing and Selling High-tech Products to Mainstream Customers.* Harperbusiness, 1995.

MORAVEC, Hans. *Robot: Mere Machine to Transcendent Mind.* Oxford University Press, 1999.

MORAVEC, Hans. *Mind Children.* Harvard University Press, 1988.

MORE, Max. *The Principles of Extropy.* Version 3.11. The Extropy Institute, 2003.

MORE, Max; VITA-MORE, Natasha. *The Transhumanist Reader: Classical and Contemporary Essays on the Science, Technology, and Philosophy of the Human Future.* Wiley-Blackwell, 2013.

MULHALL, Douglas. *Our Molecular Future: How Nanotechnology, Robotics, Genetics, and Artificial Intelligence will Transform our World.* Prometheus Books, 2002.

MUSI, Nicolas; HORNSBY, Peter (ed). *Handbook of the Biology of Aging, Eight Edition.* Academic Press, 2015.

NAAM, Ramez. *More Than Human: Embracing the Promise of Biological Enhancement.* Broadway Books, 2005.

NAVAJAS, Santiago. *El hombre tecnológico y el síndrome Blade Runner.* Editorial Berenice, 2016.

OCAMPO, Alejandro; REDDY, Pradeep; MARTINEZ-REDONDO, Paloma; PLATERO-LUENGO, Aida; HATANAKA, Fumiyuki; HISHIDA, Tomoaki; LI, Mo; LAM, David; KURITA, Masakazu; BEYRET, Ergin; ARAOKA, Toshikazu; VAZQUEZ-FERRER, Eric; DONOSO, David; ROMAN, José Luis; XU, Jinna; RODRIGUEZ ESTEBAN, Concepcion; GABRIEL NUÑEZ, Gabriel; NUÑEZ DELICADO, Estrella; CAMPISTOL, Josep M; GUILLEN, Isabel; GUILLEN, Pedro; IZPISUA BELMONTE, Juan Carlos. *In Vivo Amelioration of Age-Associated Hallmarks by Partial Reprogramming*. Cell. Vol. 167 (7), p. 1719–1733, 15 de dezembro de 2016.

ORGANIZAÇÃO DAS NAÇÕES UNIDAS. *Anuário Estadístico*. Organização das Nações Unidas, anual.

PAUL, Gregory S; COX, Earl. *Beyond Humanity: Cyberevolution and Future Minds*. Charles River Media, 1996.

PERRY, Michael. *Forever For All: Moral Philosophy, Cryonics, and the Scientific Prospects for Immortality*. Universal Publishers, 2001.

PICKOVER, Clifford A. *A Beginner's Guide to Immortality: Extraordinary People, Alien Brains, and Quantum Resurrection*. Thunder's Mouth Press, 2007.

PINKER, Steven. *Enlightenment Now: The Case for Reason, Science, Humanism, and Progress*. Viking, 2018.

PINKER, Steven. *The Better Angels of Our Nature: Why Violence Has Declined*. Penguin Books, 2012.

PROGRAMA DAS NAÇÕES UNIDAS PARA O DESENVOLVIMENTO. *Relatório de Desenvolvimento Humano*. Programa das Nações Unidas para o Desenvolvimento, anual.

REGIS, Edward. *Great Mambo Chicken and the Transhuman Condition: Science Slightly over the Edge*. Perseus Publishing, 1991.

RIDLEY, Matt. *The Red Queen: Sex and the Evolution of Human Nature*. Harper Perennial, 1995.

ROCO, Mihail C; BAINBRIDGE, William Sims (eds). *Converging Technologies for Improving Human Performance*. Kluwer, 2003.

ROGERS, Everett M. *Diffusion of Innovations*. 5. ed. Free Press, 2003.

ROSE, Michael. *Evolutionary Biology of Aging*. Oxford University Press, 1991.

ROSE, Michael; RAUSER, Casandra L; MUELLER, Laurence D. *Does Aging Stop?* Oxford University Press, 2011.

SAGAN, Carl. *Os dragões do Éden: Especulações sobre a evolução da inteligência humana*. Gradiva, 2011.

SERRANO, Javier. *El hombre biónico y otros ensayos sobre tecnologías, robots, maquinas y hombres*. Editorial Guadalmazán, 2015.

SHAKESPEARE, William. *Hamlet*. Amazon Classics, 2017 [1601].

SHERMER, Michael. *Heavens on Earth: The Scientific Search for the Afterlife, Immortality, and Utopia*. Henry Holt and Co, 2018.

SIMON, Julian L. *The Ultimate Resource 2*. Princeton University Press, 1998.

SKLOOT, Rebecca. *A vida imortal de Henrietta Lacks*. Companhia das Letras, 2011.

STAMBLER, Ilia. *Longevity Promotion: Multidisciplinary Perspectives*. CreateSpace Independent Publishing Platform, 2017.

STAMBLER, Ilia. *A History of Life-Extensionism in the Twentieth Century*. CreateSpace Independent Publishing Platform, 2014.

STOCK, Gregory. *Redesigning Humans: Our Inevitable Genetic Future*. Houghton Mifflin Company, 2002.

STOLYAROV II, Gennady. *La muerte está mal*. Rational Argumentators Press, 2013.

STREHLER, Bernard. *Time, Cells, and Aging*. Demetriades Brothers, 1999.

TEILHARD DE CHARDIN, Pierre. *The Future of Man*. Harper & Row, 1964.

ORGANIZAÇÃO DAS NAÇÕES UNIDAS. *Perspectivas da População Mundial*. Organização das Nações Unidas, 2017.

VENTER, J. *Craig*. Life at the Speed of Light: From the Double Helix to the Dawn of Digital Life. Penguin Books, 2014.

VENTER, J. *Craig*. A Life Decoded: My Genome: My Life. Penguin Books, 2008.

VINGE, Vernor. *The Coming Technological Singularity*. Whole Earth Review, inverno de 1993.

WARWICK, Kevin. *I, Cyborg*. Century, 2002.

WEINDRUCH, Richard; WALFORD, Roy. *The Retardation of Aging and Disease by Dietary Restriction*. Charles C. Thomas, 1988.

WEINER, Jonathan. *Long for This World: The Strange Science of Immortality*. HarpersCollins Publishers, 2010.

WEISMANN, August. *Essays Upon Heredity and Kindred Biological Problems*. Volumes 1 e 2. Claredon Press, 1892.

WELLS, H G. *The Discovery of the Future*. Nature. Vol. 65, p. 326–331, 1902.

WEST, Michael. *The Immortal Cell*. Doubleday, 2003.

WOOD, David W. *La abolición del envejecimiento: La radical extension de la longevidad saludable humana que está por venir.* Lola Books, 2017.

ORGANIZAÇÃO MUNDIAL DA SAÚDE. *Classificação Estatística Internacional de Doenças e Problemas Relacionados com a Saúde.* 10ª Revisão, ed. 2010. Organização Mundial da Saúde, 2011.

ORGANIZAÇÃO MUNDIAL DA SAÚDE. *História do desenvolvimento da* ICD. Organização Mundial da Saúde, 2006.

ORGANIZAÇÃO MUNDIAL DA SAÚDE. *Classificação de Transtornos Mentais e de Comportamento da* CID-10: *Descrições clínicas e diretrizes diagnósticas.* Organização Mundial da Saúde, 1992.

ORGANIZAÇÃO MUNDIAL DA SAÚDE. *Constituição da Organização Mundial da Saúde.* Organização Mundial da Saúde, 1948.

ZENDELL, David. *The Broken God.* Spectra, 1992.

ZHAVORONKOV, Alex. *The Ageless Generation: How Advances in Biomedicine Will Transform the Global Economy.* Palgrave Macmillan, 2013.

ZHAVORONKOV, Alex; BHULLAR, Bhupinder. *Classifying aging as a disease in the context of* ICD-11. Frontiers in Genetics, 2015.

AGRADECIMENTOS

Uma boa criação torna as pessoas agradecidas.
DITADO ESPANHOL, SÉCULO XVII

*Se enxerguei mais longe, foi porque subi nos
ombros de gigantes.*
ISAAC NEWTON, 1676

A vitória tem centenas de pais, mas a derrota é órfã.
JOHN FITZGERALD KENNEDY, 1961

Este é um livro da vida, pela vida e para a vida. Nossos primeiros agradecimentos são para nossas famílias, que nos permitiram chegar até aqui, embora, inclusive em maior medida que a nossas famílias diretas, também sejam para nossos primeiros ancestrais hominídeos na África há milhões de anos, e muito antes os primeiros organismos unicelulares dos quais descende toda a vida em nosso pequeno planeta.

Começamos com alguns agradecimentos muito especiais. Em primeiro lugar, para Helio Beltrão e Alex Catharino da LVM Editora por levarem adiante este projeto imortal de fazer com que *A morte da morte* seja um sucesso tão grande no Brasil e nos países de língua portuguesa quanto é na Espanha e nos países de língua espanhola, onde ele se tornou um grande best-seller. Em segundo lugar, para Nicolas Chernavsky e Nina Torres Zanvettor, que conseguiram fazer a tradução e a revisão técnica em tempo recorde com grande qualidade, e o que é mais importante: eles verdadeiramente acreditam nas ideias expressas neste livro, que agora também é o livro deles. Em terceiro lugar, para Roger Domingo, nosso editor e diretor editorial da Ediciones Deusto (Grupo Planeta), um excelente guia durante o longo processo para completar este livro desde sua concepção até seu nascimento. Estendemos esse agradecimento a toda sua equipe: Carola, Carme, María José, Sergi, Marta e Anabel. Em quarto lugar, queremos mencionar o editor de alguns de nossos livros anteriores, Carlos García Hernández, que também editou os livros de Aubrey de Grey e de Ray Kurzweil em espanhol na editora Lola Books. Em quinto lugar, mostramos nosso agradecimento a Breyssi Arana, que assumiu a ideia da "morte da morte" como uma questão pessoal para si e para os outros. Em sexto lugar, gostaríamos de mencionar meu irmão Pedro Miguel Cordeiro, Andrés Grases e Cayetano Santana Gil, que encararam o fardo de ler todo o manuscrito original, embora qualquer erro continue sendo de responsabilidade exclusiva dos autores. Em sétimo lugar, agradecemos a nossas eternas amigas Hyesoon Wood, Iruña Urruticoechea e Andrea Herrera que farão com que este livro viva para sempre.

Muito obrigado a nossos colegas e amigos em universidades e instituições — Autônoma de Madri, Barcelona, Berkeley, Cambridge, College London, Complutense, Georgetown, Harvard, HSE, IE, INSEAD, Liverpool, MIPT, MIT, Oxford, Politécnica de Madri, Rei Juan Carlos, Sevilha, Simón Bolívar, Singularity, Sophia, Stanford, UNICAMP, USP, Tecnológico de Monterrey, Westminster, Yonsei e muitas outras em diferentes lugares do mundo. Também queremos agradecer a pessoas em outras organizações visionárias como a Academia Mundial de Arte e Ciência, Aliança Futurista, Apadrina la Ciencia, Associação Internacional para a Longevidade, Associação Transumanista, Clube de Roma, Clube Financeiro Gênova, Coalizão para o Prolongamento Radical da Vida, Fundação Alcor para o Prolongamento da Vida, Fundação para o Prolongamento da Vida, Fundação Lifeboat, Fundação de Pesquisa SENS, Futuristas de Londres, Humanity+, Instituto de Criônica, KrioRus, Millennium Project, Partido Transumanista, Rede Iberoamericana de Prospectiva RIBER, Sociedade Altius, Sociedade Mundial do Futuro, Sociedade Criônica, Shaping Tomorrow, Talentya e TechCast Global.

Individualmente, queremos começar com nossos agradecimentos aos pesquisadores e investidores que estão trabalhando ativamente para conseguir o prolongamento radical da vida: Bruce Ames, Bill Andrews, Inés Antón Gutiérrez, Sonia Arrison, Gustavo Barja, Mikhail Batin, Ben Best, Marko Bitenc, Victor Bjork, María Blasco, Sven Bulterijs, Judith Campisi, George Church, Kristin Comella, Franco Cortese, Attila Csordas, Alejandro De la Parra Solomon, Aubrey de Grey, João Pedro de Magalhães, Edouard Debonneuil, Bobby Dhadwar, Peter Diamandis, Eric Drexler, Gregory Fahy, Bill Faloon, Michael Fossel, Robert Freitas, Cristina Garmendia, Sebastian Giwa, Ben Goertzel, Mark Gordon, Rodolfo Goya, Leonid Gravilov, Michael Greve, Terry Grossman, William Haseltine, Paul Hynek, Anca Ioviță, Salim Ismail, Juan Carlos Izpisúa Belmonte, Charlie Kam, Dmitry Kaminskiy, David Kekich, Daria Khaltourina, Ron Klatz, Randal Koene, Maria Konovalenko, Daniel Kraft, Anton Kulaga, Ray Kurzweil, Marios Kyriazis, Miriam Leis, Carlos López-Otín, Dip Maharaj, Juan Martínez-Barea, Stephen Matlin, John Mauldin, Raymond McCauley, Danila Medvedev, Oliver Medvedik, Jim Mellon, Ralph Merkle, Elena Milova, Ginés Morata, Max More, Noel García Medel, Alexey Moskalev, Peter Nygard, Liz Parrish, Ira Pastor, Kevin Parrott, Steve Perry, Christine Peterson, Robert J. S. Reis, Ramón Risco, Edwina Rogers, Michael Rose, Martine Rothblatt, Avi Roy, Anders Sandberg, Manuel Serrano, Carmen Simón Mateo, Fred

Stitt, Gregory Stock, Alexandra Stolzing, Jim Strole, Peter Thiel, Aaron Traywick, Harold Varmus, Craig Venter, Natasha Vita-More, Peter Voss, Kevin Warwick, Michael West, Kristen Willeumier e Alex Zhavoronkov.

Também queremos agradecer aos comunicadores que são necessários para divulgar estas ideias a um maior número de pessoas em diferentes lugares do mundo, desde jornalistas profissionais até escritores amadores: Karelys Abarca, Sonia Aguirre, Jorge Alcalde, Pablo Aragón, Ronald Bailey, Joe Bardin, Jaime Bayly, Carlos Becerra, Manuel Bellido, Eva Blanco Medina, Nuria Briongos, Ismael Cala, Iban Campo, Pilar Carrizosa, Josep María Castells Benabarre, Javier Cárdenas, Enrique Coperías, Nikola Danaylov, George Dvorsky, María Eizaguirre, María Entraigues-Abramson, Pere Estupinyá, Carlos Fernández, Elena Fernández, Valentina Fernández, Enrique Flores Córdova, Ricardo Fraguas, Iñaki Gabilondo, Marta García Aller, Teresa Guerrero, Marta Gutiérrez Abad, Esteban Hernández, Alberto Iglesias, Ainhoa Iriberri, Zoltan Istvan, Nacho Jacob, Pilar Jericó, Goyo Jiménez, Iker Jiménez, Norberto La Torre, Mario Luna, Rosae Martín Peña, Eduardo Martínez, Javier Mauri, Alfonso Merlos, Marlon Molina, Salvador Molina, Javier Moll, Fran Monroy, Carlos Alberto Montaner, Mario Moreno, John Muller, B. J. Murphy, Roxana Nicula, José Manuel Nieves, Gustavo Núñez, Elio Ohep, Andrés Oppenheimer, Miguel Ors, Esther Paniagua, Elena Pérez, Jorge Pérez, Vilma Petrash, Juan Pina, Xavier Pires, Macarena Población, Eduardo Punset, Paco Rago, Alba Ramón Cazorla, Reason, Rubén Regalado, Camylla Ribeiro, Eduardo Riveros, Alejandro Sacristán, Ivannia Salazar, Alejandro San Nicolás, Carmen Sastre Bellas, Michael Shermer, Jason Silva, Pilar Socorro, Mar Souto Romero, Jesús M. Tirado, Giuseppe Tringali, Álvaro Vargas-Llosa, Felipe Vallejos, Natalia Vaquero, Belén Velasco, Daniel Ventura, Teresa Viejo, Alfredo Villalba, Samanta Villar, Marilé Zaera, Juan Manuel Zafra e muitos outros que esquecemos do México à Argentina e da Espanha ao Peru.

Também agradecemos a nossos amigos, conhecidos, pessoas que seguimos e seguidores, que contribuíram com suas ideias, seus comentários, suas leituras e suas revisões, pouco ou muito de acordo com suas possibilidades: Eva Adán, Verónica Agreda, Leonardo Aguiar, Luis Miguel Albornoz, Rosa Alegría, Laurent Alexandre, José Luis Almazán, Mario Alonso Puig, Lluís Altes, Salvador Alva, José Antonio Álvarez, Luis Álvarez, Sergio Álvarez, Luis Badrinas, Nicola Bagalà, Álvaro Ballarín, Esther Anzola Pérez, Jenina Bas, Nayeiry Becerra, José María Beneyto, Pilar Benito, María Benjumea, Sofía Benjumea, Jordi Bentanachs Palomar, Almudena Bermejo, Carlos Biurrun, Carlos Blanco, María Blanco, Iván Bofarull, Jaime Bosqued, Nick Bostrom, Nayi Bothe, Alan Boulton, Martha Bucaram, Vicente Bueno, Romina Florencia Cabrera, Francisco Cal Pardo, Gabriel Calzada, Xavier Cañas, Félix Capell, Aníbal Cárdenas, Jesús Carro, Iván Casal, Ramón Casilda, Elena Castañón, Adolfo Castilla, Eulalia Castillejo, Oscar Cebollero, Alejandro Chafuen, Henri Chazan, Vitto Claut, Keith Comito, Isabel Córdova, Albert Cortina, Didier Coeurnelle, Mario Conde, Javier Cremades García, Carlos Cruz, Emilio Cuatrecasas, Fernando D'Alessio, Joaquín Danvila, Vicente Dávila, Arnoldo de Hoyos, Manuel de la Peña, Felipe Debasa Navalpotro, Diego del Alcázar, Salvador del Solar, David del Val, Juan Díaz, Antonio Doñaque, Valerie Drasche, Alberto Dubois, Edison Durán, Rubén Echeverri, Arnold Encomenderos, Fernando Enis, Alper Erel, Lluís Estrada, Robin Farmanfarmaian, Angel Feijoo, Bárbara Fernández, Chema Fernández, Ruth Fernández, Juanjo Fraile, Oriol Francas, Thomas Frey, Patri Friedman, Mercedes Frigols, Javier Furones, Gustavo Emilio Galindo, Álvaro Gallego, Guillermo Gándara, Daniel García Andreo, Lorenzo Garrido, Antonio Garrigues Walker, Jerome Glenn, Alberto Gómez, Antonio Gonzales, Francisco González, Luis González-Blanch, Luis González Lorenzo, Tay González, Ted Gordon, Juan José Güemes, Alexander Guerrero, Cruz Guijarro, Heitor Gurgulino de Souza, Bill Halal, Neil Harbisson, Ricardo Hausmann, Lucio Henao, Carmen Hermidia, Nuria Hernández Moreno, Fernando Herrera, Claudio Herzka,

Adrián Herzkovich, Steve Hill, Olga Horna, Adriana Hoyos, Ted Howard, Barry Hughes, James Hughes, Miguel Imaz, Alejandro Indacochea, Waldemar Ingdahl, Michael Jackson, Garry Jacobs, Martha Lucía Jaramillo, Alexander Karran, Pam Keefe, Darya Khaltourina, Kemel Kharbachi, Martin Kleman, Jaime Littlejohn, Antonio Liu, Soledad Llorente, Bruce Lloyd, Beatriz Lobatón, Pedro José López, Leopoldo López, Elena López Gunn, Elizabeth López Manzano, Ana Lorenzo, Alfredo Luna, Rino Magrone, Milagros Manchego, Angel Marchev, Jordi Martí, José Luis Mateo, Abelardo Márquez, Gonzalo Martín-Martín, Gonzalo Martín-Villa, Rafael Martínez-Cortiña, Luis Javier Martínez Sampedro, Nino Martins, Matías Méndez, Rodolfo Méndez-Marcano, Bertalan Meskó, Rodolfo Milani, Pedro Moneo, Javier Montañés Esquíroz, Chris Monteiro, Raúl Montero, Vicente Montes, Carlos Montufar, Mago More, Manuel Muñiz, Jorge Muñoz, Dalton Murray, Ramez Naam, Torsten Nahm, Pilar Navarro, Lee Newman, Guido Núñez, Concepción Olavarrieta, Max Olivier, David Orban, Antonio Orbe, Fernando Ortega, Gonzalo Osés, Sonia Pacheco, Francisco Palao Reinés, Ricardo Palomo, Youngsook Park, Moncho Paz, David Pearce, Alexandre Pérez Casares, Jesús Pérez Sánchez, Rubén Pérez Silva, Gonzalo Pinto Rojano, Luis Pita, Clara Pombo, Jacobo Pombo, Julio Pomés, María Luisa Poncela, Valerija Pride, Giulio Prisco, Rafael Puyol, Mónica Quintana, Cipri Quintas, Terry Raby, Jovan David Rebolledo, Luis Rey Goñi, Alberto Rodríguez, Carlos Enrique Rodríguez Jiménez, Carlos Rodríguez Sau, Juan Rodríguez Hoppichler, Leticia Rodríguez López, Francisco Román, Daniel Romero Abreu, Miguel Angel Rosales, Jaume Rosselló, Marc Roux, Gonzalo Ruiz Utrilla, Juanjo Rubio, Nohelis Ruiz, Andrés Saborido, José Manuel Salgado, Luismi Samperio, Loreto San Martín, Diego Sánchez de la Cruz, Enrique Sánchez, Paola Santana, Carmen Sanz Chacón, Gema Sanz, José María Sanz Magallón, Laura Sanz, Ricardo Sanz, Alberto Sarmentero, José Ramón Saura, Kurt Schuler, Gray Scott, René Scull, Tony Seba, Gerardo Seeliger, Joaquín Serra, Javier Serrano, Javier Sirvent, Hannes Sjöblad, Mark Skousen, John Smart, Diego Soroa, Paul

Spiegel, Ilia Stambler, Gennady Stolyarov II, Rohit Talwar, Ramón Tamames, Sergio Tarrero, Joseph Teperman, Enrique Titos, Luis Torras, Gary Urteaga, Julio Valdivia Silva, José Luis Vallejo, Eduardo Valverde Santana, Philippe Van Nedervelde, Neal VanDeRee, Carlos Vega, Javier Vega de Seoane, Jesús Vega, Eleodoro Ventocilla, Fran Villalba Segarra, David Villacís, Nacho Villoch, Lisa Wang, Javier Wrana e Ibon Zugasti. Esperamos não ter esquecido muitos, e a todos desejamos uma vida longa e próspera. Além disso, nenhum deles é responsável se nós, os autores, não tivermos seguido todos os seus bons conselhos.

Por fim, queremos agradecer a todos os leitores deste livro por seu interesse, e pedimos que nos escrevam suas ideias, sugestões, correções ou qualquer comentário adicional ao endereço de contato da página de internet do livro, www.AMorteDaMorte.org. Todas as mensagens são muito bem-vindas para que continuemos melhorando o livro, cujas edições futuras incluirão também nos agradecimentos os nomes das pessoas que nos escreverem. Seus comentários permitirão que esta obra chegue a mais pessoas e que as ideias sejam mais claras. Vocês recomendarem o livro a outras pessoas também é importante para impulsionar os avanços científicos, pois todos os royalties pelas vendas da edição em português do livro serão destinados à Fundação de Pesquisa SENS (SENS Research Foundation) na Califórnia (EUA) e ao Laboratório de Biologia do Envelhecimento do Instituto de Biologia da Unicamp (Universidade Estadual de Campinas).

Este é um livro aperfeiçoável, como a própria vida. Também é um livro "imortal" que seguirá evoluindo, que seguirá mudando, como a vida "imortal" no futuro. É uma obra em processo de melhora contínua, graças a leitores como vocês. São bem-vindas todas as sugestões!

Acompanhe a LVM Editora nas Redes Sociais

[f] https://www.facebook.com/LVMeditora/

[◉] https://www.instagram.com/lvmeditora/

Esta obra foi composta por
João Marcelo Ribeiro Soares em Acumin Pro ExtraCondensed More Pro Light (título)
e More Pro Book (corpo de texto) impressa em Pólen 80 g. pela Plena Print
setembro de 2019